生物质燃烧发电技术

宋景慧　湛志钢　马晓茜
廖艳芬　肖显斌　方　健　编著

中国电力出版社
CHINA ELECTRIC POWER PRESS

内 容 提 要

本书围绕生物质燃烧发电技术，系统阐述了生物质燃烧过程相关的基本概念和理论，深入介绍了生物质燃烧过程中碱金属团聚、积灰和腐蚀问题的机理和相应的防治措施，对生物质电厂调试运行方法和技术也进行了详细介绍。

本书紧密结合我国可再生能源发展政策和节能减排的趋势，充分反映生物质能源与动力行业技术发展的新趋势和新动向，力求系统地向读者呈现关于生物质燃烧发电的相关理论和技术。

本书可供能源、环境、生物等相关领域的科研人员、工程技术人员和管理人员参阅，也可作为高等院校相关专业的师生的辅助教材。

图书在版编目（CIP）数据

生物质燃烧发电技术/宋景慧等编著．—北京：中国电力出版社，2013.7（2018.6重印）

ISBN 978 - 7 - 5123 - 4115 - 9

Ⅰ. ①生… Ⅱ. ①宋… Ⅲ. ①生物燃料－火力发电 Ⅳ. ①TK6②TM611

中国版本图书馆 CIP 数据核字（2013）第 040750 号

中国电力出版社出版、发行

（北京市东城区北京站西街 19 号　100005　http：//www.cepp.sgcc.com.cn）

北京博图彩色印刷有限公司印刷

各地新华书店经售

*

2013 年 7 月第一版　2018 年 6 月北京第二次印刷

787 毫米×1092 毫米　16 开本　14.75 印张　335 千字

印数 3001—4000 册　定价 **58.00** 元

　　能源是经济和社会发展的基础，是社会可持续发展的物质保障。我国正处于社会经济发展的重要阶段，能源需求大幅度增加，然而我国人均能源资源拥有量较低，能源资源短缺成为制约我国经济社会发展的重要因素。另外，消耗化石能源导致生态环境不断恶化，特别是温室气体排放导致的全球气候变暖问题日益严峻。因此，能源短缺与环境问题使得可再生清洁能源的利用开发受到世界各国的重视。

　　生物质能是地球上最古老的可再生能源，一直以来是人类赖以生存的重要能源资源之一。在目前世界能源消耗中，生物质能占总能耗的 14％，仅次于石油、煤炭和天然气，是世界第四大能源。生物质能是直接或间接通过绿色植物的光合作用，把太阳能转化为化学能后固定和储藏在生物体内的能量，其使用具有可再生和环境友好的特性，因此也是成为未来最有希望的"绿色能源"。

　　我国生物质资源丰富。2010 年农作物秸秆年产量达到 7.26 亿 t；薪柴和林业废弃物资源量中，可开发量每年达到 6 亿 t 以上，具有广阔的开发利用前景。国家高度重视生物质能的开发利用，已连续在 4 个"五年计划"中将生物质能利用技术的研究与应用列为重点科技攻关项目，并先后制定了《可再生能源法》、《可再生能源中长期发展规划》、《可再生能源发展"十一五"规划》、《可再生能源产业发展指导目录》和《生物产业发展"十一五"规划》，提出了生物质能发展的目标任务，明确了相关扶持政策。

　　在生物质能转化利用的各种途径中，燃烧发电具有高效、环保等优势，在丹麦、瑞典、芬兰、荷兰以及巴西和印度等国家得到广泛应用。近年来，随着能源和环保压力的提高，我国生物质燃烧发电得到快速发展。截至 2010 年底，我国生物质发电装机容量 550 万 kW，其中农林生物质发电 190 万 kW。截至 2011 年底，国内各级政府批准的生物质发电项目累计超过 170 个，已经有 50 多个项目实现了并网发电，投资总额超过 600 亿元。然而，由于我国生物质发电起步较晚，生物质电厂所采用的直燃发电技术大多为引进技术，由于燃料特性的差别及锅炉适应性问题，到目前为止，生物质能源的应用还面临诸多理论和技术难题。基于此，编者深刻体会到，需要一本书来对生物质发电技术及其系统工艺、电站调试、优化运行以及生物质发电技术中的相关问题等进行全面的介绍。编者根据多年来对生物质发电的研究和工程实践，编写了此书，以供能源、环境、生物等相关领域的科研人员、工程技术人员和管理人员参阅，也可供高等院校相关专业的师生参考。

本书共十二章，在介绍我国能源资源状态和生物质能源政策的基础上，概述了世界各国生物质发电产业的发展现状；阐述了我国生物质资源现状以及生物质分类、物理和化学特性，系统分析了生物质燃烧、热解特性以及生物质主要发电技术和发展；重点论述了生物质燃烧过程中碱金属相关团聚、积灰和腐蚀问题及相应的防治措施，并系统地介绍了大型生物质循环流化床实验装置及热态实验；结合亚洲最大的湛江遂溪生物质电厂实际工程，详细介绍了炉内燃烧数值模拟和生物质直燃发电锅炉调试，以及采用全生命周期方法评价其发电对环境的贡献。

本书第一章至第八章和第十二章由宋景慧、马晓茜、廖艳芬编写，第九章由李光耀编写，第十章由肖显斌、胡笑颖编写，第十一章由湛志钢、方健编写。在编写过程中，廖宏楷、董长青提出了很多宝贵意见和建议，使本书的质量得到进一步的提高。另外，在书稿的编写过程中还得到了曾庭华、李季等技术人员的帮助。本书还得到了粤电广东科技项目申报资助，在此，一并表示衷心的感谢。

受编者水平所限，加之编写时间仓促，书中难免存在不足之处，敬请读者批评指正。

编 者

2013 年 2 月

目 录

第一章

概　　述

一、我国能源状况

1. 能源资源总量比较丰富、人均能源资源拥有量较低

我国拥有较为丰富的化石能源资源，其中，煤炭占主导地位。2006 年，我国煤炭保有资源量 10345 亿 t，剩余探明可采储量约占世界的 13％，列世界第三位。已探明的石油、天然气资源储量相对不足，油页岩、煤层气等非常规化石能源储量潜力较大。

然而，由于我国人口众多，人均能源资源拥有量在世界上处于较低水平。煤炭和水力资源人均拥有量相当于世界平均水平的 50％，石油、天然气人均资源量仅为世界平均水平的 1/15 左右。

2. 能源资源赋存分布不均衡、能源资源开发难度较大

我国能源资源分布广泛但不均衡。煤炭资源主要赋存在华北、西北地区，水力资源主要分布在西南地区，石油、天然气资源主要赋存在东、中、西部地区和海域。我国主要的能源消费地区集中在东南沿海经济发达地区，资源赋存与能源消费地域存在明显差别。

与其他国家相比，我国煤炭资源地质开采条件较差，大部分储量需要井工开采，极少量可供露天开采；石油天然气资源地质条件复杂，埋藏深，勘探开发技术要求较高；未开发的水力资源多集中在西南部的高山深谷，远离负荷中心，开发难度和成本较大；非常规能源资源勘探程度低，经济性较差，缺乏竞争力。

3. 能源消费以煤为主，环境压力加大

我国能源消费总量及各类能源所占的百分比见表 1-1。

表 1-1　　　　　　　　　　我国能源消费总量及构成

年份	能源消费总量（万 t 标准煤）	占能源生产总量的比重（%）			
		原煤	原油	天然气	水电、核电、其他能发电
1990	98703	76.2	16.6	2.1	5.1
1991	103783	76.1	17.1	2	4.8
1992	109170	75.7	17.5	1.9	4.9
1993	115993	74.7	18.2	1.9	5.2

年份	能源消费总量（万 t 标准煤）	占能源生产总量的比重（%）			
		原煤	原油	天然气	水电、核电、其他能发电
1994	122737	75	17.4	1.9	5.7
1995	131176	74.6	17.5	1.8	6.1
1996	135192	73.5	18.7	1.8	6
1997	135909	71.4	20.4	1.8	6.4
1998	136184	70.9	20.8	1.8	6.5
1999	140569	70.6	21.5	2	5.9
2000	145531	69.2	22.2	2.2	6.4
2001	150406	68.3	21.8	2.4	7.5
2002	159431	68	22.3	2.4	7.3
2003	183792	69.8	21.2	2.5	6.5
2004	213456	69.5	21.2	2.5	6.7
2005	235997	70.8	19.8	2.6	6.8
2006	258676	71.1	19.3	2.9	6.7
2007	280508	71.1	18.8	3.3	6.8
2008	291448	70.3	18.3	3.7	7.7
2009	306647	70.4	17.9	3.9	7.8
2010	324939	68	19	4.4	8.6

由表 1-1 可以看出，尽管煤炭在能源消费中的比例呈不断下降的趋势，但煤炭仍然是我国的主要能源，以煤炭为主的能源结构在未来相当长时期内难以改变。而相对落后的煤炭生产方式和消费方式，加大了环境保护的压力。煤炭消费是造成煤烟型大气污染的主要原因，也是温室气体排放的主要来源。随着我国机动车保有量的迅速增加，部分城市大气污染已经变成煤烟与机动车尾气混合型。这种状况持续下去，将给生态环境带来更大的压力。

4. 资源约束突出，能源效率偏低

我国优质能源资源相对不足，制约了供应能力的提高；能源资源分布不均，也增加了持续稳定供应的难度；经济增长方式粗放、能源结构不合理、能源技术装备水平低和管理水平相对落后，导致单位国内生产总值能耗和主要耗能产品能耗高于主要能源消费国家平均水平，进一步加剧了能源供需矛盾。单纯依靠增加能源供应，难以满足持续增长的消费需求。

5. 市场体系不完善，应急能力有待加强

我国能源市场体系有待完善，能源价格机制未能完全反映资源稀缺程度、供求关系和环境成本。能源资源勘探开发秩序有待进一步规范，能源监管体制尚待健全。煤矿生产安全欠账比较多，电网结构不够合理，石油储备能力不足，有效应对能源供应中断和重大突发事件的预警应急体系有待进一步完善和加强。

二、我国生物质能源相关政策和发展目标

基于以上能源状况，我国已经出台了许多与生物质能源相关的法律法规和政策，国务院有关部门也相继发布了涉及生物质能源的中长期发展规划，基本形成了生物质能的政策框架和目标体系。

2005 年 2 月 28 日，第十届全国人民代表大会常务委员会第十四次会议通过了《中华人民共和国可再生能源法》（简称《可再生能源法》），并于 2006 年 1 月 1 日正式实施。在其中明确提出"国家鼓励清洁、高效地开发利用生物质燃料，鼓励发展能源作物"。

2005 年 11 月，国家发展和改革委员会（简称国家发展改革委）发布了《可再生能源产业发展指导目录》（发改能源〔2005〕2517 号）。目的就是为了贯彻落实《可再生能源法》的要求，将风能、太阳能、生物质能、地热能、海洋能和水能等 6 个领域的 88 项可再生能源开发利用和系统设备、装备制造项目列入其中。

2006 年 9 月，财政部、国家发展改革委、农业部、国家税务总局和国家林业局制定了《关于发展生物质能和生物化工财税扶持政策的实施意见》。明确提出，国家将实施相应的财税扶持政策。

2007 年 4 月，国务院印发了《节能减排综合性工作方案》。要求积极推进能源结构调整，大力发展可再生能源，抓紧制订出台可再生能源中长期规划，推进风能、太阳能、地热能、水电、沼气、生物质能利用以及可再生能源与建筑一体化的科研、开发和建设，加强资源调查评价。

截至 2009 年 6 月，由农业部颁布实施的生物质能标准已达 43 项，包括管理、产品技术条件、检测方法、施工规程等。在这些标准中涉及沼气的有 29 项，生物质直接燃烧的 8 项，农作物秸秆气化的 3 项，生物质固体成型燃料的 2 项，能源作物的 1 项。

2010 年 7 月，国家发展改革委发布《关于完善农林生物质发电价格政策的通知》，明确生物质发电的统一执行标杆上网电价为每千瓦时 0.75 元，价格的确定刺激了生物质发电产业的发展。

"十一五"（2006～2010 年）期间投入 1.5 亿元实施国家科技支撑计划重大项目——农林生物质工程，进行以生物质与生物质化工为主的研发，为生物质产业提供技术支撑。

"十二五"（2011～2015 年）期间国家能源局也已确定要大力发展农村可再生能源。根据国家能源局规划，到 2015 年我国生物质发电装机容量将达到 1300 万 kW，较 2010 年增长 160％。数据显示，2010 年我国农村以秸秆为燃料的生物质发电装机容量突破 500 万 kW。

期间还相继出台了《可再生能源发电有关管理规定》、《可再生能源中长期发展规划》、《可再生能源发展专项资金管理暂行办法》、《全国农村沼气建设规划》、《全国生物质能产业发展规划》、《可再生能源电价补贴和配额交易方案》等一系列法律法规。

而有关我国生物质发电电价政策中规定，生物质发电项目上网电价标准由各省（自治区、直辖市）2005 年脱硫燃煤机组标杆上网电价加补贴电价组成。补贴电价标准为每千瓦时 0.25 元，以及脱硫燃煤机组标杆上网电价比未安装脱硫设施的机组每千瓦时高 0.15 元。

根据《可再生能源发电价格和费用分摊管理式试行办法》，并在 2006 年国家发展改革委调整全国各电网新投产未安装脱硫设备的燃煤机组标杆上网电价的基础上，得到各地生物质发电上网标杆电价，见表 1-2。

表 1-2 各地生物质发电上网标杆电价 元/kWh

地 区	标杆电价	地 区	标杆电价
上海市	0.6654	甘肃省	0.5008
浙江省	0.6695	青海省	0.505
江苏省	0.64	宁夏回族自治区	0.5014
安徽省	0.621	新疆维吾尔自治区	0.5
福建省	0.629	陕西省	0.55
京津唐	0.6004	湖北省	0.632
河北省南部	0.6	湖南省	0.6525
山西省	0.5254	河南省	0.5992
内蒙古西部	0.5159	江西省	0.635
山东省	0.6049	四川省	0.5978
广东省	0.7032	重庆市	0.5873
广西壮族自治区	0.6268	贵州省	0.5376
云南省	0.5203	海南省	0.6374

同时，国家还制订了电价政策的相关建议，具体如下：

（1）加强资源开发的支持力度，鼓励产品多样化。

（2）制订全面合理的鼓励政策，推动生物质能源产业的分散、高效利用。

（3）实行全成本定价办法，制定合理的生物质能源产品价格补贴政策。

（4）鼓励国产化技术的推广，对采用国产化技术的进行补助，激励自主技术研发和应用的积极性。

2011 年 3 月国务院常务会议上，制定了对城市生活垃圾的有关政策措施，包括：

（1）切实控制城市生活垃圾产生。推广使用城市燃气、太阳能等清洁能源和菜篮子、布袋子，限制一次性用品使用和过度包装，促进源头减量；逐步推行垃圾分类，当前重点推进有害垃圾和餐厨垃圾的单独收运、处理；推广废旧商品回收利用、焚烧发电、生物处理等生活垃圾资源化利用方式。

（2）增强城市生活垃圾处理能力。完善收运网络，推广密闭、环保、高效的垃圾收运系统。强化规划引导，推进垃圾处理设施一体化建设和网络化发展；选择适用技术，加快设施建设；严格规范操作，提高设施运行水平。加快存量垃圾治理。

（3）强化监督管理。完善法规标准体系和市场准入制度，加强对设施运营状况和处理效果的监管，开展年度考核评价并公开结果；完善全国垃圾处理设施建设和运营监控系统，定期开展排放物监测。

（4）加大政策支持力度。拓宽投入渠道，严格执行并不断完善税收优惠政策。按照"谁产生、谁付费"的原则，推行生活垃圾处理收费制度；新区建设和旧城区改造要优先配套建设垃圾处理设施；强化对垃圾处理技术和设备研发的支持；大力培养专业人才；保障环卫职工合法权益。会议要求各地区、各有关部门加强组织领导，落实省级政府负总责、城市政府抓落实的工作责任制，强化分工协作和宣传教育，确保各项政策措施落到实处。

与此同时，国家还提出了我国生物质能政策法规建设的有关建议，具体有：

（1）成立国家级生物质技术中心、能源作物试验基地、生物质能研究机构及协会等，建设国家级生物质酒精、生物柴油示范项目等。

（2）建立税收优惠政策，例如对使用石油能源征收重税，而对生物质种植业、后续加工业和供电部门实行税收较大幅度的减免甚至对生物质能开发项目免征所有种类能源税，对于生物质液体燃料可根据综合效应考虑免征燃料税。

（3）加重征收环境保护税，对利用生物质能等清洁能源的企业则予以财政奖励、贷款优惠或税收减免等有利政策。

（4）高价收购，这是国家促进生物质能发展的最有效的措施。

（5）投资补贴和鼓励，主要是技术研发和商业化前期技术的示范项目补贴。

（6）加快向国外派员学习生物质能技术和政策以及管理经验，并迅速建立我国的生物质能学科。

（7）建立我国生物质能标准和评价体系，建立并完善我国生物质能的设计、咨询机构。

我国鼓励生物质发电的政策大概分为总量目标制度、分类电价制度、优先上网制度、费用分摊制度、专项资金制度等。

1. 总量目标制度

我国可再生能源开发战略规划具体目标：到 2015 年，风能发电装机容量 1 亿 kW，太阳能发电装机容量达到 2100 万 kW，生物质能发电装机容量达到 1300 万 kW，其中城市生活垃圾发电装机容量达到 300 万 kW。2020 年，小水电装机能量 8.0×10^7 kW，风能发电装机容量 2.0×10^7 kW，生物质能发电装机容量 2.0×10^7 kW，太阳能发电装机容量 1.0×10^6 kW。

2. 分类电价制度

国家发展改革委颁布的《可再生能源发电价格和费用分摊管理试行办法》规定：各地生物质发电价格标准由各省（自治区、直辖市）2005 年脱硫燃煤机组标杆上网电价加补贴电价组成，补贴电价标准为每千瓦时 0.25 元，补贴时限为 15 年（自投产之日计算）。发电消耗热量中常规能源超过 20% 的混燃发电项目，视为常规能源发电项目，不享受补贴电价。

3. 优先上网制度

《可再生能源法》规定，电网企业应当与依法取得行政许可或者报送备案的可再生能源发电企业签订并网协议，全额收购其电网覆盖范围内可再生能源并网发电项目的上网电量，并为可再生能源发电提供上网服务。

三、我国生物质能源开发利用导向

根据我国可再生能源发展"十二五"规划，对生物质资源开发利用的导向是：因地制宜利用生物质能。根据我国经济社会发展需要和生物质能利用技术状况，重点发展生物质发电、沼气、生物质固体成型燃料和生物液体燃料。

统筹各类生物质资源，按照"因地制宜、综合利用、清洁高效、经济实用"的原则，结合资源综合利用和生态环境建设，合理选择利用方式，推动各类生物质能的市场化和规模化利用,加快生物质能产业体系建设,促进农村经济发展,有效增加农民收入。

到 2015 年,全国生物质能年利用量相当于替代化石能源 5000 万 t 标准煤。生物质发电装机容量达到 1300 万 kW,沼气年利用量 220 亿 m³,生物质成型燃料年利用量 1000 万 t,生物燃料乙醇年利用量 350 万~400 万 t,生物柴油和航空生物燃料年利用量 100 万 t。到 2020 年,生物质发电总装机容量达到 3000 万 kW,生物质固体成型燃料年利用量达到 5000 万 t,沼气年利用量达到 440 亿 m³,生物燃料乙醇年利用量达到 1000 万 t,生物柴油年利用量达到 200 万 t。

生物质能的发展布局和建设重点如下。

1. 生物质发电

生物质发电包括农林生物质发电、垃圾发电和沼气发电,建设重点如下:

(1)在粮棉主产区,以农作物秸秆、粮食加工剩余物和蔗渣等为燃料,优化布局建设生物质发电项目;在重点林区,结合林业生态建设,利用采伐剩余物、造材剩余物、加工剩余物和抚育间伐资源及速生林资源,有序发展林业生物质直燃发电。结合县域供暖或工业园区用热需要,建设生物质热电联产项目;鼓励对生物质进行梯级利用,建设包括燃气、液体燃料、化工产品及发电、供热的多联产生物质综合利用项目。

(2)加快发展畜禽养殖废弃物处理沼气发电,在规模化畜禽养殖场、工业有机废水处理和城市污水处理厂建设沼气工程,合理配套安装沼气发电设施。到 2020 年,建成大型畜禽养殖场沼气工程 10000 座、工业有机废水沼气工程 6000 座,年产沼气约 140 亿 m³,沼气发电达到 300 万 kW。

(3)推动发展城市垃圾焚烧和填埋气发电,以及造纸、酿酒、印染、皮革等工业有机废水治理和城市生活污水处理沼气发电。在经济较发达、土地资源稀缺地区建设垃圾焚烧发电厂,重点地区为直辖市、省级城市、沿海城市、旅游风景名胜城市、主要江河和湖泊附近城市。积极推广垃圾卫生填埋技术,在大中型垃圾填埋场建设沼气回收和发电装置。到 2020 年,垃圾发电总装机容量达到 300 万 kW。

2. 生物质燃气

充分利用农村秸秆、生活垃圾、林业剩余物及畜禽养殖废弃物,在适宜地区继续发展户用沼气,积极推动小型沼气工程、大中型沼气工程和生物质气化供气工程建设。鼓励沼气等生物质气体净化提纯压缩,实现生物质燃气商品化和产业化发展。促进生物质气化技术进步,提高设备效率和燃气品质,掌握兆瓦级内燃机组的技术和设备制造能力,完善生物质供气管网和服务体系建设。到 2015 年,生物质集中供气用户达到 300 万户。在农村地区主要推广户用沼气特别是与农业生产结合的沼气技术,到 2020 年,约 8000 万户(约 3 亿人)农村居民生活燃气主要使用沼气,年沼气利用量约 300 亿 m³。

3. 生物质成型燃料

生物质固体成型燃料是指通过专门设备将生物质压缩成型的燃料,储存、运输、使用方便,清洁环保,燃烧效率高,既可作为农村居民的炊事和取暖燃料,也可作为城市分散供热的燃料。

鼓励因地制宜建设生物质成型燃料生产基地,在城市推广生物质成型燃料集中供热,在农村推广将生物质成型燃料作为清洁炊事燃料和采暖燃料应用。建成覆盖城乡的生物质成型燃料生产供应、储运和使用体系。

生物质固体成型燃料的发展目标和建设重点如下：

到 2020 年，使生物质固体成型燃料成为普遍使用的一种优质燃料。生物质固体成型燃料的生产包括两种方式，一种是分散方式，在广大农村地区采用分散的小型化加工方式，就近利用农作物秸秆，主要用于解决农民自身用能需要，剩余量作为商品燃料出售；另一种是集中方式，在有条件的地区，建设大型生物质固体成型燃料加工厂，实行规模化生产，为大工业用户或城乡居民提供生物质商品燃料。全国生物质固体成型燃料年利用量达到 5000 万 t。

4. 生物质液体燃料

生物液体燃料是重要的石油替代产品，主要包括燃料乙醇和生物柴油。根据我国土地资源和农业生产的特点，合理选育和科学种植能源植物，建设规模化原料供应基地和大型生物液体燃料加工企业。不再增加以粮食为原料的燃料乙醇生产能力，合理利用非粮生物质原料生产燃料乙醇。

合理开发盐碱地、荒草地、山坡地等边际性土地，建设非粮生物质资源供应基地，稳步发展生物液体。支持建设具备条件的木薯乙醇、甜高粱茎秆乙醇、纤维素乙醇等项目。继续推进以小桐子为代表的木本油料植物果实生物柴油产业化示范，科学引导和规范以餐饮和废弃动植物油脂为原料的生物柴油产业发展。积极开展新一代生物液体燃料技术研发和示范，推进以农林剩余物为主要原料的纤维素乙醇和生物质热化学转化制备液体燃料示范工程，开展以藻类为原料的千吨级生物柴油中试研发。到 2020 年，生物燃料乙醇年利用量达到 1000 万 t，生物柴油年利用量达到 200 万 t，总计年替代约 1000 万 t 成品油。

第二章

生物质发电技术发展现状及趋势

生物质发电起源于 20 世纪 70 年代，自第一次世界性的石油危机爆发后，欧美等国开始积极开发清洁的可再生能源，大力推行农林业剩余物等生物质发电。近年来，生物质发电产业保持可持续稳定增长，主要集中在发达国家，而中国、印度、巴西和东南亚等发展中国家也开始积极研发或者引进技术建设生物质发电项目。

第一节　国内外生物质发电技术发展现状

一、国外生物质发电技术发展现状

（一）生物质直燃发电

目前，国外以高效直接燃烧发电为代表的生物质发电技术已经很成熟。资料显示，在丹麦、瑞典、芬兰、荷兰等欧洲国家，以农林生物质为燃料的发电厂已有 300 多座，其中最大的燃烧农作物秸秆的是波兰的 polaniec 生物质循环流化床发电机组，装机容量为 200MW。

丹麦在生物质直接燃烧发电方面成绩显著。自 20 世纪 70 年代爆发世界第一次石油危机后，能源一直依赖进口的丹麦，在大力推广节能措施的同时，积极开发生物质能和风能等清洁可再生能源，开始研究利用秸秆作为发电燃料。丹麦的 BWE 公司率先研发了生物质直接燃烧发电技术，成为享誉世界的发电厂设备研发、制造企业之一，长期以来在热电、生物发电厂锅炉领域处于全球领先地位。在这家欧洲著名能源研发企业的技术支撑下，1988 年丹麦诞生了世界上第一座秸秆生物燃烧发电厂。近几十年来，丹麦新建的热电联产项目均以生物质能资源为燃料，并且将过去许多燃煤供热厂改为了燃烧生物质的热电联产项目。现在秸秆发电等可再生能源已占丹麦能源消费量的 24% 以上。

奥地利成功地推行了建立燃烧林业剩余物的区域供热电站的计划，生物质能在总能耗中的比例增长迅速，已拥有装机容量为 1～2MW 的区域供热站近百座。

荷兰生物质直接燃烧发电在可再生能源发电中也占很大的比例，到 2010 年生物质发电量达 1500GWh。

巴西 2002 年生物质直接燃烧发电装机容量为 1675MW，其中以甘蔗渣为主要燃料的机组占生物质直接燃烧发电总装机容量的 94％。

目前，印度甘蔗渣发电装机容量达到 710MW，近年来也建立了多家以农作物秸秆为燃料的生物质直接燃烧发电厂。

另外，东南亚国家在以稻壳、甘蔗渣和棕榈壳等为燃料的生物质直接燃烧发电方面也得到了一定的发展。

（二）生物质混合燃烧发电

由于技术简单且可以迅速减少温室气体排放，生物质混合燃烧发电具有很大发展潜力。美国有 300 多家发电厂采用该技术，装机容量大约 6000MW。英国主要的 13 个装机容量在 1000MW 左右的燃煤电厂实现了混合燃烧发电，还有一个 4000MW 的电厂也在进行混合燃烧改造。

（三）生物质气化发电

欧美很多国家相继开展了生物质气化发电方面的探索，但商业化的项目较少，大多处于示范阶段。

例如美国 Battelle 的 63MW 电站，利用生物质气化反应中剩余的残炭提供气化所需的热量，净化后的产品进入燃气轮机系统中发电。从燃烧器出来的烟气进入余热回收利用装置中，产生的高温高压蒸汽带动蒸汽轮机发电，整个系统发电效率可达 45％以上。由于焦油处理技术于燃气轮机改造技术难度较高，生物质气化发电仍存在很多问题，系统尚未成熟，造价也很高，限制了其应用推广。

意大利 12MW BIGCC 示范项目，发电效率约为 31.7％，但建设成本高达 2.5 万元/kW，发电成本约为 1.2 元/kWh，其实用性高还有待提高。

比利时和奥地利为了发展适合于中小规模的生物质气化发电技术，分别研制了容量为 2.5MW 和 6MW 的生物质气化与外燃机发电技术结合的装置，采用该装置，生物质气化后不需进行除尘除焦就可以直接在外燃机中燃烧，燃烧后产生的烟气用来加热空气，所产生的高温高压空气可以推动涡轮机组发电。利用外燃机燃用生物质气，可以避开高温气化的除尘除焦难题，目前还需解决高温空气供热设备的材料和工艺问题，造价也有待降低。

（四）沼气发电

沼气发电在发达国家已受到广泛重视和积极推广，沼气发电并网利用在欧洲如德国、丹麦、奥地利、芬兰、法国、瑞典等国家较为普遍，而且比例一直在持续增加。

德国沼气工程从 20 世纪 90 年代初开始建设，自可再生能源法实施后，通过示范性工程建设，沼气工程建设快速增长。截止到 2008 年已建成 3900 个沼气工程，遍布整个德国，总装机容量为 1435MW，其中装机容量大于 500kW 的工程占 19.5％，装机容量为 70～500kW 的工程占 65.6％，装机容量为 70kW 以下工程占 14.9％。德国沼气工程普遍采用"混合厌氧发酵、沼气发电上网、余热利用、沼渣沼液利用施肥、全程自动化控制"的技术模式，实现发酵原料全方位综合利用，并通过电、热以及沼渣沼液外售给工程运行带来效益。

（五）垃圾焚烧发电

从 20 世纪 70 年代起，一些发达国家便着手运用焚烧垃圾产生的热量进行发电，垃圾发电技术发展较快的有德国、美国和日本等。

德国已有 50 余座从垃圾中提取能源的装置及 10 多家垃圾发电厂用于热电联产，并且可以有效地对城市进行供暖或提供工业用汽。

美国焚烧处理废弃物处理技术也得到了迅速发展，已有 1500 台焚烧设备，最大的垃圾发电厂日处理量垃圾 4000t。

日本的垃圾焚烧占垃圾处理总量的 85%，垃圾焚烧发电总量已超过 2000MW。城市生活垃圾发电已是发达国家采用的主要垃圾处理方式。

以下重点介绍欧洲部分国家及美国和日本等地区生物质发电技术的发展现状。

1. 丹麦

丹麦政府采取了经济和行政方面的措施来发展生物质能源：

（1）经济方面的措施。

1）补贴政策：丹麦政府制定了一系列经济激励政策对生物质能技术的研发和建设给予补贴。1996 年，丹麦政府对生物质能的补贴投入达 3100 万欧元。补贴措施包括对于私人房主的补贴（安装小型生物质能锅炉等）和对于企业的补贴（热电联产等）。

2）税收激励政策：1996 年丹麦政府决定征收绿色税收（green tax），引导能源消费的可持续发展。

（2）行政方面的措施。建立技术咨询机构——生物质能委员会；1993 年 6 月 14 日，丹麦保守党、自由党、社会民主党达成协议，重点以集中供电技术为基础，扩大生物质能在能源消费结构中的比重；1999 年丹麦议会通过了电力体制改革的规划方案，解除政府对电力零售市场的管制，其中涉及生物质能利用的多条协议。

例如，始建于 1990 年的 AVEDORE 电厂，原发电设备热输出功率为 440MW，燃料为天然气和油，其热电联产工程规模和技术水平是世界最先进的。2002 年，该厂又增加了热功率为 105MW 的生物质发电设备，采用天然气（油）与 50% 麦秸混合燃烧工艺，每小时秸秆消耗量为 25t，农业秸秆主要来源于芬兰和丹麦。生物质的水分含量用超声波测定，控制在 25% 左右。该系统的锅炉高 70m，炉温达到 583℃，产生 24～29.4MPa 的超临界水平的蒸汽，发电功率为 16.5MW，能源效率达 90%。

2. 芬兰

芬兰是世界上利用林业废料、造纸废弃物等生物质发电最成功的国家之一，其技术与设备为国际领先水平。福斯特威勒公司是芬兰最大的能源公司，也是制造具有世界先进水平的燃烧生物质的循环流化床锅炉公司，最大发电量达 30 万 kW。该公司可提供的生物质发电机组的功率为 3～47MW。该公司生产的发电设备主要利用木材加工业、造纸业的废弃物为燃料，废弃物的最高含水量可达 60%，排烟温度为 140℃，热效率达 88%。

3. 英国

英国政府构建了以非化石燃料公约（the non-fossil fuel obligation，NFFO）制度为核心的英国可再生能源促进法律制度体系。

资本资助计划是英国工业贸易部（DTI）制定的专门支持生物质能技术的经济激励制度。政府向企业提供直接的资金补助，降低其面临的经营风险，最高资助额度是生物质能技术设备初始投资的 40%。该项政策总资助额度为 6600 万英镑。2003 年英国 DTI 又筹集

1800 万英镑资助 5 个生物质能电站的建设。

4. 德国

自 1994 年开始，德国经济技术部启动支持可再生能源资金计划。1994 年投入 1000 万德国马克，2001 年资助额度达到 3 亿德国马克，2002 年超过 20 亿欧元。

可再生能源资金计划资助内容包括：对于生物质能技术给予直接的投资补贴，最高补助额度为 2046 亿欧元；对于规模大于 100kW 的生物质能供热或热电联产项目给予优惠贷款。另外，2000 年 1 月 1 日德国可再生能源管理署成立了生物质能信息中心，该中心的主要任务是向社会发布生物质能源的技术信息和项目开展信息等。

5. 美国

（1）关于生物质能源的政策。地区性生物质能计划（RBEP）：地区性生物质能计划（RBEP）是由美国政府资助、能源部管理的生物质能技术推广网络，它组建于 1983 年，其宗旨是：扩大生物质能的利用，以改善包括全球性气候变化在内的环境恶化问题；减少能源进口，扶助国内地方经济与增加就业；就地取材，充分利用地方生物质资源。除夏威夷外，全美共有 49 个州组成了五个大区的 RBEP，包括：设在西雅图的西北区，设在丹维尔的西区，设在亚特兰大的东南区，设在芝加哥的大湖区和设在波士顿的东北区。

（2）关于生物质发电技术的发展现状。目前，美国生物质发电的总装机容量已超过 10000MW，单机容量达 10～25MW；如美国纽约的斯塔藤垃圾处理站投资 2000 万美元，采用湿法处理垃圾，回收沼气，用于发电，同时生产肥料。

在美国，东北区林业废弃物得到了有效的开发利用，如新泽西州的木片与煤的混燃发电系统；东南区的阿拉巴马州也建有多处以木片为燃料的发电系统；西区稻壳资源得到了有效的开发利用，湖兰（Wood Land）的稻壳气化发电和勒太湖（Lake Tahe）的林产废弃物发电。

6. 日本

日本大阪府的企业共同承担了"废木材的再利用系统"的研究课题，进行了利用大阪地区木材废屑发电的试运行，于 2002 年完成，该发电厂每年消耗废木材 13 万 t，替代化石燃料折合原油 3.7 万 t/年，减少 CO_2 排放量 5.7 万 t/年，发电功率为 20MW，发电效率为 31%。

二、国内生物质发电技术发展现状

我国作为农业大国，每年农作物秸秆年产量约为 6.5 亿 t，2010 年达到 7.26 亿 t；薪柴和林业废弃物资源量中，可开发量每年达到 6 亿 t 以上。每年因无法处理的剩余农作物秸秆在田间直接焚烧的超过 2 亿 t，这样做不仅浪费了秸秆资源，而且造成严重空气污染，直接危害和影响了高速公路交通和航空安全。

生物质资源主要分布在农村地区，充分利用生物质资源是解决农村能源问题，促进农村经济发展，有效解决"三农"问题的重要措施之一。因此，加大生物质能资源的开发利用，对缓解我国能源资源紧张矛盾，有效解决"三农"问题，实现可持续发展战略等都具有十分重要意义。

生物质发电主要是利用农业、林业和工业废弃物为原料，也可以以城市垃圾为原料，采取直接燃烧或气化的发电方式。近年来，我国一直把秸秆资源的综合利用作为工作的重点，积极寻求生物质资源的高效利用方式。生物质发电这一简洁高效的利用方式被提到了重要议事日程，《可再生能源法》等一系列法律法规的颁布实施，直接推动了我国生物质发电产业快速发展。

（1）生物质直燃发电。我国生物质发电有近 30 年的历史，截至 2006 年，我国生物质发电总装机容量约为 2000MW，其中甘蔗渣发电约为 1700MW 以上，主要是糖厂蔗渣发电。近年来还发展了一大批秸秆直接燃烧发电厂，取得了良好的社会效益和环境效益。2006 年 12 月，国能单县生物发电厂正式投产，这是我国第一个生物质直燃发电项目，采用丹麦 BWE 公司的技术，国内生产，总投资 3.37 亿元，总装机容量达 25MW。截至 2008 年 8 月，我国累计核准农林生物质发电项目 130 多个，总装机容量约为 3000MW。根据《可再生能源发展"十二五"规划》，到 2015 年，国内生物质发电厂数量将增加 500～700 个。截至 2012 年，仅国家电网公司所属的国能生物发电有限公司就已有 28 家生物质直燃电站投产发电。2011 年 11 月底，广东粤电湛江生物质发电项目（2×50MW）2 号机组顺利通过 72h＋24h 满负荷试运行，标志着世界单机容量及总装机容量最大的生物质电厂全面正式投入商业运营。

（2）生物质混合燃烧发电。我国生物质混合燃烧发电技术的研究起步较晚，目前缺乏先进的技术和设备，仅有一些试验研究。生物质混燃以直接混燃模式为主体，其关键技术在于生物质燃料的合理高效预处理并且与具体混燃模式相适应，比如混合燃料在磨煤机中的破碎特性，在燃烧系统内的燃烧特性等。从目前的发展情况看，大份额掺混，特别是对于稻麦秸秆等燃料实现较大的掺混比例还存在一定的技术瓶颈，有待相关技术的突破，不过随着生物质直燃发电产业的兴起和成熟，混燃相关技术问题的解决不存在技术上的根本障碍。从混燃产业在我国的产业化发展角度看，在目前国家政策没有向混燃倾斜的情况下，以小型热电机组在较小技术改造强度下掺烧部分生物质的混燃具有较好的经济性，发展条件比较好，这些机组由于量大面广，如果能够较好地实施生物质混燃，不但对于电厂自身可有效降低燃料成本，对于生物质能的转化利用也具有重要的意义。

（3）生物质气化发电。生物质气化发电是一种适合我国农业生产人多地少、原料分散度高的国情的技术。在生物质气化及发电项目上，已开发出多种固定床和流化床小型气化炉，以秸秆、木屑、稻壳、树枝等为原料生产燃气，热值为 $4\sim10MW/m^3$。兆瓦级生物质气化发电系统已推广应用 20 余套，已经投产的技术主要是中国科学院广州能源所研发的循环流化床气化炉配套燃气内燃发电机组。

（4）沼气发电。利用生物质原料制取沼气并发电，从 2005 年开始就得到了较快的发展。到 2008 年底，全国沼气发电总装机容量达 173MW，其中轻工行业（酒精及酿酒业、淀粉、造纸业等）装机容量为 79MW，占 45.6％；市政（垃圾填埋气、污水处理沼气）装机容量为 45MW，占 26.0％；养殖场沼气装机容量为 31MW，占 17.9％。目前全国养殖场沼气发电的并网项目有 3 处，分别为蒙牛集团装机容量 1MW 项目、北京德清源装机容量 2MW 项目、山东民和牧业装机容量 3MW 项目。

（5）垃圾焚烧发电。1988 年，深圳清水河垃圾焚烧发电厂建成，引进日本三菱重工生产的两台处理能力为 150t/日的马丁式垃圾焚烧炉，垃圾处理能力为 400t/日，装机容量为 12MW。现全国共有垃圾焚烧发电厂近 80 座，总装机容量约 603MW。在建成的垃圾焚烧发电厂中，约有 40 家采用循环流化床垃圾焚烧炉。

尽管我国生物质发电产业得到了快速的发展，但与我国生物质能源的发展潜力和国民经济发展对生物质发电产业的巨大需求相比，我国生物质发电产业还有很大的发展空间。同时，目前我国生物质发电项目在产业化的发展过程中，还存在很多问题，具体体现为如下方面。

1. 生物质锅炉方面

燃烧生物质燃料和燃煤等矿石燃料所使用的技术是类似的，但是由于燃料性质不同，致使在锅炉技术等方面大不相同。使用生物质燃料面临的主要问题是腐蚀、结焦和机组效率低等。目前国内生物发电厂采用国内自行研制锅炉的，未能经受长年使用的考验。而国能生物发电有限公司生物质发电项目采用的是丹麦生物质锅炉技术，该技术成功地解决了腐蚀、结焦和机组效率低等问题，并能达到高温高压，使秸秆燃烧效率达到 98% 以上，污染极少。但由于进口设备成本过高，增加了生物质能发电的成本，因此必须加快研究解决生物质能发电锅炉的腐蚀、结焦和提高机组效率的步伐，尽快引进、消化吸收国外生物质能发电锅炉技术，完成设备国产化，具备生物质能发电系列锅炉的生产、研发、设计能力。

2. 生物质产业配套设施方面

随着气候变化及环境压力的增大，改变能源结构、减少二氧化碳排放已成为共识。国际社会对可再生能源的利用越来越重视，采取各种措施和激励政策推进它的产业化进程。我国的可再生能源资源十分丰富，经过多年推动，取得了较大进展，形成了一定的产业基础。但是，由于缺乏完整的激励政策和一整套的市场化机制，目前在国内和生物质产业相配套的一切都不是很成熟。

在世界范围内生物质发电厂最大的难题是燃料资源的收集、储存、运输，这在我国尤其困难。我国大部分地区都是以农户为农业生产单位，户均耕地占有面积很小，根据对我国粮食产量最大的几个省的统计，每年每户的秸秆可获得量仅为 2、3t。以一个 2.5 万 kW 的秸秆发电厂每年消耗秸秆 20 万 t 为例，需要从近 10 万户农户中收购秸秆。在我国大部分地区农作物还是分两季种植，意味每年需要完成近 20 万笔秸秆收购交易，无论对收购的组织还是收集成本控制都是极大的考验。

我国农村的道路现状无法满足大型载重运输车进行运输，在农村主要运输工具是 1～5t 的小型运输车。以一个 2.5 万 kW 的秸秆发电厂每天消耗 500t 秸秆为例，每天需要几百车次运输燃料。由于秸秆密度小，不便于运输，扩大收购半径将大大增加燃料成本。而国外农业生产以农场为主，每个收购交易可以提供的秸秆数量远远超过我国。

我国的小农耕作模式、地理环境、道路交通现状使得秸秆在收集、储存、运输的环节费用高，且粮食种植品种和面积的不稳定，给生物发电产业带来一定的影响。因此，根据我国的国情，生物电厂项目规模不宜太大。

针对生物质能燃料能量密度极低、高度分散和腐蚀性强等特点，目前国内外都在研究生物质燃料颗粒成型技术。现已成功开发的成型技术按成型物形状分主要有三大类，即以日本为代表开发的螺旋挤压生产棒状成型物技术、欧洲各国开发的活塞式挤压制得圆柱块状成型技术，以及美国开发研究的内压滚筒颗粒状成型技术和设备，但都存在着能耗高、成本高、效率低的问题。虽然颗粒成型技术可以有效解决生物质燃料的收集、存储、运输难题，但目前仍需研究如何能有效控制降低成本、提高效率，才能解决生物质能源替代煤的经济性和实用性问题。因此，加强生物质能燃料颗粒压缩技术的研究，是可再生能源大规模利用的产业发展方向的重要保障。

3. 生物质发电成本方面

目前，国内生物质的发电成本约为 0.8～1.0 元/kWh，远高于火电厂的发电成本，燃料费用、工程静态单位投资，是影响上网电价的主要因素（占总成本的76%）。据业内分析，建设一个秸秆燃烧发电厂的投资是同规模火电厂的四倍，原因在于大量技术、设备依靠引进。秸秆直燃锅炉及相关技术的国产化将大大降低工程静态单位投资，现在国产化比例不断增加，但是自主研发能力还需要改善。

影响生物质发电的另一关键因素是原料供应。虽然在数据分析和统计上，可以用于生物发电的原料特别丰富，但这并不是运送到发电厂的实际数字。因为发电用原料消耗非常大，无论秸秆还是废弃木料，都涉及运输半径问题，无论是研究人员还是企业界人士，都谈到了发电厂的合理半径问题。这个半径要作为建厂必须充分考虑的条件，否则电厂规模过大会受到运输原料的影响，而且运输过程是耗能的。我国目前的情况是，原料多由当地周围的农民供应，个体耕作面积小，秸秆品种多，机械化、自动化程度低，还有乡间道路交通差、交通工具不发达等问题。因此，原料的收购、储存、运输、质量等问题就比较复杂，原料的成本层层增高。如果原料的成本价格太低，又不能刺激农民把秸秆卖出来。

生物质燃料费用是上网电价的最大影响因素，现在玉米秸秆的到厂价格约为 250～350 元/t，占发电成本的四成左右，且随着其使用价值的凸现和劳动力成本的提高，燃料的价格有上升的趋势。如何解决稳定燃料供应和平抑燃料市场价格问题，需要电厂在实际运行中总结经验，并需要当地政府的支持和配合。现在，投资建厂的各分公司都充分考虑到这个问题，从单一电厂的规模控制，机械化、收购、仓储、运输等各方面都有因地制宜的办法，找到合理的解决途径。

第二节　生物质发电产业发展趋势

生物质燃烧发电技术在国外已经取得快速的发展，以下总结典型国家生物质能源发展趋势：

美国国会于 2008 年 5 月通过一项包括加速开发生物质能源的法案，要求到 2018 年后，把从石油中提炼出来的燃油消费量减少 20%，代之以生物燃油。据《2010 年美国能源展望》，到 2035 年美国可用生物燃料满足液体燃料总体需求量增长，乙醇占石油消费量的 17%，使美国对进口原油的依赖在未来 25 年内下降至 45%。2009～2035 年美国非水电可再生能源资源将占发电量增长的 41%，其中生物质发电占比最大为 49.3%。

据欧洲 EurObserv 公司于 2010 年 12 月发布的统计报告，2009 年欧洲从固体生物质生产的一次能源又创新高，再次达到 7280 万 t 油当量，比 2008 年增长 3.6%。统计表明，欧洲成员国 2008 年从固体生物质生产的一次能源比 2007 年增长 2.3%，即增长达 150 万 t 油当量。这一增长尤其来自生物质发电，比 2007 年提高 10.8%，增长 5.6 TWh。来自固体生物质发电的增长尤为稳定，自 2001 年以来年均增长率为 14.7%，从 20.8TWh 增长到 2009 年 62.2TWh。2009 年这一生产的大多数即 62.5%，来自于联产设施。欧盟生物质基电力生产自 2001 年以来翻了两番，从 2001 年的 20.3TWh 增长到 2008 年的 57.4TWh。

作为世界上道路交通最不依赖于化石燃料的国家之一，瑞典政府 2009 年批准了一项计划，到 2020 年将使可再生能源达到该国能源消费总量的 50%。此外，瑞典希望到 2030 年使其运输部门完全不依赖于进口化石燃料。根据瑞典生物质能源协会（Swedish Bioenergy Association）统计，瑞典从生物质产生的总的能源消费在 2000~2009 年期间已从 88TWh 增加至 115TWh。而在此期间内，基于石油产品的使用量已从 142TWh 减少至 112TWh。至 2009 年，生物质已超过石油，成为第一位的能源来源，占瑞典能源消费总量的 32%。

在瑞典，生物质供热发电 1030 亿 kWh，占全国能源消费总量的 16.5%，占供热能源消费总量的 68.5%。瑞典首都斯德哥尔摩清洁能源轿车约 10 万辆，包括使用乙醇的车、使用生物燃气车和混合动力车，占轿车总量的 11%。瑞典计划到 2020 年在交通领域全部使用生物燃料，率先进入后石油时代。

欧洲委员会于 2010 年 5 月表示，已采取积极步骤来改善欧盟的生物废弃物管理，并以此取得大的环境和经济效益。生物可降解花草、厨房和食品废弃物等每年产生的城市生活垃圾为 8800 万 t，对环境有可能造成重大的影响，但它也可作为可再生能源和循环再用的材料。来自生物废弃物主要的环境威胁是生成甲烷，它是一种温室气体。如果生物法处理废弃物实现最大化，就可大大地避免温室气体排放，估算到 2020 年可相当于 1000 万 t 二氧化碳当量。分析指出，欧盟运输业 2020 年可再生能源目标约 1/3 将可望通过使用来自生物废弃物的生物气体来得以满足。

英国生物质生产商和出口商公司非洲可再生能源公司（AfriRen）于 2010 年 12 月宣布，进军非洲大陆开发生物质能，该公司与非洲领先的农业集团 SIFCA 旗下的 GRE 公司签订长期生物质供应合同，GRE 公司拥有 2.1 万人，营业收入为 6 亿欧元。AfriRen 公司与合作伙伴将初期投资 1600 万美元，为欧洲生物质购买商创建一个平台。欧洲目前进口的几乎所有生物质都来自于美洲，AfriRen 公司将采用最新的技术在非洲开发可再生能源项目。AfriRen 公司旨在成为非洲最大的生物质生产商，预计仅从其在加纳的作业，自 2011 年起每年就可出口 12 万 t 木屑，木屑符合欧洲生物质规格和可持续性标准，这是 AfriRen 公司第一个项目，该公司已与 SIFCA 旗下的加纳橡胶 Estates 公司签约 8 年合同，从他们在 Takoradi 附近的橡胶树种植区出口木屑生物质。

丹麦正准备在全国前 5 大城市逐步减少并淘汰燃煤发电站，并要求发电站进行技术改造，使用生物燃料替代煤和燃油，以作为城市生产和生活的主要能源来源。

巴西所有汽油中都强制加入了 25% 的乙醇，2010 年起所有普通柴油中生物柴油的比例也达到 5%，提前三年进入 B5 时代。凭借生物质能源这张王牌，巴西政府表示有信心实现到 2020 年减排 36% 的目标。

印度于 2004 年开始了石油和农业领域的"无声革命",制订了 2011 年全国运输燃料中必须添加 10％乙醇的法令。

在国内,随着化石能源的日益枯竭和环境问题的日趋严重,开发并生产各种可再生能源替代煤炭、石油和天然气等化石燃料,是今后解决能源紧缺的种有效途径。生物质能是绿色能源,生物质发电技本也是绿色电力能源技术,国家出于环境保护且开发可再生能源的目的,对于污染治理和绿色电力能源技本的研究和整合十分重视。生物质发电在我国社会、经济蓬勃发展的大环境下,其发展走向已引起人们的关注,生物质发电将成为朝阳产业,其依据如下:

(1)生物质资源丰富,可开发潜力巨大。由于地球上生物数量巨大,生物质所蕴藏的能量相当惊人。根据生物学家估算,地球上每年生长的生物能总量约为(1400～1800)×10^8t(干重),相当于目前世界总能耗的 10 倍。我国的生物质能也极为丰富,2010 年秸秆量达到 8.2 亿 t。扣除一部分做饲料和其他原料,我国可开发为能源的生物质资源达 3×10^8t 标准煤,开发和利用潜力非常大。随着农林业的发展,特别是木材市场的不断扩张,我国的固态生物质资源将越来越丰富,其利用前景也会越来越广阔。另外,我国工厂化的沼气原料异常丰富。随着国民经济的发展,在国家环保政策的引导下,这些潜力将会被逐渐释放出来,作为发电动力燃料的生物质原料将会越来越多,从动力源的角度给生物质发电提供了发展空间。

(2)发展生物质绿色电能是调整能源结构,实施可持续发展战略的要求。我国的一次能源消费以煤为主,煤炭在能源消费结构中占据了 70％以上,发电能源更是以煤为主。随着我国经济的高速发展,最近几年电力需求急剧增加,造成我国电力供陆异常紧张。2011 年我国电力总产量约为 47000×10^8kWh,人均用电量 3483kWh/(人·年),达到世界平均水平,但农村电力供应缺口仍非常大。要实现 2020 年国民经济翻两番的目标,保障可靠的电力供应是必备条件。因地制宜地利用当地生物质能资源发电,建立分散、独立的电网或并网电厂拥有广阔的市场前景,也可保护我国的矿物能源资源,为实现国家经济的可持续发展提供保障。

(3)生物质发电技术日趋成熟。在国外,生物质直接燃烧发电技术已经相当成熟,基本进入商业化推广应用阶段。生物质气化发电技术近年来自得到了长足的发展,国际上发达国家主要把目标集中于大型生物质气化发电技术上,在推广直接燃烧发电的同时,发展可以进入商业应用的 IGCC 发电系统。例如美国,目前正在进行的 6MW IGCC 项和 60MW 中热值 IGCC 项目都要求在 10 年内完成,并进入工业示范应用。如今,我国的生物质气化发电技术已经发展成熟,与国外同等技术相比,我国的气化发电技术基本处同一水平,尤其是在设备成本上。

(4)国家相关政策的出台,将打通包括生物质能发电在内的绿色电力上网的瓶颈。当一个国家经济实力达到一定程度后,就会把目光更多地投向环保,更关注可持续发展问题,从而把资金投向这一领域,并出台相关的政策来确保可持续发展战略目标的实现。我国关于绿色电力上网和优惠政策的问题已经酝酿了一段时间,其重要性已被充分认识。国家站在可持续发展的高度,出台促进绿色电力上网的政策已为时不远。正在研究和制定的可再生能源发电配额比例、份额标准、绿色证书以及发电上网的优惠政策，会筑造起有利于绿色电力发展的交易平台。

（5）资金支持和专业化生产吸引更多的投资主体。大中型生物质能发电是绿色环保项目，生物质能电力创造的环保方面的效益是一目了然的，受益的是全社会。要在投资分摊上以"谁污染、谁治理"原则为主，辅以"谁受益、谁分摊"的原则，由政府、地方和企业共同投资，对于初始投资，国家将给予一定支持，如国家或行业制定一系列的优惠政策，减免工料的税费，减轻企业负担；广辟资金渠道，帮助建设方获得各类货款；鼓励社会各界以各种形式投资开发沼气资源化利用项目，以优厚政策调动各投资主体的积极性，以国家、地方和企业共同投资的方式，重点扶持一些专用设备生产企业，对其进行必要的技术改造，扩大生产规模，提高产品种类和产品质量；建立质量保障体系（售后服务、人员培训、质量监督与检测等）和物业化管理模式。

由以上分析可以看出，无论是生物质资源开发潜力、发电技术水平，还是市场需求、政策导向，都将会促进生物质发电的大发展。可以预见，生物质发电产业的形成势在必行，具有很大的发展空间。

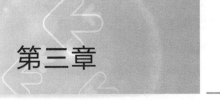

第三章

我国生物质能资源

第一节　生物质能的定义与特点

1. 生物质能

生物质能是指蕴藏在生物质中的能量，是直接或间接地通过绿色植物的光合作用，把太阳能转化为化学能后固定和储藏在生物体内的能量。生物质能也是广义太阳能的一种表现形式。

生物质能是地球上最古老的能源，也有可能成为未来最有希望的"绿色能源"。

地球上每年通过光合作用储存在植物的枝、茎、叶中的太阳能达 3×10^{21} J，每年生成的生物质总量达 1400 亿～1800 亿 t（干重），所蕴含的生物质能相当于目前世界耗能总量的 10 倍左右。

实际上，目前被人类利用的生物质能源还不到 2%，而且利用效率也不高。尽管如此，生物质能在全球整个能源系统中仍然占有重要地位。作为热能的来源，生物质长期以来为人类提供了最基本的燃料。在不发达地区，生物质能在能源结构中占的比例较高，如我国生物质能约占总能耗的 30%，而在非洲有些国家甚至高达 60% 以上。

生物质遍布世界各地，每个国家和地区都有某种形式的生物质。虽然生物质的密度和产量差异很大，但在很多国家和地区都受到了高度重视。

2. 生物质能资源的特点

作为一种能源资源，生物质能具有如下特点：

（1）可循环再生。与传统的化石燃料相比，生物质能可以随着动植物的生长和繁衍而不断再生，而且生物质的数量巨大。大多数的生物质能是初级产品，即利用太阳能将二氧化碳（通过光合作用）转化为有用的碳类化合物。每年有大量的生物质消亡，但当环境条件适合生长时，又会有大量的生物质产生，只要保证相对合理地开发、利用，使之得到较好的恢复与再生，这些生物质是不会全部耗尽的，但可获得的量会有所波动。

生物质是可再生物质，远比石油、天然气等丰富，而且年产量巨大。在全球范围内，陆地上的植物通过光合作用产生的有机物总量可达到 1.8×10^{11} t，热当量为 3×10^{21} J 左右，是目前全球总能耗的 10 倍，而作为能源被利用的生物质还不到其总量的 1%。

（2）可存储和运输。与其他可再生能源相比，生物质能是唯一可以直接存储和运输的自然资源，便于选择适当的时间和地点使用。

（3）资源分散。①能量分散，自然存在的生物质单位数量的含能量较低，需要大量的收集；②种类繁杂，有的生物质是多种成分的混合体，例如城市垃圾和有机污水，使用时需要分类或过滤；③分布广泛，各国都有相当数量的生物质资源，没有进口或外购的依赖性。

（4）大多来自废物。除了专门种植的能源作物以外，大多数生物质都是废弃之物，有的甚至会造成严重的环境污染（如污水和垃圾），生物质能的利用正是将这些废弃物变为有用之物。

（5）洁净能源。与传统的化石能源相比，生物质含硫量极低，而且含氮量也不高，所以燃烧后硫氧化合物和氮氧化合物的排放量很低；生物质中灰分也很少，因此在充分燃烧后烟尘含量很低；生物质的生产利用几乎不会增加二氧化碳的排放。因此，联合国开发署、联合国粮农组织、世界能源委员会、国际能源机构和美国能源部都把生物质能作为发展可再生能源的首要选择。联合国粮农组织还认为：生物质能有可能成为未来可持续发展能源的主要能源，到 2050 年可以提供全球 40% 的燃料；扩大生物质能利用也是减排二氧化碳的重要途径之一，到 2050 年可以使全球减少排放二氧化碳 54 亿 t；大规模植树造林和种植能源作物，有效利用生物质能，可以促进环境生态良性循环，保护生物多样性；发展生物燃料，可以促进农业生产，增加农村就业机会和农村居民收入，振兴广大农村经济。从某种意义上说，大力发展生物质能相关产业，对于解决我国"农村、农业和农民"的三农问题和现阶段我国 1.2 亿农民工的再就业问题也具有积极意义。

（6）分布地域广泛，凡是生长植物的地域都可以开发利用。在贫瘠或被侵蚀的土地上种植能源作物或植被，可以改良土壤，改善生态环境，提高土地的利用程度，特别是减少对煤炭、石油等资源的依赖都具有十分重要的意义。

（7）从生物质资源中提取或转化得到的能源载体更具有市场竞争力。开发生物质资源，可以在促进经济发展的同时增加城镇和农村就业机会；城市内燃机车辆使用从生物质资源提取或生产出来的甲醇、乙醇、液态氢等能源时，有利于生态修复和环境保护，具有经济、社会和环境保护的多重效益。从国内外生物质能开发利用的基本形式来看，生物质能的开发较其他可再生新能源，如太阳能、风能、地热能、水能（水流、潮汐、热对流等）等的开发利用相对容易。这主要是由于生物质能的开发具有层次性，无论是初级产品还是高级产品都与人类的生产生活息息相关。正是基于此，人们既可以利用生物质的热效应，又可以将简单的热效应充分转化为化学能、电能等高层次能源。开发低成本、高效率的转化技术是今后生物质利用的总趋势。

总体来说，生物质也具有分布不够集中、能量密度相对较小、热值量相对较低和成分相对复杂等缺点，但是生物质作为一种利用前景非常广阔的清洁能源，具有产量非常丰富和可再生的显著优点，必将在人类社会的未来获得较大的发展。

第二节　生物质资源来源及资源量

依据来源的不同，可以将适合于能源利用的生物质能分为林木生物质资源、农业生物质资源、生活污水和工业有机废水、城市固体废物和畜禽粪便等五大类。

一、农业生物质资源

农业生物质资源是指农业作物（包括能源作物）；农业生产过程中的废弃物，如农作物收获时残留在农田内的农作物秸秆（玉米秸、高粱秸、麦秸、稻草、豆秸和棉秆等）；农业加工业的废弃物，如农业生产过程中剩余的稻壳等。

1. 农作物秸秆

我国的农作物秸秆主要分布在河北、内蒙古、辽宁、吉林、黑龙江、江苏、河南、山东、湖北、湖南、江西、安徽、四川、云南等粮食主产区，单位国土面积秸秆资源量高的省份依次为山东、河南、江苏、安徽、河北、上海、吉林、湖北等省。

农作物秸秆资源量估算式为

$$S_n = \sum_{i=1}^{n} S_i d_i$$

式中：S_n——秸秆资源量，万 t；

　i——资源品种编号，取 1，2，3，…，n；

　S_i——第 i 种作物产量，万 t；

　d_i——第 i 种农作物谷草比（产率），kg/kg。

2010 年，全国农作物播种面积约为 16 亿亩，主要农作物产量约为 5.46 亿 t，按草谷比计算秸秆产量约 7 亿 t，除了部分作为造纸原料和畜牧饲料以外，剩余部分都可以作为燃料使用。根据相关统计，可作为燃料的生物质占到生物质总量的 1/2 以上。目前除了部分作为农村的生活燃料外，大都在田间地头白白烧掉，既浪费资源又污染环境。此外，农产品加工废弃物，包括稻壳、玉米芯、花生壳、甘蔗渣和棉籽壳等，也都是非常重要的生物质资源。依据《全国农业和农村经济发展第十二个五年规划》提出的主要农产品发展目标测算，以"十一五"期间的发展速度测算，预计到 2015 年我国主要农作物秸秆产量将达到 9 亿 t 左右，其中约 50% 可作为农业生物质能的原料。

2. 能源作物

能源作物是指经专门种植用以提供能源原料的草本和木本植物，通常包括草本能源作物、油料作物、制取碳氢化合物植物和水生植物等几类。我国有大量不适于粮食生产但可种植能源作物的荒山、荒坡和盐碱地等边际性土地，选择适合不同生长条件的品种进行培育和繁殖，可获得高产能源作物，并大规模转化为燃料乙醇和生物柴油等液体燃料。我国可转换为能源用途的作物和植物品种有 200 多种，目前适宜开发用于生产燃料乙醇的农作物主要有甘蔗、甜高粱、木薯、甘薯等（玉米、马铃薯可用于生产燃料乙醇，但易影响国家粮食安全，不宜作为主要品种开发），用于生产生物柴油的农作物主要有油菜等。

（1）甘蔗属于多年生热带和亚热带草本作物，以南、北回归线之间为最适宜生长区，可用于制糖和生产燃料乙醇。今后利用甘蔗发展燃料乙醇的潜力主要来自三个方面。一是甘蔗糖料生产过程中产生的副产品糖蜜。2011年全国累计产糖1150.26万t，其中甘蔗糖产量为1049.5万t，副产糖蜜约340万t，可以生产燃料乙醇80万t左右，折合标准煤110万t左右。二是走以糖为主、糖能互动发展之路。目前，我国甘蔗亩产仅为4.3t左右，单产提升空间较大，有关科研单位已经选育出亩产6～7.5t的糖能兼用品种，若大面积种植，将大幅度提高甘蔗产量，不仅可以进一步保障食糖原料供应，还为生产燃料乙醇提供更多保障条件，实现糖能互动联产。三是适当开发南方宜蔗土地新增的甘蔗。我国广西、广东、海南、云南等省区尚有0.1亿亩的宜蔗土地，若其中一半土地种植糖能兼用甘蔗，按亩产6t计算，可生产3000万t左右的甘蔗，可产出200万t以上燃料乙醇，折合285万t标准煤。

（2）甜高粱具有耐干旱、耐水涝、抗盐碱等多重抗逆性，素有高能作物之称，亩产300～400kg粮食以及4t以上茎秆，茎秆汁液含糖量16%～20%左右，每16～18t茎秆可生产1t燃料乙醇。甜高粱目前在我国种植规模不大，且比较分散，北京、天津、河北、内蒙古、河南、山东、辽宁、吉林、黑龙江、陕西、新疆等省份都有种植。若开发我国现有1.5亿亩盐碱地的1/5用于种植甜高粱，按一般农田产量的50%计，收获甜高粱茎秆6000万t，可生产350万t左右燃料乙醇，折合标准煤500万t左右。

（3）木薯具有易栽、耐旱、耐涝、高产等特点，适合在热带、亚热带地区种植，主要分布在广西、广东、海南、福建、云南、湖南、四川、贵州、江西等九省（区）。鲜木薯的淀粉含量在30%～35%左右，约7t鲜薯可生产1t燃料乙醇。2009年，我国木薯种植面积39.10万hm^2，鲜薯总产量为830.26万t，单产约21.45t/hm^2。目前，广西、广东、海南、福建、云南等省份仍有荒地、裸土地及后备宜林、宜农、宜牧荒山等未利用土地约2亿亩，若开发1/5用于种植木薯，按亩产2t计算，可收获8000万t，生产燃料乙醇约1000万t，折合1430万t标准煤。

（4）甘薯具有耐旱、抗风、病虫害少等特性，能适应贫瘠土地。我国是世界上最大的甘薯生产国，常年种植面积约7500万～8000万亩，总产量超过1.2亿t。鲜甘薯淀粉含量为18%～30%，约8t甘薯可生产1t燃料乙醇，但因回收季节在秋冬季，易冻伤和腐烂，目前约有20%左右的甘薯在储存过程中损耗，若及时加工，可生产燃料乙醇250万t左右，折合357万t左右标准煤。

（5）油菜是主要油料作物之一，适应范围广，发展潜力大。我国长江流域、黄淮地区、西北和东北地区都适宜油菜生长，适宜区域的耕地面积在15亿亩以上。2010年我国油菜籽种植面积11025万亩，年产量约1300万t。目前，我国南方水田区有冬闲田约0.6亿亩，南方丘陵耕地、北方灌区、北方旱作耕地也存在不同类型的季节性闲地约0.8亿亩。油菜亩产菜籽120kg，平均产油率30%。如利用上述土地的50%种植油菜，菜籽产量可达到840万t，可生产生物柴油约250万t，折合标准煤350万t左右。

3. 农产品加工业副产品

农产品加工业副产品主要包括稻壳、玉米芯、甘蔗渣等，多来源于粮食加工厂、食品加工厂、制糖厂和酿酒厂等，数量巨大，产地相对集中，易于收集处理。其中，稻壳是稻谷加工的主要剩余物之一，占稻谷重量的 20%，主要产于东北地区和湖南、四川、江苏、湖北等省；玉米芯是玉米穗脱粒后的穗轴，约占穗重的 20%，主要产于东北地区和河北、河南、山东、四川等省；甘蔗渣是蔗糖加工业的主要副产品，蔗糖与蔗渣各占 50%，主要产于广东、广西、福建、云南、四川等省区。稻壳和玉米芯可通过固化成型、甘蔗渣可通过发电等方式提高利用效率。此外，我国作为世界最大的棉花生产国，每年棉籽产量 1300 万 t，可产棉籽油 200 万 t 左右，由于近年来我国豆油产量迅猛增长，棉籽油消费量萎缩，大量的棉籽没有充分利用，为生物柴油提供了一条重要的原料来源。

二、林木生物质资源

林木生物质资源是指森林生长和林业生产过程提供的生物质能源，包括薪炭林、在森林抚育和间伐作业中的零散木材、残留的树枝、树叶和木屑等；木材采运和加工过程中的枝丫、锯末、木屑、梢头、板皮和截头等；林业副产品的废弃物，如果壳和果核等。

薪柴资源量估算

$$S_x = \Big[\sum_{i=1}^{n} \sum_{j=1}^{m} (F_{ij}R_{ij}Q_{ij} + T_{ij}X_{ij}Y_{ij}) \Big] + 1/3W$$

式中　S_x——统计地域范围的薪材资源量，万 t；

i——范围内有几个区域，取 1，2，3，…，n；

j——I 区域内有薪炭林、防护林等 m 种林地，取 1，2，3，…，m；

F_{ij}——在 i 区域内 m 种林地各占不同的面积，万 hm²；

R_{ij}——某种林地的产柴率（每公顷一年产柴量），kg/hm²；

Q_{ij}——该种林地可取薪柴面积系数（取柴系数）；

T_{ij}——在 i 区域内 m 种四旁林产柴率（每株一年产柴量），kg/株；

X_{ij}——第 i 区第 j 种四旁树株数，万株；

Y_{ij}——第 i 区第 j 种四旁树取柴系数；

W——表示地域范围内年原木产量；

1/3——从原木到加工成才剩余物的比例。

我国的薪材年合理开采量约 1.6 亿 t，目前实际使用量超过了 1.8 亿 t，存在过量砍伐等不合理现象。林木生物质资源主要分布在我国的主要林区，其中西藏、四川、云南三省区的蕴藏量约占全国总量的 50%，黑龙江、内蒙古、吉林三省区则占全国总量的 27% 左右，其余依次是陕西、福建、广西等省区。薪炭林分布广的省份多为能源不足、经济欠发达或者林业资源较丰富的地区。在许多人口稠密的缺煤地区，薪柴仍是重要的能源。内蒙古和云南虽然不缺煤，但是薪柴的应用仍很普遍。

我国现有森林面积为 1.75 亿 hm²，森林覆盖率为 18.21%，具有各类林木资源量 200 亿 t 以上。每年通过正常的灌木平茬复壮、森林抚育间伐、果树绿篱修剪以及收集森林采伐、造材、加工剩余物等，可获得生物质总量约 8 亿～10 亿 t。另外，全国有约 4600 万 hm² 宜林地，还有约 1 亿 hm² 不宜发展农业的废弃土地资源，可以结合生态建设种植能源植物。随着我国植树造林面积的扩大和森林覆盖率的提高，生物质资源将会进一步增加。

预计到 2020 年，全国每年可以获得生物质能约 20 亿 t。

三、生活污水和工业有机废水资源

生活污水主要由城镇居民生活、商业和服务业的各种排水组成，如冷却水、洗浴排水、盥洗排水、洗衣排水、厨房排水、粪便污水等。工业有机废水主要是酒精、酿酒、制糖、食品、制药、造纸及屠宰等行业生产过程中排出的废水等，其中都富含有机物。

目前，我国实际排出污水总量约为 200 亿 t，可以生产沼气约 500 亿 m³；全国工业企业每年排放的可以转化为沼气资源的有机废水和废渣约为 25 亿 m³，可以生产沼气约 100 亿 m³。

四、城市固体废弃物资源

城市固体废弃物主要是由城镇居民生活垃圾、商业和服务业垃圾及少量建筑业垃圾等固体废物构成。其组成成分比较复杂，受当地居民的平均生活水平、能源消费结构、城镇建设、自然条件、传统习惯以及季节变化等因素影响。

由图 3-1 可知，我国城市固体废弃物的产生量的整体规律是增加的，而且增长明显，2010 年我国城市固体废弃物的产生量达 1.58 亿 t，而且由图 3-1 可看出，未来城市的固体废弃物还会继续增加。

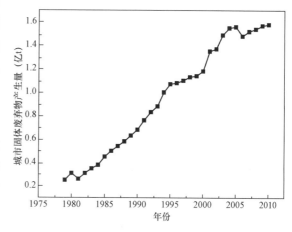

图 3-1　我国的城市固体废弃物产生量

五、畜禽粪便

畜禽粪便是畜禽排泄物的总称，它是其他形态生物质（主要是粮食、农作物秸秆和牧草等）的转化形式，包括畜禽排出的粪便、尿及其与垫草的混合物。

目前我国畜禽养殖业每年产生约 30 亿 t 粪便，主要来源于农村家庭散养和规模化养殖。全国现有生猪分散养殖户 0.9 亿户，奶牛、肉牛养殖户 0.157 亿户，蛋肉鸡养殖户 0.85 亿户，羊养殖户 0.26 亿户。综合考虑混合养殖、气候和社会经济等因素对利用畜禽粪便生产沼气的影响，约有 1.48 亿农户适宜发展沼气。考虑到城镇化和养殖业变化，预计到 2015 年我国适宜发展沼气农户为 1.30 亿户，沼气产量可达到 502 亿 m³，相当于替代 7880 万 t 标准煤。

全国现有猪、牛、鸡三大类畜禽规模化养殖场约 391 万处，其中，各类畜禽规模化养殖小区已达 4 万多个。存栏量约 5.7 亿头猪单位（30 只蛋鸡折算成 1 头猪，60 只肉鸡折算成 1 头猪，1 头奶牛折算成 10 头猪，1 头肉牛折算成 5 头猪），畜禽粪便资源的实物量为 11.2 亿 t，理论上可生产 670 亿 m³ 的沼气。其中，大中型（养殖出栏 3000 头猪单位以上）约 11952 处，养殖量约 7528 万头猪单位，畜禽粪便资源的实物量为 1.42 亿 t。根据全国畜牧业发展"十二五"规划测算，预计 2015 年，我国规模化养殖场畜禽粪便资源的实物量将达到 32.5 亿 t，约可产出沼气 1950 亿 m³，相当于替代标准煤 3.1 亿 t。

第四章

生物质组成、结构与物化特性

第一节 生物质组成和结构

生物质的本质是一切直接或间接利用绿色植物进行光合作用而形成的有机质，能源来源为太阳能，有机质通过光合作用将太阳能转化成化学能储存在自身有机物内，这些有机质就成了我们所说的生物质。从物理本质上来剖析，生物质由可燃质、无机物和水组成，其中可燃质是生物质主要成分，包括纤维素、半纤维素和木质素。从化学元素本质来说，包含 C、H、O、S、N，灰分和水分。灰分是生物质中固体无机物的含量，主要由无机盐和氧化物组成。表 4-1 为我国 20 种木材的物理和化学组成。

表 4-1   20 种木材的物理和化学组成

树种	产地	水分（%）	灰分（%）	冷水抽出物（%）	热水抽出物（%）	1%NaOH抽出物（%）	苯醇抽出物（%）	硝酸—乙醇纤维素（%）	综纤维素（%）	棕纤维素中的α-纤维素（%）	木材中的α-纤维素（%）	木素（%）	戊聚糖（%）	pH 值
山杜英	湖南莽山	6.44	0.34	3.54	7.21	20.06	2.23	41.34	76.32	55.69	42.5	21.54	26.46	3.92
栲树	湖南莽山	6.37	0.42	2.76	4.19	16.75	1.45	46.79	79.81	60.42	48.22	24.75	21.49	4
润楠	湖南莽山	5.74	0.56	1.8	4.52	10.02	1.49	44.86	73.5	59.39	49.35	23.67	22.65	4.92
红构栲	湖南莽山	6.97	0.25	6.04	10.14	21.93	2.94	40.13	74.08	59.54	44.11	33.34	21.20	3.82
南岭栲	湖南莽山	7.76	0.33	5.36	7.25	18.95	0.84	44.96	77.61	55 35	42.96	26.45	21.34	3.55
甜桔	湖南莽山	7.74	0.17	6.16	9.37	20.67	0.9	42.58	75.4	54.6	41.17	27.11	21.62	3.17
白蜡木	湖南莽山	6.92	0.66	4.71	6.02	15.3	2.59	47.66	75.37	51.4	38.8	31.05	18.85	4.56
安息香	广西融安	7.69	0.63	6.89	8.63	21.2	1.74	44 75	81.41	62.52	50.9	26.1	23.15	4.62
枫香	广西融安	7.88	0.58	2.65	4.67	19.44	1.26	45.42	83.55	63.66	53.19	24.45	22.21	4.55
黄杞	广西融安	7.1	0.46	4.87	0.22	19.21	4.56	46.19	73.97	62.48	46.22	26 51	24.48	4.8
拐枣	广西融安	0.17	1.02	4.63	6.05	17.34	3.03	47.53	78.62	64.96	51.07	25.66	21.20	4.66
山合欢	广西融安	5.93	0.45	5.34	7.45	19.47	3.12	49.77	76.31	61.76	47.13	28.8	18.6	5.24
粗皮桦	广西融安	8.06	0.46	2.19	3.27	12.88	3.59	41.77	81.67	71.79	58.63	29.4	22.1	4.19

续表

树种	产地	水分（%）	灰分（%）	冷水抽出物（%）	热水抽出物（%）	1%NaOH抽出物（%）	苯醇抽出物（%）	硝酸—乙醇纤维素（%）	综纤维素（%）	棕纤维素中的α-纤维素（%）	木材中的α-纤维素（%）	木素（%）	戊聚糖（%）	pH值
柠檬桉	广西融安	8.3	0.9	3.37	6.32	18.37	2.4	44.55	77.24	67.35	52.02	23.17	22.25	4.86
银桦	广西融安	6.94	0.66	4.17	5.13	16	4.8	44.63	83.08	60.82	50.53	20.98	24.97	5.04
青榨槭	秦岭	7.43	0.38	2.59	4.99	19.94	0.96	41.62	72.79	74.06	54.04	22.66	23.94	4.87
红桦	秦岭	7.08	0.39	1.48	2.08	18.47	0.94	43.04	70.39	64.18	50.31	20.41	27.5	4.77
竹柏	广西融安	8.5	0.43	2.38	3.15	11.63	2.89	45.55	79.88	71.42	57.05	35.56	13.11	4.64
乌柏	广西融安	8.03	1.43	5.97	7.09	22.19	3.11	42.41	81.07	56.36	45.69	22.32	21.6	4.96
华山松	秦岭	9.97	0.15	2.71	4.65	16.37	5.56	43.97	70.21	80.37	56.43	30.28	10.69	3.34

一、可燃质

可燃质是生物质中实际被利用的部分，是各种复杂高分子有机化合物复合而成，可直接燃烧、热解、气化、发酵转化成我们所需要的能源形式。

1. 纤维素

纤维素是由葡萄糖组成的大分子多糖，有 8000～10000 个葡萄糖残基通过 β-1、4-糖苷键连接而成，化学通式为 $(C_6H_{10}O_5)_n$，结构式如图 4-1 所示，它是植物细胞壁的主要成分。纤维素是自然界中分布最广、含量最多的一种多糖，占植物界碳含量的 50％以上。一般木材中，纤维素的含量为 40％～50％，半纤维素为 10％～30％，还有 20％～30％木质素，棉花是自然界中纤维素含量最高的植物，含量达到 90％～98％。

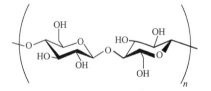

图 4-1 纤维素的结构式

2. 木质素

木质素是由四种醇单体（对香豆醇、松柏醇、5-羟基松柏醇、芥子醇）形成的一种复杂酚类聚合物。木质素是构成植物细胞壁的成分之一，具有使细胞相连的作用，在植物组织中具有增强细胞壁及黏合纤维的作用。木质素的组成与性质比较复杂，并具有极强的活性，不能被动物所消化，在土壤中能转化成腐殖质。如果简单定义木质素的话，可以认为木质素是对羟基肉桂醇类的酶脱氢聚合物。它含有一定量的甲氧基，并有某些特性反应。木质素性质稳定，一般不溶于任何溶剂。碱木质素可溶于稀碱性或中性的极性溶剂中，木质素磺酸盐可溶于水。

木质素分为愈创木质结构、紫丁香基结构、对羟苯基结构三种基本机构，化学结构式如图 4-2 所示。木质素中，碳元素的含量高，故燃烧热值比较高，比如干燥无灰基的云杉盐酸木质素的燃烧热值为 110MJ/kg，硫酸木质素的燃烧热值为 109.6MJ/kg。正因为木质素的燃烧热值高，一般来说，木材的燃烧热普遍比草类木质素高。木质素经过高温热解可以得到木炭、焦油、木醋酸和挥发分。热解后的产品可以继续利用，木质素的热分解温度是 350～450℃，相对于纤维素热分解温度（280～290℃）来说，热稳定性高。

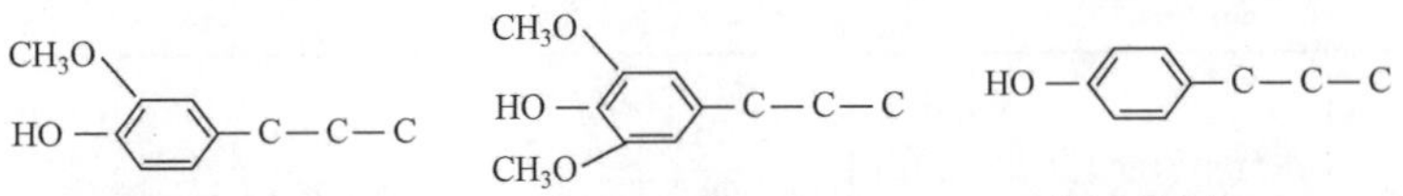

愈创木基结构　　　　　紫丁香基结构　　　　　对羟苯基结构

图 4-2　木质素的 3 种组成单元

3. 半纤维素

半纤维素是由几种不同类型的单糖构成的异质多聚体，半纤维素的聚合度一般为 150～200，这些糖是五碳糖和六碳糖，包括木糖、阿伯糖、甘露糖和半乳糖等。构成半纤维素的糖基主要有 D-木糖、D-甘露糖、D-葡萄糖、D-半乳糖、L-阿拉伯糖、4-氧甲基-D-葡萄糖醛酸及少量 L-鼠李糖、L-岩藻糖等。部分结构式如图 4-3 所示。

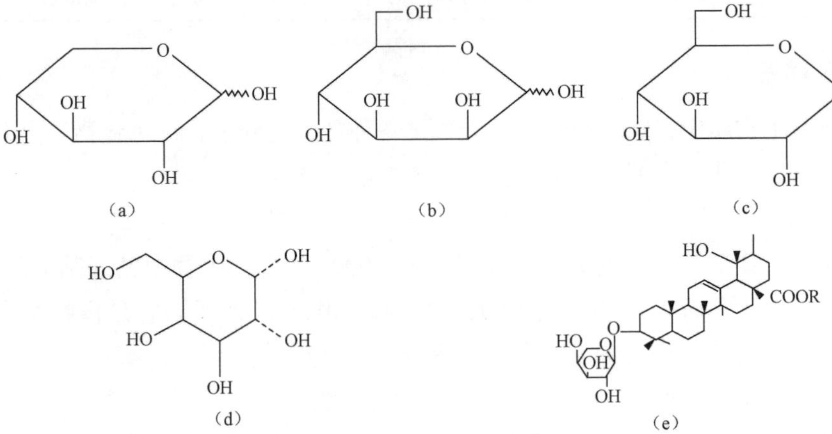

图 4-3　结构式

(a) D-木糖；(b) D-甘露糖；(c) D—葡萄糖；(d) D-半乳糖；(e) L-阿拉伯糖

半纤维素中碳的含量介于纤维素和木质素之间，但物理性质和化学性质有差异。半纤维素多糖易溶于水，而且支链较多，在水中的溶解度高。水解所得到的产物随半纤维素的来源不同而不同。比如针叶木的阿拉伯糖葡萄糖醛酸木糖易溶于水，阔叶木聚葡萄糖醛木糖的溶解度小于针叶木，阔叶木中含较多聚葡萄糖醛酸木糖的半纤维素易被碱抽提，阔叶木和针叶木中的聚葡萄糖甘露糖即使在强碱中也难溶。纤维素不溶于水，只能溶于某些特殊试剂如铜氨溶液中，只有聚合度小于 100 的纤维素才能溶于氢氧化钠溶液中，所以半纤维素的抗酸和抗碱能力都比纤维素弱。纤维素和半纤维素分子链中都含有游离羟基，具有亲水性，但是半纤维素的吸水性和润胀度均比纤维素高，因为半纤维素不能形成结晶区，水分子容易进入。

在造纸工业中，半纤维易于水化和溶胀，有利于纤维间交织，可适当增加纸张的断裂强度、折裂强度、透明性和防油性。比如半纤维素含量高有利于纤维结合，对提高纸张的强度有利；半纤维素含量低，纸张的不透明度和撕裂度上升。

二、无机物

无机物是生物质必不可少的组成部分，对植物的生长起着重要作用。已证明有 16 种矿质元素为植物生长所必需（见表 4-2），它们在植物体内以无机盐或者氧化物的形式（统称无机物）存在。其中 N、P、K、Mg、Zn、B、Mo 元素在植物体内可被再利用，植物缺乏这些元素时，这些元素会从老的部位转移到幼嫩部位，造成老叶缺素；而 Ca、S、Fe、Mn、Cu 是难移动元素，植物缺乏这些元素时候，新生的组织首先表现出缺素症状。植物体内矿质元素一览见表 4-2。

表 4-2　　　　　　　　　　　　植物体内矿质元素一览表

元素	存在形式	干重百分比（%）	分类	缺少时明显症状
N	NO_3^-、NO_2^-、NH_4^+	1～3	大量元素	老叶发黄
P	$H_2PO_4^-$、HPO_2^-	0.2	大量元素	老叶发黄
K	K^+	1	大量元素	老叶死斑
S	SO_4^{2-}	0.1	大量元素	幼叶浅绿
Mg	Mg^{2+}	0.2	大量元素	缺绿
Ca	Ca^{2+}	0.5	大量元素	顶芽死亡
Fe	Fe^{2+}、Fe^{3+}	0.01	半微量元素	幼叶缺绿
B	BO_3^{3-}、$B_4O_7^{2-}$	0.002	微量元素	顶芽死亡，无法受精
Cu	Cu^{2+}	0.0006	微量元素	幼茎不能直立
Zn	Zn^{2+}	0.002	微量元素	小叶病
Mn	Mn^{2+}	0.005	微量元素	幼叶死斑、缺绿
Mo	MoO_4^{2-}	0.00001	微量元素	叶片扭曲、缺绿
Cl	Cl^-	0.001	微量元素	叶片加厚、缺绿
Si	H_4SiO_4	0.1	大量元素	蒸腾加快生长受阻植株易倒、易被感染真菌
Na	Na^+	0.001	微量元素	黄化、坏死
Ni	Ni^{2+}	0.0001	微量元素	叶尖处积累较多的脲，出现坏死现象

N 占植物干重 1%～3%，存在形式以无机氮为主（NO_3^-、NO_2^-、NH_4^+），少量存在于有机氮中，如尿素 $CO(NH_2)_2$ 和氨基酸等。N 是植物生命活动中很重要的矿质元素，是许多化合物的组分：①核酸，分为脱氧核糖核酸（DNA）和核糖核酸（RNA），N 元素是组成核酸的重要元素；②生物催化剂酶，也就是蛋白质，对植物代谢起着催化作用；③维生素、辅基、辅酶、激素，对植物酶活性的调节具有很大作用；④磷脂，是细胞膜骨架；⑤叶绿素、光敏素；⑥能量载体 ADP 和 ATP，是植物体内能量传递和承载的物质；⑦渗透物质脯氨酸和甜菜碱，对植物渗透作用吸收矿质元素具有重要意义。由于 N 是可移动元素，生物质缺N，较老叶片先变黄，有时在茎叶柄或老叶子上出现紫色，严重时，叶片脱落，植物矮小。

P 在植物体内约占干重 0.2%，但是对生命活动起着重要作用，存在形式主要是 $H_2PO_4^-$ 和 HPO_2^-。磷元素能提高植物对外界环境适应能力，促进碳水化合物的合成也是许多植物所必须的化合物组分：①遗传物质核酸；②磷酸辅基、辅酶（FAD、NAD、FMN、NADP）和维生素；③能量载体 ADT 和 ADP；④调节物质运输的物质如磷酸蔗糖；⑤细胞膜骨架磷脂。P 也是可移动元素，首先表现在老叶上，缺 P 对根系的发育不利，植株会停止生长，进而影响植物产量。

K 在植物体内约占干重 1%，呈离子态（K^+），主要作用是调节作用，功能主要有：调节气孔开闭；调节根系吸水和水分向上运输；渗透作用调节；调节酶的活性，如谷胱甘肽合成酶，琥珀酸 CoA 合成酶，淀粉合成酶，琥珀酸脱氢酶，果糖激酶，丙酮酸激酶等 60 多种酶；平衡电性的作用——在氧化磷酸化中，K^+、Ca^{2+} 作为阳离子平衡 H^+，在光合磷酸化中，K^+、Mg^{2+} 作为 H^+ 的对应离子，平衡 H^+ 的电荷；同时 K^+ 还能调节物质运输；因此，钾能促进光合作用、促进蛋白质合成，增强作物茎秆的坚韧性，增强作物抗倒伏和抗病虫能力，提高作物的抗旱和退寒能力。

经过证实，碱金属对锅炉腐蚀聚团结渣有某种联系，因此分析生物质中碱金属元素的规律有利于提供锅炉运行的指导。

三、水分

生物质中水分分为游离态水和化合态水，水分对生物生长有至关重要的作用。水在生长着的植物体中含量最大，原生质含水量为 $80\%\sim90\%$，其中叶绿体和线粒体含 50% 左右；液泡中则含 90% 以上。组织或器官的含水量随木质化程度增加而减少，如瓜果的肉质部分含水量可超过 90%，幼嫩的叶子为 $80\%\sim90\%$，根为 $70\%\sim95\%$，树干则平均为 50%，休眠芽约 40%。含水最少的是成熟的种子，一般仅 $10\%\sim14\%$ 或更少。代谢旺盛的器官或组织含水量都很高。原生质只有在含水量足够高时，才能进行各种生理活动。各种生化反应都须以水为介质或溶剂来进行。水是光合作用的基本原料之一，它参加各种水解反应和呼吸作用中的多种反应。植物的生长，通常靠吸水使细胞伸长或膨大。膨压降低，生长就减缓或停止。如：昙花一现，就是靠花瓣快速吸水膨大、张开；牵牛花清晨开放，日光曝晒后失水卷缩。某些植物分化出特殊的器官，水分进出造成膨压可逆地升降，使器官快速地运动。如水稻叶子在空气干旱、供水不足时，泡状细胞失水，使叶片卷成圆筒状，供水恢复后重新展开；气孔的运动是通过保卫细胞因水分情况变化而胀缩来实现的，从而调节水分散失速率，维持植株水分平衡。反之，有些器官只有失水时才能完成某些功能。如藤萝的果荚，只有干燥时才能爆裂，使其中的种子进出；蒲公英的种子成熟、失水后才会脱离母体，随风飘荡。

第二节　生物质物理特性

生物质的物理特性直接影响着生物质的利用，气味、堆积密度、流动特性、粒度、比热容、灰熔点、硬度、导热性影响着生物质的可利用程度、开发力度。

1. 气味

许多生物质燃料都带有浓重的气味，例如，桉树、樟树带有浓重的苦涩的气味，这些气味对人一般是无毒的，但是不利用采集和存放。气味是安设存储物料仓库的一个指标。

2. 堆积密度

生物质材料堆积密度和一般单一的特定物质的真实密度不同，真实密度是指颗粒间间隙为零时计算的物质密度，例如水、铁、黄金的密度在特定的温度和压力下是固定不变的。堆积密度是指散粒材料或者粉状材料在自然堆积状态下单位体积的质量，反映了实际应用过程中单位体积物料的质量。计算公式为 $\rho_{0'} = \dfrac{m}{v} = \dfrac{m}{v_o + v_p + w}$，其中 $\rho_{0'}$ 为物料的堆积密度，kg/m³；v_o 为纯颗粒的体积，m³；v_p 为颗粒内部空隙的体积，m³；w 为颗粒间空隙的体积，m³。根据生物质燃料的堆积密度资料可知生物质燃料堆积密度小。对颗粒形态燃料而言，煤的堆积密度约为 $800 \sim 1000 \mathrm{kg/m^3}$，生物质燃料中木材、木炭、棉秸等所谓"硬柴"的堆积密度在 $200 \sim 350 \mathrm{kg/m^3}$ 之间，农作物秸秆等"软柴"的堆积密度比木材等硬材更低。例如，已切碎的农作物秸秆的堆积密度是 $0 \sim 120 \mathrm{kg/m^3}$，锯末的堆积密度为 $240 \mathrm{kg/m^3}$，木屑的堆积密度为 $320 \mathrm{kg/m^3}$。由于生物质堆积密度小，因而在原料的收集、存储和燃料燃烧设备运行方面都比煤困难。

3. 流动特性

颗粒物料的流动特性由自然堆积角和滑动角来决定。流动特性是设计除尘器灰斗的锥度、粉尘管路或输灰管路或输灰管路斜度的重要依据。

自然堆积角是指物料自然堆积时形成的锥体地面和母线的夹角。自然堆积角和流动特性存在一定的关系，流动性好的物料颗粒在很小的坡度时就会滚落，只能形成"矮胖"的锥体，此时自然堆积角很小；反之，流动性不好的物料会形成很高的锥体，自然堆积角很大。表 4-3 为常见颗粒物料的自然堆积角。

表 4-3　　常见颗粒物料的自然堆积角度

物料名称	风干锯末	玉米	新木屑	谷物
堆积角	40°	35°	50°	24°

滑动角是指有颗粒的物料的平板逐渐切斜，当颗粒物料开始滑动时的最小倾角（平板与水平面的夹角 α），滑动角的大小反映出物料颗粒的黏性和摩擦性能，黏性大和摩擦系数越大，滑动角就越大。在设计物料漏斗或灰尘漏斗的时候必须结合物料的滑动角，例如料斗设计成圆锥状，锥顶的角度小于 $180° - 2\alpha$。

4. 粒度和形状

粒度是指颗粒的大小，球体颗粒的粒度通常用直径表示，立方体颗粒的粒度用边长表示。对不规则的矿物颗粒，可将与矿物颗粒有相同行为的某一球体直径作为该颗粒的等效直径。实验室常用的测定物料粒度组成的方法有筛析法、水析法和显微镜法。①筛析法，用于测定 $250 \sim 0.038 \mathrm{mm}$ 的物料粒度，实验室标准套筛的测定范围为 $6 \sim 0.038 \mathrm{mm}$；②水析法，以颗粒在水中的沉降速度确定颗粒的粒度，用于测定小于 $0.074 \mathrm{mm}$ 物料的粒度；③显微镜法，能逐个测定颗粒的投影面积，以确定颗粒的粒度，光学显微镜的测定范围为 $150 \sim 0.4 \mu\mathrm{m}$，电子显微镜的测定下限粒度可达 $0.001 \mu\mathrm{m}$ 或更小。常用的粒度分析仪有激光粒度分析仪、超声粒度分析仪、消光法光学沉积仪及 X 射线沉积仪等，通过粒度分析仪可以确定颗粒的大小。

颗粒形状是指一个颗粒的轮脚边界或表面上各点的图像及表面的细微结构，通常包括投影形状、均整度（即长、宽、厚之间的比例关系）、棱边状态（如圆棱、钝角棱及锯齿状棱等）、断面状况、外形轮廓（如曲面、平面等）、形状分布等。常用的定量描述参数如下：形状系数指颗粒形状与某种规整形状（如球形）不一致的程度，包括体积形状系数、表面形状系数与比表面积形状系数；形状指数是表征颗粒外形自身特征的参数，主要有三轴径之比（称为均整度）、长短径之比（称为长短度）、短径与厚度之比（称为扁平度）、长短度与扁平度之比（称为郑格指数）。此外，颗粒外接立方体体积与颗粒体积之比称为体积充满度，颗粒投影面积与最小外接矩形面积之比称为面积充满度，体积与颗粒相等的球的比表面积与颗粒比表面积之比称为真球形度，面积等于颗粒投影面积的圆的直径与颗粒投影图最小外接圆直径之比称为实用球形度，与颗粒投影面积相同的圆的周长与颗粒投影轮廓周长之比称为圆形度。粗糙度是指颗粒实际表面积和将表面看成光滑时的表面积之比。颗粒的形状对粉料的流动性、充填性等粉料特性有较大影响。通常，用颗式破碎机、对辊破碎机及圆锥破碎机易得到多棱角颗粒，而用球磨机与筒磨机得到的颗粒更接近球形。用化学法或气相沉积法制备的超微颗粒也易接近球形。生物质的传热传质分析计算需要使用颗粒形状的各项指标。

生物质的粒度和形状会直接影响燃烧效率和燃尽时间，在实际的生产运行中必须通过干燥、粉碎、筛分等工序使得物料达到合适的粒度和形状大小，以便于快速高效的利用。

5. 比热容

比热容是单位质量的某种物质升高或降低单位温度所需的热量，单位是J/（kg·K）或J/（kg·℃）。干燥的木材比热容几乎和树种无关，但是与温度几乎成线性关系：$c_p = 1.112 + 0.00485t$。物料不同，比热容也存在差异，几种常见生物质的比热容见表4-4。

表4-4 几种生物质的比热容与温度的关系

比热容 [kJ/(kg·℃)] 生物质	20	30	40	50	60	70	80
玉米芯	1	1.04	1.081	1.123	1.145	1.167	1.189
稻壳	0.75	0.75	0.756	0.761	0.764	0.769	0.772
锯木屑	0.75	0.762	0.768	0.7772	0.781	0.79	0.811
杂树叶	0.68	0.7	0.718	0.73	0.742	0.748	0.75

6. 灰熔点

灰熔点是指固体燃料中的灰分达到一定温度以后，发生变形、软化和熔融时的温度。生物质的灰熔点用角锥法测定，将灰粉末制成的角锥在保持半还原性气氛的电路中加热。角锥尖端开始变圆或弯曲时的温度称为变形温度，角锥尖端弯曲到和底盘接触或呈半球形时的温度称为软化温度，角锥熔融到底盘上开始溶溢或平铺在底盘上显著熔融时的温度称为流动温度。原料灰熔点是影响气化操作的主要因素，灰熔点低的原料，气化温度不能维持太高，否则，由于灰渣的熔融、结块，各处阻力不一，影响气流均匀分布，易结疤发亮，而且由于熔融结块，会减少气化剂接触面积，不利于气化，因此，灰熔点低的原料，只能在低温度下操作。灰熔点对生物质锅炉结渣影响特别大，控制好锅炉的温度对生产运行的设备维护起着很重要的作用。

7. 硬度

硬度是指材料局部抵抗硬物压入其表面的能力。生物质的硬度和通常意义上的材料硬度不同，生物质的硬度一般是木材硬度，会直接影响粉碎的效果，进而影响生物质的粒度和形状。在工程技术界，采用维氏硬度来表征生物硬度。维氏硬度试验方法适用于各种材料硬度的测量。试验时，在一定载荷的作用下，试样表面上压出一个四方锥形的压痕，测量压痕对角线长度，然后用公式来计算维氏硬度值，即 HV＝常数×试验力/压痕表面积，其中常数约为 0.1891。

8. 导热性

导热性反映物质导热性能的大小，其大小用热导系数来衡量，热导系数定义为物体上下表面温度相差1℃时，单位时间内通过导体横截面的热量，符号为 λ，单位为 W/（m·K）。生物质是多空隙的物质，空隙中充满空气，而空气是热的不良导体，所以生物质的导热性效果很差。生物质的导热性受木材的密度、含水率和纤维方向的制约。生物质的导热性随温度、密度、含水率的增加而增大。顺着纤维方向的导热性比垂直纤维方向的导热性要大。结合密度、含水率、温度对水稻秸秆的热导率的测定，可拟合成计算公式为 $\lambda = 9.55 \times 10^{-3} + 6.118 \times 10^{-4}\omega + 1.74 \times 10^{-4}\rho + 4.36 \times 10^{-4}\theta$，其中 ω 为含水率，ρ 为密度，θ 为温度。

第三节　生物质元素分析

一、元素分析原理

有机元素分析始于20世纪初，其技术原理是精确称重的样品在氧气流中加热到1000～1800℃进行快速燃烧分解，C、H、N元素的燃烧产物（二氧化碳、水、氮气和氮氧化物）经吸附分离后用微天平称量，最后计算元素组成。这一技术在后来作了很多改进，比如加入燃烧催化剂加速反应，采用气相色谱技术分离燃烧产物，采用红外光谱、热导检测技术及库仑检测技术来测定气体产物。这样就发展成能测定C、H、N、S和O元素的现代仪器技术。至于有机化合物中的卤素和P，可以用化学分析方法（如安培滴定法和离子交换法等）测定，金属元素则多用原子光谱等方法分析。

二、元素分析方法

煤中碳和氢的含量有多种测定方法。其中有 GB/T 476—2001《煤的元素分析方法》所规定的元素炉法，即利比西法；有电力标准高温碳氢测定法；还有红外吸收法等，每种方法各具特点。其中，元素炉法为经典方法，可用做仲裁分析，也是国内多数单位实际使用的方法；高温碳氢测定法较元素炉法快速，系统结构也较简单，测定结果与国标法同样可靠；红外吸收法具有技术先进、测试效率高、结果可靠的特点。

生物质主要化学成分的分析方法普遍采用化学法，这种方法由 Van Soest 等在 1963 年提出，首先通过酸或者碱将生物质水解，然后萃取出各种化学成分，经过提纯，最后通过滴定的方法得到各主要化学成分的含量，生物质化学成分分析的国家标准也是基于这种方法。

1. 碳和氢元素的测定

碳燃料是最基本的可燃元素，1kg 碳完全燃烧时生成二氧化碳，可放出约 33858kJ 热量，固体燃料中碳的含量基本决定了燃料热值的高低。例如以干燥无灰基计，则生物质含碳 44%～58%。碳在燃料中一般与 H、N、S 等元素形成复杂的有机化台物，在受热分解（或燃烧）时以挥发物的形式析出（或燃烧）。除这部分有机物中的碳以外，生物质中其余的碳是以单质形式存在的固定碳。固定碳的燃点很高，需在较高温度下才能着火燃烧，所以燃料中固定碳的含量越高，则燃料越难燃烧。燃尽温度越高，在灰渣中越容易产生碳残留，燃烧不完全。1kg 碳不完全燃烧时生成一氧化碳，仅放出 1020kJ 热量。而当一氧化碳变成二氧化碳时，放出热量为 2365kJ。

氢是燃料中仅次于碳的可燃成分，1kg 氢完全燃烧时，能放出约 1254kJ 的热量，相当于碳的 3.5～3.8 倍。氢含量直接影响燃料的热值、着火温度以及燃料的难易程度。氢在燃料中主要是以碳氢化合物形式存在。当燃料被加热时，碳氢化合物以气态挥发出来，所以燃料中含氢越高，越容易着火燃烧，燃烧得越好。氢在固体燃料中的含量很低，煤中约为 2%～8%，并且随着碳含量的增多（碳化程度的加深）逐渐减少；生物质中约为 5%～7%。在固体燃料中有一部分氢与氧化合形成结晶状态的水，该部分氢是不能燃烧放热的；而未和氧化合的那部分氢称为自由氢，它和其他元素（如碳、硫等）化合，构成可燃化合物，在燃烧时与空气中的氧反应放出很高的热量。含有大量氢的固体燃料在储藏时易于风化，风化时会失去部分可燃元素，其中首先失去的是氢。氢在液体燃料中的含量相对来说较高，一般为 10%～14%。

2. 氮元素的测定

氮在高温下与 O_2 发生燃烧反应，生成 NO_2 或 NO，统称 NO_x。NO 排入空气造成环境污染，在光的作用下对人体有害。但是氮在较低温度（800℃）与 O_2 燃烧反应时产生的 NO_x 显著下降，大多数不与 O_2 进行化学反应而呈游离态氮气状态。例如锅炉热力计算中计算煤的燃烧产物时，近似地认为煤中氮元素最后只以氮气形式析出，氮是固体和液体燃料中唯一的完全以有机状态存在的元素。生物质中有机氮化物被认为是比较稳定的杂环和复杂的非环结构的化合物，例如蛋白质、脂肪、植物碱、叶绿素和其他组织的环状结构中都含有氮，而且相当稳定。氮在固体燃料、液体燃料中的含量一般都是不高的，但在某些气体中氮的含量却占有很大比例。生物质中的氮含量较少，一般在 3% 以下，故影响不大；煤中的氮含量比较少，一般约为 0.5%～3%，随着煤的变质程度加深而减少，随着氢含量的增高而增大。

生物质中氮的分析普遍采用凯氏法或改良凯氏法。该法并不能保证测出所有形式的氮，但能测出绝大部分的氮，它包括以下步骤：

（1）消化。用浓硫酸、硫酸钾和硫酸铜作反应剂，浓硫酸能将生物质中的碳和氢氧化成 CO_2 和 H_2O，氮经过复杂的反应变成氨，再与硫酸反应生成 NH_4HSO_4。硫酸钾的作用主要是提高硫酸的沸点，即升高消化温度，这样可缩短反应时间。硫酸铜可起催化作用。

（2）蒸馏。向消化后的溶液加入过量碱并蒸出氨

$$NH_4HSO_4 + H_2SO_4 + 4NaOH \longrightarrow NH_3\uparrow + 2Na_2SO_4 + 4H_2O$$

（3）吸收。以硼酸作吸收剂，与氨生成分子配合物

$$H_3BO_3 + xNH_3 \longrightarrow H_3BO_4 \cdot xNH_3 2SO_4 + 2H_3BO_3$$

（4）滴定。以标准酸进行滴定

$$H_3BO_4 \cdot xNH_3 + xH_2SO_4 \longrightarrow x(NH_4)_2SO_4 + 2H_3BO_3$$

3. 硫元素的测定

硫元素硫是可燃成分之一，也是有害的成分。1kg 硫完全燃烧时，可放出 9033kJ 的热量，约为碳热值的 1/3。但它在燃烧后会生成硫氧化物 SO_x（如 SO_2、SO）气体。

硫的检测用碳酸钠—氧化锌半熔，将试样中的全部硫转化成可溶性硫酸盐，然后在微酸性溶液中与氯化钡作用生成硫酸钡沉淀，灼烧，称量。

固体燃料中的硫含量一般较少，生物质中的含硫量极低，一般少于 0.3%，有的生物质甚至不含硫，属于清洁燃料。

4. 氧元素的测定

氧不能燃烧释放热量，但加热时，氧极易使有机组分分解成挥发性物质，因此仍将它列为有机成分。燃料中的氧是内部杂质，它的存在会使燃料成分中的可燃元素碳和氢相对减少，使燃料热值降低。此外，氧与燃料中一部分可燃元素氢或碳结合处于化合状态，因而减少了燃料燃烧时放出的热量。氧是燃料中第三个重要的组成元素，它以有机和无机两种状态存在。有机氧主要存在于含氧官能团，如羧基（—COOH）、羟基（—OH）和甲氧基（—OCH₃）等中；无机氧主要存在于煤中水分、硅酸盐、碳酸盐、硫酸盐和氧化物中等。氧在固体和液体燃料中呈化合态存在。

5. 其他元素

磷和钾元素是生物质燃料特有的可燃成分。磷燃烧后产生五氧化二磷（P_2O_5），而钾燃烧后产生氧化钾（K_2O），它们就是草木灰的磷肥和钾肥。生物质中磷的含量很少，一般为 0.2%～3%。在燃烧等转化时，燃料中的磷灰石在湿空气中受热，这时磷灰石中的磷以磷化氢的形式逸出，而磷化氢是剧毒物质。同时，在高温的还原气体中，磷被还原为磷蒸气，随着在火焰上燃烧，遇水蒸气形成了焦磷酸（$H_4P_2O_7$）。焦磷酸附着在转换设备壁面上，与飞灰结合，时间长了就形成坚硬的、难溶的磷酸盐结垢，使设备壁面受损。K_2O 的存在则可降低灰分的熔点，形成结渣现象。但一般在元素分析中若非必要，并不测定磷和钾的含量，也不把磷和钾的热值计算在内。

综上所述，对于林木生物质，元素分析数据是其能源化利用装置设计的基本参数，它对转换能耗、热平衡的计算等都是不可缺少的。在高位及低位热值的计算中，必须应用硫含量与氢含量的值。硫含量对设备的腐蚀与烟气中二氧化硫是否构成对大气的污染有着直接的关系。在热力计算上，一般需要根据氮及其他元素的含量来求算氧含量，故提供可靠

的元素分析结果在生产上有着重要的实际意义。生物质种类不同，其元素分析结果也不同。几种主要生物质的元素组成的热值见表 4-5。

表 4-5　　　　　　　　　　　　　　生物质的元素组成的热值

种类	元素分析结果[①]（%）					$HHVV_{daf}$ (kJ/kg)	LHV_{daf} (kJ/kg)
	C_{daf}	H_{daf}	O_{daf}	N_{daf}	S_{daf}		
玉米秸	49.30	6.00	43.60	0.70	0.11	19065.00	17746.00
玉米芯	47.20	6.00	46.10	0.48	0.01	19029.00	17730.00
麦秸	49.60	6.20	43.40	0.61	0.07	19876.00	18532.00
稻草	48.30	5.30	42.20	0.81	0.09	18803.00	17636.00
稻壳	49.40	6.20	43.70	0.30	0.40	17370.00	16017.00
花生壳	54.90	6.70	36.90	1.37	0.10	22869.00	21417.00
棉结	49.80	5.70	43.10	0.69	0.22	19325.00	18089.00
杉木	51.40	6.00	42.30	0.06	0.03	20504.00	19194.00
榉木	49.70	6.20	43.80	0.28	0.01	19432.00	18077.00
松木	51.00	6.00	42.90	0.08	0.00	20353.00	19045.00
红木	50.80	6.00	43.00	0.05	0.03	20795.00	19485.00
杨木	51.60	6.00	41.70	0.60	0.02	19239.00	17933.00
柳木	49.50	5.90	44.10	0.42	0.04	19921.00	18625.00
桦木	49.00	6.10	44.80	0.10	0.00	19739.00	18413.00
枫木	51.30	6.10	42.30	0.25	0.00	20233.00	18902.00

①　指无水（干燥基）生物质成分。

表 4-6 列出了湛江生物质发电厂 6 种物料和其他的生物质的元素分析数据。

表 4-6　　　　　　　　　　　　　湛江生物质发电厂元素分析

种类	元素分析结果[①]（%）			
	C_{daf}	H_{daf}	O_{daf}	N_{daf}
油页岩	17.01	2.23	0.67	1.96
海藻	32.83	4.1	2.25	1.68
水葫芦	39.39	5.6	2.54	0.31
麦皮	45.44	6.32	2.76	0.22
柚子皮	43.86	5.99	0.66	0.04
香蕉皮	43.68	5.51	1.69	0.12
橙子皮	45.01	6.2	0.92	0.08
谷糖	41.89	6.01	0.99	0.13
苹果皮	44.59	6.81	0.45	0.05
甘蔗渣	46.71	5.96	0.43	0.06
秸秆	39.97	5.41	0.83	0.13

续表

种类	元素分析结果[①]（%）			
	C_{daf}	H_{daf}	O_{daf}	N_{daf}
甘蔗叶	44.24	5.79	0.48	0.21
桉叶	49.53	6.32	2.28	0.22
碎木板	46.78	6.05	0.44	0.06
树干	47.4	6.06	0.38	0.04
树皮	44.46	5.57	0.51	0.04
末尾	48.62	5.97	0.69	0.07
垃圾	47.01	6.42	1.1	0.88

注　甘蔗渣、甘蔗叶、碎木板、树干、树皮、末尾、桉树叶来自湛江生物质发电厂。
①　指无水（干燥基）生物质成分。

三、元素分析仪

元素分析仪是用来进行元素分析的仪器，种类很多。根据所测元素的不同，有专门的仪器，比如有机元素分析仪、金属元素分析仪等。

1. PE2400 SERIES Ⅱ CHNS/O 元素分析仪

PE2400 SERIES Ⅱ CHNS/O 元素分析仪基本原理采用经典分析技术氧环境下相应的试剂中燃烧或在惰性气体中高温裂解，以测定有机物中的 C、H、N、S、O 的含量。该仪器有 CHN 模式、CHNS 模式和 O 模式三种测定模式。CHN 模式是样品在纯氧中燃烧，然后通过色谱柱分离后分别进行热导检测，得到样品的 C、H、N 的百分含量；CHNS 模式是样品在纯氧中燃烧转化成 CO_2、H_2O 和 N_2，通过色谱柱分离后进行热导检测，得到样品的 C、H、N、S 的百分含量；O 模式是样品在 H_2/He 中进行高温裂解得到 CO 和其他气体，分出 CO 并进行热导检测，即可测得样品中 O 的含量。

2. CHNS+O 自动分析仪

图 4-4 所示为 CHNS+O 自动分析仪原理图。仪器由两个分析通道组成，一个通道测定 C、H、N、S，另一个通道测定 O。两个通道共用一个双柱气相色谱（GC）系统，采用热导检测器（TCD）测定气体的含量。显然，要测定样品的 C、H、N、S、O 这 5 种元素组成时，需要分别分析两份样品，且一般不能同时分析。需要指出，有的仪器是由一个测定通道组成的，测定 C、H、N、S 用一套燃烧系统，测定 O 时需要更换另一套系统。这样减小了仪器体积，但带来了操作上的不方便。

3. 碳、氢、氮元素分析仪

近年来，碳、氢、氮元素分析仪（见图 4-5）已得到广泛的应用，它所需样品的量极少，往往只需若干毫克，而且分析的速度也很快。在此类分析仪中，试样的燃烧以及排除硫和卤素干扰的过程原则上和质量法是一样的。但因加入了高效的氧化催化剂，使样品的燃烧速度大大加快。为了能同时测定氮的含量，样品不用空气而用高纯氧和氦的混合气燃烧，对于燃烧后生成的氮氧化物，则用铜将其还原为氮气。最后用热导检测气相色谱法或示差吸收热导法等，与标样进行对比，得出碳、氢、氮含量的数据。热导检测气相色谱法即用气相色谱仪将燃烧及转化后的气体产物进行分离，顺序得到氮、二氧化碳及水 3 个峰，由热导检测器检测。示差吸收热导法则是将气体产物分别吸收掉水或二氧化碳，根据其相应的热导池示差信号来检测。

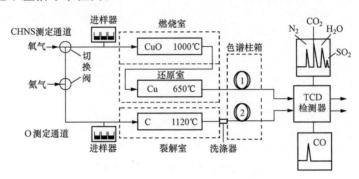

图 4-4 CHNS＋O 自动分析仪原理图

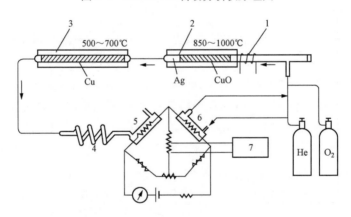

图 4-5 热导检测气相色谱法碳氢氮分析仪原理流程
1—闪光加热器；2—燃烧炉；3—还原炉；4—色谱柱；5—样品池；6—参比池；7—记录仪

第四节 生物质工业分析

一、工业分析内容

（一）水分

生物质中含有一定量的水分。生物质的水分随着种类、产物的不同而变化，同时由于位置的迁移、空气中的水分不同而变化。水分根据不同的形态分为游离水分和结晶水。游离水分附着于生物质颗粒表面及吸附于毛细孔内，结晶水和生物质里面的矿物质成分化合。水分还可以分为外在水分和内在水分。

外在水分是指将生物质风干后所失去的水分，在开采、运输、储存时所带入，覆盖在生物质颗粒表面上。当生物质放置在空气中（一般规定温度为 20℃，相对湿度为 65％）风干 1～2 日后，外在水分即蒸发而滑失。这类水分又名风干水分，除去外在水分的生物质为风干基。

内在水分是指在风干煤中所含的水分。在一定温度下，其蒸气压常较纯水的蒸汽压为低，用风干法很难除去，即使在100℃以下烘也难于除尽，通常在102～105℃烘一定时间后才能除去，故又名烘干水分，除去内在水分的生物质为干燥基。

化合结晶水（decompositionmoisture）是与生物质中的矿物质相结合的水分，在生物质中含量很少，在105～110℃下不能除去，在超过200℃时才能分解逸出。如 $CaSOt \cdot 2H_2O$、$A1_2O_3 \cdot 2SiO_2 \cdot 2H_2O$ 等分子中的水分均为结晶水。因为当温度超过200℃时，生物质中的有机质才开始分解。所以结晶水不可能用加热的方法单独地测出，它的值不列入生物质的水分之中，与挥发物一道计入挥发分中。

（二）挥发分

生物质样品与空气隔绝在一定的温度条件下加热一定时间后，由生物质中的有机物质分解出来的液体（此时为蒸气状态）和气体产物的总和称为挥发分（volatilematter），但所谓挥发分在数量上并不包括燃料中游离水分蒸发的水蒸气，剩下的不挥发物称焦渣。

挥发分的主要成分是有 H_2、CH_4 等可燃气体和少量的 O_2、N_2、CO_2 等不可燃气体。生物质挥发分含量远高于煤的挥发分。

挥发分本身的化学成分是一种饱和的以及未饱和的芳香族碳氢化合物的混合物，是氧、硫、氮以及其他元素的有机化合物的混合物，以及燃料中结晶水分解后蒸发的水蒸气。挥发分并不是生物质中固有的有机物质的形态，而是特定条件下的产物，是当燃料受热时才形成的，所以说挥发分含量的多少，是指燃料所析出的挥发分的量，而不是指这些挥发分在燃料中的含量，因此称挥发分产率较为确切，一般简称为挥发分。

（三）灰分

对于大多数常见的生物质原料，除了碳、氢、氧等有机物之外，还含有一定数量的钾、钠、氧、硫、磷等无机矿物质。在生物质热化学转化利用过程中，这些残留的无机物质称为灰。

从来源上说，可以把灰分分为三种：第一种灰是成碳质所含的矿物性杂质的渣滓，第二种灰是燃料在碳化期间被风和水带来的浮土，而第三种灰则是从所开采的地层的外在矿物环境落到工业燃料里面去的外来物。第一种灰与燃料的有机物部分有关，这种有机物多是些不溶于水的腐植酸盐类和非饱和的油脂酸盐类，矿物性燃料的第一种灰只占矿物燃料总灰量的极小部分，其特点是在燃料质中分布得很均匀。第二种灰在数量上变动范围很大，分布也比较均匀，表现为可燃质的残渣或可燃质内部间隔开的夹层。第三种灰直接取决于开采的质量。在工业燃料中，可能混有大量的第三种灰，可是，如果它在燃料里面分布得很不均匀，则只要采用比较简单的机械选煤法，就很容易把它清除。因为矿物质的真实含量很难测出，所以常用灰分产率作为矿物质含量的近似值。将生物质在一定温度（815℃±10℃，煤的标准）及其中矿物质在空气中经过一系列分解、化合等复杂反应后所剩余的残渣就是灰分。

生物质中不能燃烧的矿物杂质可以分为外部杂质和内部杂质。外部杂质是在采获、运输和储存过程中混入的矿石、沙和泥土等。生物质作为固体燃料其矿物杂质主要是瓷土（$A1_2O_3 \cdot 2SiO_2 \cdot 2H_2O$）和氧化硅（$SiO_2$）以及其他金属氧化物等。生物质的灰分含量高，将减少燃料的热值，降低燃烧温度，如秸秆的灰分含量可达 15%，导致其燃烧比较困难。农作物收获后，将秸秆在农田中放置一段时间，利用雨水进行清洗，可以减少其中的 Cl 和 K 的含量，除去部分灰分，减少灰渣处理量。

1. 生物质的灰分特性

灰的成分性质很重要，其主要性质之一是灰分的熔化性和各成分间互相发生反应的能力，以及与周围气体介质发生反应的能力。

在生物质能利用中，生物质中的灰是影响利用过程的一个很重要的参数。如生物质燃烧、气化过程中受热面的积灰、磨损及腐蚀，流化床中燃烧气化时床料结块等均与灰的性质密切相关，灰的性质还会影响到生物质燃烧、气化、热解等过程中的产物和其作为副产品使用的功能。

燃料的灰分是杂质的主要成分。燃料含灰的程度是不同的，燃料的种类不同则灰分不同，就是同一种燃料，有时灰分也不尽相同。矿物性燃料的灰量是极不稳定的，它取决于燃料产地的性质，即取决于燃料的碳化情况、开采的质量，在一定程度上，还取决于储藏的方法和时间。

2. 生物质灰分的质量分数

生物质燃烧后灰分将分布到飞灰和底灰中。流化床燃烧设备生成的灰分比固定床更多，原因是除灰分外，流化床床料也被排出。但流化床生成的底灰比固定床少得多，大约仅占灰分总量的 20%~30%，其余 70%~80% 都是飞灰。

3. 生物质灰分组成

生物质灰分组分布比较均匀，其中生物质中 Si、K、Na、S、Cl、P、Ca、Mg、Fe 是导致结渣积灰的主要元素。在地壳中出现的每种化学元素都可以在植物灰分中发现，生物元素的比例是某些植物种和科以及特殊器官和发育阶段的显著特征。许多草本植物含 K 多于 N，而在适氮植物中则相反。植物主要灰分元素——硅、钙、钾三种氧化物所占比例最高，表 4-7 为不同植物地上部分的主要灰分元素组成。

表 4-7   灰分中成分元素

植物名称	采样部位	灰分（%）（占干重）	灰分中主要氧化物（%）						
大麦	茎叶	8.73	36.2	19.1	11.9	6.9	2.1	0.3	0.4
小麦	茎叶	7.87	58.7	6.5	18.1	5.4	0.7	0.3	0.1
水稻	茎叶	14.96	61.4	2.8	8.9	1.5	1.4	1.1	0.2
白茅	茎叶	7.17	80.2	8.4	4.8	1.8	1.9	0.8	0.2
小糠草	茎叶	5.38	60	3.3	20.8	2.1	0.9	0.1	0.2
狼尾巴草	茎叶	7.8	60	2.6	20.3	5.6	4.2	0.1	0.1
羽茅	茎叶	10.55	71.7	2.2	24.8	4	2.5	0.2	0.1
江南竹	叶	12.54	69.5	4.6	20.3	2.2	1.8	0.7	0.1
黄茅	茎叶	7.75	49.3	4.5	18.7	3.9	11.5	1.2	0.1

（四）固定碳

热解出挥发分之后，剩下的不挥发物称为焦渣，焦渣减去灰分称为固定碳，不同生物质的固定碳含量不同。固定碳是参与气化反应的基本成分。在生物质、煤或焦炭中，固定碳的含量用质量百分数表示，即由常样的质量中减去水分、挥发物和灰分的质量，或由干样的质量中减去挥发物和灰分的质量而得。生物质由于含有挥发分较多，因此固定碳较少，一般在10%左右。固定碳燃点很高，需要在较高温度下才能着火燃烧，因此固定碳含量能够影响生物质着火点和燃烧容易程度。

二、工业分析标准

我国在生物质分析方面尚没有确定的标准，目前主要借鉴煤的分析标准。由于煤和生物质在结构上都有很大的差别，采用煤的标准进行生物质工业分析在一定程度上和真实值有较大的差距。因此，目前采用美国材料试验学会技术委员会颁布的一系列生物质工业分析的ASTM标准，包括了水分、挥发分和灰分分析。下面以ASTM标准E871-82、E872-82、E1755-01为例，具体阐述工业分析步骤。

（1）E871-82标准主要是测定木材燃料的水分含量，具体步骤如下：

1）样品制备过程，包括样品的来源和收集以及粉碎。其中取样不能少于10kg，样品已经收集好并且存放在密封处，尽量隔绝空气。

2）把试样容器放在干燥箱中，在温度为103℃±1℃工况下干燥30min，然后取出，放入干燥皿中冷却至室温，称取质量精确到0.02g，记为W_c，然后把不少于50g的样品放入容器中，称取质量精确到0.01g，记为W_i，作为初始质量。

3）把装有样品的容器放入干燥箱中，在温度为103℃±1℃下，干燥至少16h。把干燥后装有样品的容器取出，放进干燥皿中冷却至室温，然后快速称取，精确到0.01g，记下数据。

4）重复步骤3），直到两次数据之间的差别小于0.2%，则记下此时的数据W_f，作为最终数据。

5）根据式（4-1）计算出样品的水分含量

$$M_{ar}=(W_iW_f)/(W_iW_c)\times100\% \tag{4-1}$$

式中　W_c——容器质量，g；

　　　W_i——最初质量，g；

　　　W_f——最终质量，g。

（2）E872-82标准主要是用于测定木材燃料的挥发分含量，具体步骤如下：

1）样品制备过程，包括样品的来源和收集以及粉碎，其中取样不能少于10kg。样品已经收集好并且存放在密封处，尽量隔绝空气。

2）称量带有盖子的坩埚，精确到0.01g，记为坩埚质量W_c，然后称取1g左右的样品，盖上盖子，称量，精确到0.01g，记为初始质量W_i。

3）把装有样品的坩埚盖上盖子，然后送进马弗炉的中央，马弗炉温度为950℃±20℃，保证温度波动范围不超过20℃至关重要。盖上马弗炉炉门，等待7min，快速取出，放进干燥皿中冷却至室温，取出，称量，精确到0.01g，记为W_f，根据式（4-2）和式（4-3）计算出挥发分含量

$$A = (W_i W_f)/(W_i W_c) \times 100\% \tag{4-2}$$

$$V_{ar} = A - B \tag{4-3}$$

式中　A——失重率，%；

　　　　B——根据方法 E871 计算出的水分含量，%。

（3）E1755-01 标准主要是用于测定生物质的灰分含量，具体步骤如下：

1）样品制备过程，包括样品的来源和收集以及粉碎，其中取样不能少于 10kg。样品已经收集好并且存放在密封处，尽量隔绝空气

2）把坩埚放入马弗炉灼烧 3h，温度为 575℃±25℃，然后取出，放入干燥皿中冷却至室温，称量，精确至 0.1mg，记下此质量，然后再放入马弗炉中灼烧 1h，温度不变，取出冷却、称量。

3）重复步骤 2），直到两次质量相差在 0.3mg 以内为止，并且记下最后一次称量的值，为 M_{cont}。

4）称取大约 0.5～1g，精确到 0.01mg，如果样品是在 105℃干燥过的，则应保存在干燥皿中。对于这类型的样品，记下装有样品的坩埚的质量作为初始质量。

5）把装有样品的坩埚放进马弗炉中，在温度为 575℃±25℃下灼烧至少 3h，为了避免火焰出现，应该先以升温速率为 10K/min 升到 250℃并且在此温度下保持 30min，然后再升温到 575℃±25℃。避免最高温升不超过 600℃。

6）灼烧后，取出，放入干燥皿中冷却至室温，称量，精确到 0.1mg，然后再放入马弗炉中灼烧 1h，温度不变，取出冷却、称量。

7）重复步骤 6），直到相邻的两次值相差在 0.3mg 以内为止，记下最后一次的质量为 M_{ash}。根据式（4-4）计算出灰分含量

$$A_{ar} = (M_{ash} - M_{cont})/m_s \times 100\% \tag{4-4}$$

一般来讲，固定碳都不是直接测出，而是测出水分、挥发分以及灰分含量，而固定碳含量 $FC_{ar} = 100\% - M_{ar} - A_{ar} - V_{ar}$。

表 4-7 是运用上述方法测定的几种生物质原料的工业分析数据，实验设备是干燥箱和马弗炉，表 4-8 为所测得数据。

表 4-8　　　　　　　　　　　　　　工业分析（收到基）

名称	符号	单位	碎木板	甘蔗叶	树皮	甘蔗渣	桉树叶
水分	M_{ar}	%	11.1918	9.6236	10.0555	10.3742	9.1747
灰分	A_{ar}	%	3.5746	4.8876	10.5642	2.6415	4.7749
挥发分	V_{ar}	%	68.3481	70.4402	62.9958	72.5584	67.1312
固定碳	FC_{ar}	%	16.8855	15.0486	16.3845	14.4259	18.9191

相关研究表明，通过比较煤和生物质测试标准的异同，发现低温成灰后的生物质经历高温灼烧后会发生较大的质量损失，根据生物质中无机元素的特性和实际锅炉燃烧情况，提出对生物质成灰采用 ASTM 规定的低温成灰标准更合理。

第五章

生物质热解燃烧特性分析

第一节 生物质热解分析

1. 生物质热解机理

生物质热解又称裂解，是指生物质在高温缺氧的环境条件下利用热能切断所含的大分子有机物质，使之转变为含碳更少的低分子量有机物质的过程。根据反应温度和加热速率的不同，生物质热解工艺可分为慢速、常规、快速或闪速几种。慢速裂解工艺是一种以生产木炭为目的的碳化过程，产生少量液体和气体产物，而得到大量碳化物。中等温度及中等速率的常规热裂解可制成相同比例的气体、液体和固体产品。快速热裂解的升温速率大致为 $10 \sim 200℃/s$，气相停留时间小于 $5s$，温度为 $400 \sim 600℃$；闪速热裂解相比于快速热裂解的反应条件更为严格，气相停留时间通常小于 $1s$，升温速率大于 $1000℃/s$，温度高于 $600℃$。但是闪速热裂解和快速热裂解的操作条件并没有严格的区分，有些学者将闪速热裂解也归纳到快速热裂解一类中，两者都是以获得最大化液体产物收率为目的而开发的。

2. 生物质热解实验分析

利用生物质热解实验来研究生物质组成与反应机理得到普遍的认同，在热重分析仪上对生物质进行热解，利用计算机自动记录数据曲线，方便并且准确为研究生物质提供基础设施。

由于生物质燃料具有地域特性，这里主要选用中国南方地区广东省典型生物质作为原料，即对秸秆、桉树皮、桉树叶、桉树枝、甘蔗叶以及甘蔗渣进行热解和燃烧热重实验研究，分析各生物质燃料热解过程的脱挥特性。热重试验在德国耐驰 STA 409 PC 型同步热分析仪上进行，对原料在 $40 \sim 1000℃$ 温度范围内进行程控动态升温试验。热解实验用的载气为高纯度氮气。几种生物质 TG 以及 DTG 曲线如图 5-1 和图 5-2 所示。

从图 5-1 和图 5-2 可以看到，几种物料的热解区间主要分布在 $200 \sim 400℃$。除桉树叶体现出双峰外，其他五种物料均为单峰热解特性。

一般而言，生物质的主要成分纤维素热解通常从 $240 \sim 270℃$ 开始，并在 $360 \sim 390℃$ 左右处出现最大失重率，可见 DTG 热解的主峰主要体现为纤维素的分解过程。观察图

5-2，所有物料在主失重峰前 100℃ 左右伴随一个侧肩。根据生物质三组分热解规律，半纤维素的失重通常从 200℃ 开始，并在 270～300℃ 时出现最大失重峰，从图 5-2 中侧肩出现的温度段，可以判断其主要体现为半纤维的热解过程，由于其热解温度与纤维素热解温度之间的重叠，导致其热解峰的淹没，演变为一个侧肩。

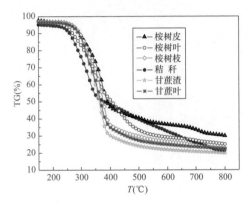 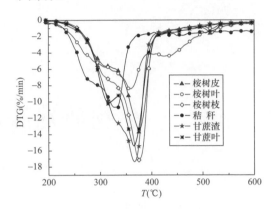

图 5-1　生物质热解 TG 曲线（20℃/min）　　图 5-2　生物质热解 DTG 曲线（20℃/min）

桉树叶热解过程呈现明显的"双峰"特性，第二个热解区间位于 390～500℃ 之间，并在 430℃ 左右出现最大失重。在生物质的三个主要组分中，木质素的峰值通常在 360～407℃ 之间出现，取决于木质素的来源以及分离方法。分析桉叶的生物组成，发现除纤维素、半纤维素以及木质素三种主要组成外，还平均含有粗蛋白 9% 和粗脂肪 12.3%。蛋白质的裂解温度区间为 320～450℃，脂肪一次裂解产物主要为甘油三酸酯，其裂解温度区间为 400～500℃ 区间，可见桉树叶第二热解区间应为木质素、粗蛋白和粗脂肪热解的综合特性。

综合而言，同类物料的热解特性和热解温度范围基本接近，但不同种类的物料挥发特性差异较大。木质类材料（桉树皮、桉树叶、桉树枝）相比于草本类材料，由于材料致密、组成的分子结构更趋复杂，其热解温度向高温侧偏移。秸秆整个热解过程均提前了约 50℃ 左右，表明其在热化学转化过程中具有更好的挥发特性。

从以上实验可以得出，生物质热解实验主要利用 TG 和 DTG 曲线对生物质机理进行的研究，从而为生物质燃料的利用提供基础数据。目前，人们对相对简易的生产低热值或热值气体燃料和液体燃料的生物质转换技术颇感兴趣，因此热解技术近来收到了极大的关注，世界各地正在对在反应区驻留时间短、加热速度快（快速热解和瞬间热解）的生物质热解方法进行深入的研究，有些项目已达到了试用阶段，但目前尚未出现商业化应用。

第二节　生物质燃烧特性

一、生物质燃烧机理

固体燃料颗粒的燃烧过程主要为干燥、挥发分析出燃烧、固定碳燃烧三个阶段。燃料被加热干燥后，挥发分开始析出。如果此时燃烧室内温度足够高并且有一定量的氧气，挥发出的可燃气体就会在颗粒的周围着火燃烧，形成明亮的火焰。此时氧气主要被挥发分的燃烧消耗，不能到达固定碳的表面，所以此时固定碳是暗黑的。挥发分在固定碳颗粒附近燃烧，固定碳不断被加热，挥发分烧尽以后，固定碳便迅速燃烧，即挥发分的燃烧生成热能给固定碳的燃烧提供基础。

1. 失水干燥过程

生物质燃料水分含量对热值有重要的影响。水分含量越高，相对的热值越低。并且水分的蒸发汽化是一个吸热过程，燃料中含水量越大，蒸发所需要的能量越多，燃料的低位热值越小。含水量对绝热燃烧温度、燃烧性能以及单位能量所产生的烟气体积都有一定的影响。潮湿的燃料在气化和固定碳燃烧发生之前需要更多的滞留时间来干燥，这意味着需要更大的燃烧室。

生物质的含水量通常比较大，这部分水分包括自由水和结合水。自由水是生物质燃料通过毛细作用储存在自身内腔中的水分；结合水是在范德华力引起的吸附作用下进入生物质燃料的微观结构中的水分。燃料燃烧时，水分首先开始蒸发，虽然水分蒸发过程很迅速，但也受周围温度和燃料尺寸的影响。以往的研究表明，当温度达到150℃左右，水分蒸发基本结束。水分的蒸发只是一个物理过程，燃料的化学性质和形状尺寸在此过程中不会发生明显的变化。

2. 挥发分析出过程

纤维素、半纤维素、木质素在受热时的热反应路径、转化方向和转化的难易程度互不相同。其中木质素较早开始热解，从250℃到500℃，但热解持续时间较长，几乎跨越整个热解过程，热解速度较慢，热解后形成炭较多；纤维素的主要热分解区为300～375℃，热解后炭产量较少，热解速度快；木质素热解速率峰值约在400℃之后，在热解高温区以木质素热解为主，同时该区域也是纤维素的主要热解温度区，使该温度区域物料迅速失重；半纤维素在热解过程中最不稳定，在230～330℃温度范围内快速分解。热解产物有气相挥发分、焦油以及焦炭。其中气相挥发分主要是 CO_2、CO 和一些碳氢化合物；焦油是一些可凝结烃的混合物，在高温条件下也呈现为气相，在室温下可凝结为液相；热解剩余的固体产物主要是焦炭和灰。热解析出的挥发分和焦油在燃料颗粒表面与氧气迅速混合，发生剧烈的氧化反应，也就是挥发分的燃烧。挥发分燃烧消耗氧气并释放出热量，从而提高燃料颗粒温度，燃烧生成 CO、CO_2、H_2O。燃料热解析出的挥发分在燃烧之前首先要与氧气混合，所以挥发分的燃烧不仅与燃料本身的反应动力学有关，也会受到氧气浓度以及挥发分与空气的混合程度的影响。由于纤维素、半纤维素、木质素的反应温度区域和机理各不相同，颗粒周围升温速率也会影响挥发分的燃烧。在挥发分燃烧的时候，也会有少量的氧气渗透到燃料颗粒内与固定碳发生氧化反应。燃料内含有的大多数氮元素也是在热解过程中以 NH_3、HCN 的形式析出，然后在富氧条件下被氧化成 NO_x 而在缺氧条件下则被还原成 N_2。挥发分的燃烧过程对于氮氧化合物形成的控制和焦炭的着火都有非常重要的意义。

3. 焦炭燃烧过程

焦炭燃烧是生物质燃料燃烧过程的最后阶段。生物质热解之后剩余的焦炭多孔性较强，焦炭内部含有大量极易氧化的自由基。在氧化环境或者还原环境下，焦炭都非常容易发生化学反应。O_2、CO_2 和 H_2O 等氧化物扩散到焦炭颗粒表面或焦炭空隙中，与边界炭颗粒发生反应。焦炭的燃烧是典型的异相反应，与一般的气固反应过程基本相同：

（1）氧气扩散到固体燃料颗粒表面。

（2）扩散至固体颗粒表面的气体（如氧气）被固体颗粒表面吸附（分子紧密黏结在反应面上），这个阶段常作为化学反应的第一阶段。

（3）被吸附的气体和固体颗粒表面同时进行化学反应，并且形成吸附后的生成物。

（4）吸附后的生成物从固体表面上解吸。

（5）解吸后的气态生成物向外扩散，离开固体颗粒表面到周围环境中。

这五个阶段依次发生，整个多相反应过程的快慢即多相燃烧速率，取决于这五个阶段中最慢阶段的速率。

在挥发分析出燃烧阶段释放的氮残留在燃烧剩余的焦炭中，成为焦炭氮，在焦炭燃烧过程中，这些焦炭氮大部分氧化为 NO，也有小部分继续与焦炭发生快速异相反应还原生成 N_2。

二、生物质失重特性

热重法研究生物质燃烧被国内外大多数学者运用，并得到广泛的认可，热重法研究生物质燃烧可以通过调整气氛中氮气和氧气的比例来研究影响因素对生物质燃烧过程的影响。该燃烧实验选取样品与热解实验相同。

热重试验在德国耐驰 STA 409 PC 型同步热分析仪上进行，根据不同升温速率（10、20、30℃/min）对原料在 40～1000℃ 温度范围内进行程控动态升温试验。燃烧实验在变气氛（$N_2:O_2=90:10$、$N_2:O_2=80:20$、$N_2:O_2=70:30$、$N_2:O_2=60:40$）中进行，流速均为 100mL/min。为减少和避免二次反应对失重特性的影响，采用的试样量控制为 5～10mg。

如图 5-3 所示，六种生物质的热解燃烧过程均可分为干燥、挥发分的析出和燃烧、固定碳的燃烧和残留物的燃尽四个阶段。

第一阶段为干燥阶段，发生在室温到 200℃ 左右。在此区间，TG 曲线变化平缓，样品的失重主要为自由水和结合水的蒸发。同时由于温度的升高，高分子链断裂、有机分子聚合度下降，内部发生了少量解聚、一些内部重组及"玻璃化转变"过程。

第二阶段为主燃烧阶段，发生在 200～400℃。在此区间，挥发分析出、燃烧，其失重占了整体失重的 50% 以上。热解曲线中出现的侧肩在图 5-4 中同样可以发现，但是由于燃烧过程促进了挥发分的析出，挥发分析出的主峰以及侧肩均得到提前。一般而言，生物质中半纤维素由于其五元环结构所需要的活化能比破坏纤维素和木质素六元环结构低，燃烧过程中，半纤维素首先发生热解、脱挥和燃烧，纤维素的脱挥略迟，发生在 270～375℃ 区间，这一现象在图 5-3 中可明显观测。木质素的燃烧温度区间为 200～550℃，跨越了整个主峰范围，因此在主峰中反而掩盖。

第三阶段为固定碳燃烧阶段，发生在 400～550℃。前一阶段的产物在此进一步脱挥和碳化，释放出 CH_4、CO_2、CO 等气体产物。气相燃烧反应逐渐完成，进入到固相燃烧过程中。氧气通过孔隙结构进入材料内部，导致固定碳的燃烧。由于桉树叶中含有的脂肪和蛋白质需要较高一些的温度才使得全部裂解然后燃烧，因此其燃烧温度区间相对较大。

第四阶段为残余物的燃尽过程，其反应速率较慢，在 TG 曲线体现不明显。从图 5-3

上可以看出，残余率（主要是灰分含量）最大的是秸秆和树皮，甘蔗渣最少，甘蔗叶、树叶和树枝居中，与生物质灰分的含量相对应。

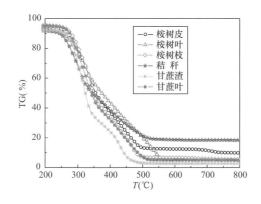 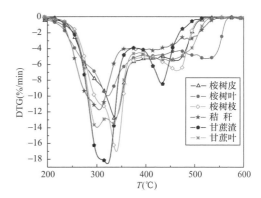

图 5-3　生物质燃烧 TG 曲线（20℃/min）　　图 5-4　生物质燃烧 DTG 曲线（20℃/min）

从实验中可以看出，失重主要发生在燃烧阶段，特别对于生物质而言，挥发分所占比例较大，挥发分易燃烧，因此失重主要是挥发分状态和能量的转化。

三、生物质燃烧特性

（一）燃烧特性指数

将六种材料的燃烧特性归纳为表 5-1。生物质燃烧过程是复杂的连续反应，燃烧的最终目的是获取最大的热量，有些生物质燃开始燃烧比较剧烈，但后期燃烧强度衰减速度快，因此，为了全面评价生物质燃料的燃烧情况，引进燃烧特性指数 P 进行描述

$$P = [(dw/dt)_{max}(dw/dt)_{mean}]/(T_e^2 T_h)$$

式中　　P——燃烧特性指数；

$(dw/dt)_{max}$——最大燃烧速率，%/min；

$(dw/dt)_{mean}$——平均燃烧速率，%/min；

T_e——挥发分开始析出温度（着火温度），℃；

T_h——燃尽温度，℃。

从表 5-1 中可以看出，秸秆材料的着火温度以及脱挥完成温度均比其他几种提前，表明其着火特性、脱挥特性好，在着火初期将具有较高的燃烧强度。秸秆固定碳和残留物的燃尽时间与甘蔗材料基本接近，但燃烧失重率只占整体失重的 20% 左右，燃烧强度在后期大大降低。桉树的三个物料中，桉树叶最易着火，桉树皮和桉树枝着火点接近，但桉树枝在挥发分以及残炭的燃烧强度上均具有优势，表明其在炉内燃烧过程将具有更好的稳燃性。甘蔗渣、桉树枝的燃烧特性指数 P 较其他种类的要高，其综合燃烧特性好。

表 5-1　　　　　　　　　　　　　**生物质燃料燃烧特性参数**

样品	脱挥温度 T_e（℃）	着火温度 T_i（℃）	燃尽温度 T_h	峰温1 T_{m1}	峰值1 DTG$_1$	峰温2 T_{m2}	峰值2 DTG$_2$	平均失重速率 $(dw/dt)_{mean}$	燃烧特性指数 P
桉树皮	206	286.5	740	337.7	−12.94	464.2	−5.52	−3.27	6.97×10^{-7}

续表

样品	脱挥温度 T_e (℃)	着火温度 T_i (℃)	燃尽温度 T_h	峰温1 T_{m1}	峰值1 DTG$_1$	峰温2 T_{m2}	峰值2 DTG$_2$	平均失重速率 (dw/dt)$_{mean}$	燃烧特性指数 P
桉树叶	192	270.5	600	396.3	−10.08	522.9	−5.24	−4.92	$1.13×10^{-6}$
桉树枝	205	295.5	540	340.6	−17.36	462.7	−6.80	−6.40	$2.36×10^{-6}$
秸秆	190	259.9	580	306.5	−11.85	415.4	−4.21	−4.35	$1.32×10^{-6}$
甘蔗渣	193	279.4	550	322.9	−18.74	433.2	−8.53	−6.20	$2.71×10^{-6}$
甘蔗叶	197	273.3	550	300.4	−14.03	449.1	−5.52	−6.28	$2.14×10^{-6}$

注 甘蔗叶第一个主峰为 W 形，取峰值高的位置。

（二）燃烧影响因素

影响生物质燃烧的因素众多，比如样品颗粒粒度、浮力、升温速率、气氛等等，其中，升温速率和气氛是最主要的影响因素。

1. 升温速率

快速升温易产生反应滞后，样品内温度梯度增大，峰（平台）分离能力下降；DSC 基线漂移较大，但能提高灵敏度、峰形较大；而慢速升温有利于 DTA、DSC、DTG 相邻峰的分离；TG 相邻失重平台的分离；DSC 基线漂移较小，但峰形也较小。对于 TG 测试，过快的升温速率有时会导致丢失某些中间产物的信息。一般以较慢的升温速率为宜，因此实验选取三种升温速率，分别为 10、20、30K/min。

升温速率对几种生物质燃烧过程的影响如图 5-5～图 5-10 所示，可知升温速率对各物料影响趋势相同，随着升温速率的升高，由于热滞后现象，TG 和 DTG 曲线有向高温区偏移。

当然，也有研究者认为升温速率改变时，通过影响热解机理导致燃烧过程的不同。比如，纤维素热解在低升温速率下着重脱水和碳的形成，而在高升温速率下将更多地获得左旋葡聚糖等挥发性物质。

另外，随着升温速率升高，内部温度差别的增加，不同成分热解析出反应在相同的温度区间出现重叠，纤维素和半纤维素分峰界限越来越模糊。

2. 气氛的影响

由于生物质燃料存在原材料品质、热值的不确定性，其在燃烧过程中存在燃烧速率难以控制以及低燃烧温度不足等导致的二氧化碳排放多问题，鉴于此，富氧燃烧技术应运而生。通过富氧燃烧提高火焰温度，降低燃烧着火点温度和燃尽温度，以提高燃烧效率、减少污染物排放。通常，富氧燃烧优势在氧气浓度达到 40% 以上后逐渐减弱，因此，这里针对四种气氛（N_2∶O_2＝90∶10、N_2∶O_2＝80∶20、N_2∶O_2＝70∶30、N_2∶O_2＝60∶40）进行热重实验，分析气氛对燃烧特性的影响规律。

从图 5-11～图 5-16 可以看到，氧气浓度对各物料燃烧过程的影响规律相同。在 250℃之前 TG 曲线基本上重合，期间着火尚未发生，表明氧气浓度对燃烧前的干燥和挥发分的热解析出影响甚小。T. J. OHL EMILLER（1987）也曾对不同氧气浓度下木材的失重率进行研究，发现变氧气氛曲线组从 350℃开始分离。当然由于材料组成、结构以及处理的不同，该分离点会存在一定的偏差。

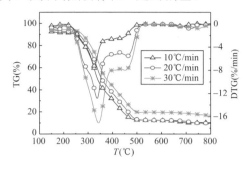

图 5-5　桉树皮的燃烧曲线

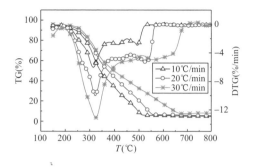

图 5-6　桉树叶的燃烧曲线

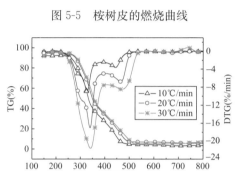

图 5-7　桉树枝的燃烧曲线

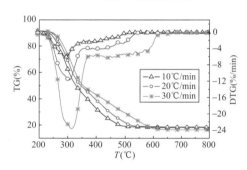

图 5-8　秸秆的燃烧曲线

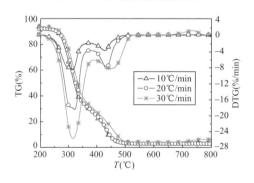

图 5-9　甘蔗渣的燃烧曲线

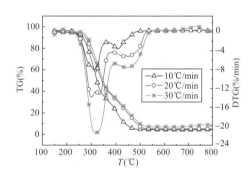

图 5-10　甘蔗叶的燃烧曲线

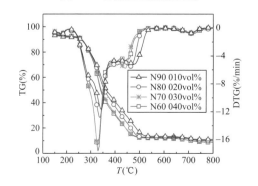

图 5-11　不同气氛下桉树皮燃烧曲线

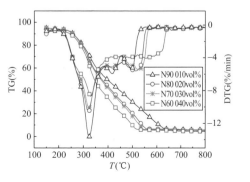

图 5-12　不同气氛下桉树叶燃烧曲线

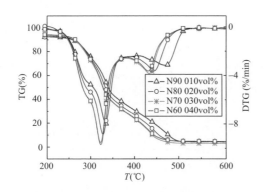

图 5-13　不同气氛下桉树枝的燃烧曲线

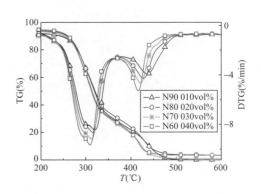

图 5-14　不同气氛下甘蔗渣燃烧曲线

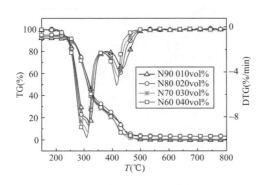

图 5-15　不同气氛下甘蔗叶的燃烧曲线

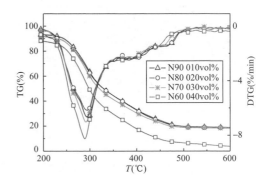

图 5-16　不同气氛下秸秆燃烧曲线

达到着火点温度后，随着氧气浓度升高，氧气与原料接触程度增大，促使燃烧完全，从而降低燃尽温度，同时燃烧完全时间提前，体现为 TG 和 DTG 曲线逐渐向低温偏移，且峰高增大。另外，也有研究者认为氧化性环境中的氧气可以降低可燃物热解熔融层的黏度，使得热解产物挥发分更加易于析出，从而加快燃烧速度和降低着火温度。

第三节　生物质恒温管式炉燃烧特性

一、恒温燃烧特点

对于恒温燃烧而言，一般指的是管式炉的恒温燃烧。目前生物质发电中，直燃技术还是占相当大的比例，生物质锅炉连续稳定运行时，炉膛内各个部位的温度几乎保持恒定。生物质燃料预处理后直接送进炉膛内，迅速着火燃烧，此时生物质的燃烧过程可认为是在恒温下燃烧，即生物质燃烧在炉膛内的燃烧过程为视为恒温燃烧过程。生物质燃料在锅炉中的燃烧过程对锅炉结渣、积灰、聚团，烟气排放超标，不完全燃烧等问题有重要影响。

研究生物质燃料恒温燃烧特性以及生物质的燃烧过程对于指导生物质锅炉的设计有重要意义。

二、恒温燃烧实验过程

（一）实验装置与样品

恒温实验多采用管式炉装置，内置刚玉反应器或石英管反应器，加热元件采用铁铬铝电阻丝或者是碳硅棒，采用定制陶瓷纤维炉膛。如图 5-17 所示，某反应器炉膛内径 80mm，发热区长度 600mm，有效恒温区为 400mm，配套控制器采用 PID 智能控制，控制精度为 ±5℃。

整个装置的优点在于温度控制稳定，而且在整段反应区域内温度恒定，从而能保证均匀稳定的加热。

试验是对定温条件下的生物质燃烧特性进行研究，分析燃料的可燃组

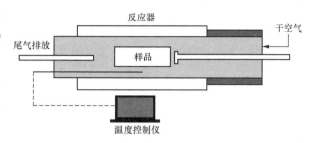

图 5-17　实验装置示意

分的燃烧规律，预定温度为 500、600、700、800℃，燃烧时间设定为 0～10min。

物料的前处理：

（1）用剪刀将物料初步破碎至 1～3cm。

（2）利用粉碎机将物料研磨，用 80 目的筛子过筛，即物料颗粒小于 0.2mm。

（3）将制出的粉末置于 95℃的干燥箱中 5h 后收集备用。

（二）实验步骤

（1）将反应器预热到指定的温度，并使空气以设定的速率通入石英管反应器，石英管反应器置于电加热控温管式炉中。

（2）待燃烧室温度稳定在指定温度后，将称量好的装有物料的磁舟从石英管反应器一侧迅速推入中心加热区，以尽量减少加热区温度波动，快速关闭。石英舟内设置有测量样品温度的热电偶。

（3）秒表计时到设定时间时，快速使磁舟脱离燃烧炉，并快速放入充满氮气的冷却箱，冷却的同时终止燃烧。

（4）待磁舟冷却到室温后，称量磁舟与残留物的质量，计算物料的失重率，并收集燃烧后的残留物，留做工业分析。

（5）所有工况进行平行实验，以减少实验误差。

（6）对不同温度和燃烧时间下的残留物进行工业分析，获得挥发分、固定碳的燃烧规律。

需要注意的是，样品在磁舟中的堆积厚度对传质传热都有一定的影响。经过多次试验发现，燃烧时间在 1min 内，样品质量取 0.2g，堆积厚度对传热影响可以基本忽略，燃烧时间超过 1min，样品质量取 0.5g，堆积厚度对传热的影响基本可以忽略。并且如果样品质量过大，剧烈燃烧大量放热会导致的样品实际燃烧温度过高，加热区的温度波动变大，增大实验误差。

实验结果：计磁舟质量是 m_0，样品的质量为 m，燃烧 t 时间后样品充分冷却后和磁舟

的总质量为 m_1，则样品的残存率可表示为 $\alpha=(m_1-m_0)/m$。

（三）实验结果分析

1. 树皮恒温燃烧失重规律

树皮在不同温度下燃烧的残存率随时间的变化曲线如图 5-18 所示。

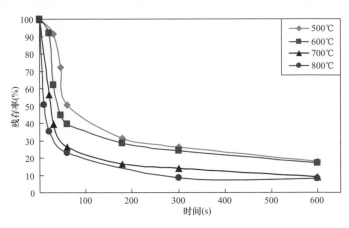

图 5-18　树皮燃烧失重曲线

从图 5-18 中可以看到树皮快速失重过程发生在约 75％失重率之前，而在之后失重过程逐渐减缓。温度对树皮燃烧过程具有最重要的影响，低温条件下（500℃），1min 燃烧时间仅发生 50％左右的失重。随着炉膛燃烧温度的升高，水分的析出过程越来越难独立地显示出来，当炉膛温度到达 700℃时，燃烧送进炉膛后立即着火，水分的析出与挥发分的析出同时进行。当温度提高到 700℃后，与 800℃失重曲线非常接近，说明树皮进入快速燃烧过程，1min 内失重率达到 75％左右。而炉温为 500℃时，碎木达到同样的失重率的时间约为 5min。

树皮在不同温度下燃烧各组分的失重曲线如图 5-19 所示，在不同温度下的着火点见表 5-2。树皮在 500℃下燃烧时，燃料在炉膛中干燥脱水，经过了 23s 后开始着火燃烧，火焰持续了 47s，在这 47s 中，燃烧的失重率速度达到峰值，从图 5-19 中可以看出，此时主要是挥发分析出燃烧，而固定碳基本没有参加燃烧。这是因为树皮的挥发分材料结构中析出进行燃烧，而不是附着在树皮燃料的表面燃烧，氧气很难穿过挥发分形成的气膜与固定碳颗粒接触，而且，挥发分不在表面燃烧，不能为固定碳的燃烧提供活化能。在挥发分几乎析出绝大部分后，固定碳才开始缓慢燃烧。当炉温为 600℃时，树皮样品在炉膛中只加热了 6s 就开始着火，火焰持续 34s，在入炉 40s 后熄灭。在这 40s 中，挥发分析出主要过程基本完成。与 500℃炉温下的燃烧状况不同，在 600℃炉温下，固定碳的燃烧几乎充满整个燃烧过程，这是因为挥发分的析出速度快，单位时间内释放的热量增大，并且炉温升高，固定碳燃烧需要的能量积累时间短。当炉膛温度升到 700℃和 800℃时，磁舟送到管式炉中心区后立即着火，水分的蒸发在瞬间完成，挥发分一边析出一边迅速燃烧。当样品进入快速燃烧过程后，挥发分的析出和燃烧速度均已接近峰值，因此火焰的持续时间变化不大。固定碳的燃烧过程也几乎贯穿全程，但是在挥发分析出阶段固定碳的失重速度非常小，在火焰熄灭后才进入固定碳的快速失重阶段。

表 5-2　　　　　　　　　　　　　　树皮燃烧火焰特性

树皮	500℃	600℃	700℃	800℃
着火时间	23s	6s	0s	0s
熄火时间	70s	40s	32s	29s
火焰持续时间	47s	34s	32s	29s

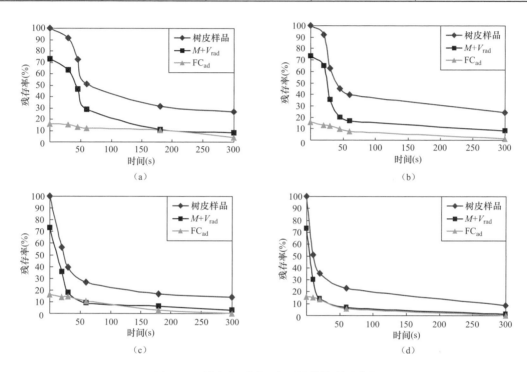

图 5-19　树皮在不同温度下的燃烧失重曲线

（a）500℃失重曲线；（b）600℃失重曲线；（c）700℃失重曲线；（d）800℃失重曲线

2. 碎木恒温燃烧失重规律

碎木在不同的温度下失重率随时间的变化如图 5-20 所示。

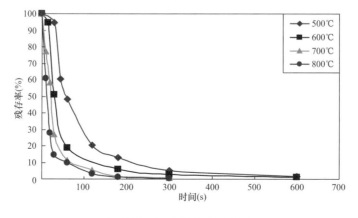

图 5-20　碎木燃烧失重曲线

碎木快速失重过程发生在80%失重率之前，而在之后失重过程逐渐减缓。温度对碎木燃烧过程具有最重要的影响，低温条件下（500℃），1min燃烧时间也仅发生50%左右的失重。当温度提高到600℃后，三条高温失重曲线非常接近，说明碎木进入快速燃烧过程。炉温为500℃时，碎木达到80%失重率的时间约为120s，在炉温为600、700℃和800℃时，达到同样的失重率所需的时间均为60s以内，其中炉温为800℃时，达到80%失重率只需要不到30s。当温度提高到700℃后，与800℃残存率曲线已接近重合，此时温度已经不是影响燃烧过程的主要因素，燃烧率主要由氧气的扩散决定。图5-21所示为碎木板各组分在几个温度点下的失重曲线。

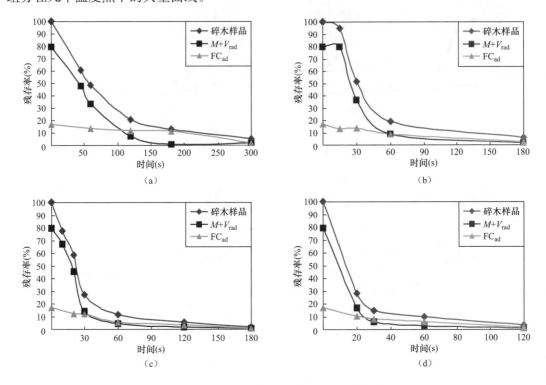

图5-21　碎木在不同温度下的燃烧失重曲线

（a）500℃失重曲线；（b）600℃失重曲线；（c）700℃失重曲线；（d）800℃失重曲线

碎木在不同温度下开始着火的时间、火焰熄灭时间以及火焰持续时间见表5-3，从表中也可以看出，在炉温为500℃时，碎木样品在磁舟中经过了15s才开始着火，火焰持续49s，从图5-24可以看出，火焰熄灭时，挥发分并没有完全析出，析出比例不到1/2，剩下的一部分继续以热解的形式析出，进行不完全燃烧或者以气体或焦油的形式随空气流出炉膛。温度升到600℃时，碎木样品在炉膛中只热了5s就开始着火，火焰保持燃烧41s，火焰熄灭后，挥发分大部分充分燃烧，小部分固定在火焰燃烧期间参与了燃烧，由于挥发分自内而外的逐层析出和燃烧消耗了扩散进来的氧气，固定碳的燃烧在火焰保持期间非常缓慢。但生物质燃料在干燥、挥发和固定碳燃烧过程在时间上是有互相重叠的。炉温为700℃和800℃时，磁舟送到管式炉中心区后立即着火，水分的蒸发与挥发分的析出同时进行。当样品进入快速燃烧过程，挥发分的析出速度达到峰值，并且几乎完全析出，火焰的持续时间变化不大。随着炉膛温度的升高，固定碳的燃烧提前，并且速度明显加快。

表 5-3 　　　　　　　　　　　　 碎木燃烧火焰特性

碎 木	500℃	600℃	700℃	800℃
着火时间（s）	18	5	0	0
熄火时间（s）	67	46	36	29
火焰持续时间（s）	49	41	36	29

3. 甘蔗渣恒温燃烧失重规律

甘蔗渣燃烧失重曲线图 5-22 所示，与碎木和树皮不同，甘蔗渣在 500℃下燃烧时，1min 内失重近 80%，即甘蔗渣在 500℃时已经进入快速燃烧过程。并且，与其他三种生物质燃料相比，在同样的温度下燃烧，甘蔗渣的着火时间最早、火焰持续时间最长。这不仅跟甘蔗渣的自身特性有关，也与甘蔗渣的堆积密度小有关。与其他秸秆燃料不同，甘蔗渣挥发分析出后燃烧放热不仅能为挥发分的继续析出燃烧提供能量，而且能为固定碳的燃烧提供能量，导致固定碳在低炉温的情况下也有小部分开始燃烧。并且同样的质量下，同样的颗粒细度的情况下，堆积密度越小，颗粒的总表面积较大，与空气的混合程度高，燃烧速率越快。炉膛温度为 700℃和 800℃时，两条失重曲线几乎相同，炉膛温度几乎不影响燃料的失重速率。图 5-23 所示为甘蔗渣各组分在不同温度下的失重曲线。

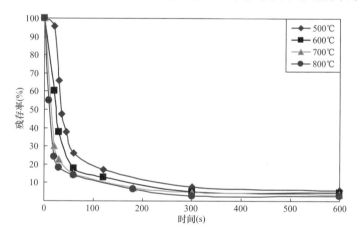

图 5-22 　甘蔗渣燃烧失重曲线

因为甘蔗渣在 500℃时已经进入快速燃烧，所以在各个温度下，挥发分和固定碳的失重曲线差别不大（尤其是挥发分的失重随时间的变化曲线）。在炉温 500℃下燃烧时，水分的析出与挥发分的析出过程不完全重叠，火焰的持续时间长达 1min，火焰特性见表 5-4，在有明火燃烧状态下，甘蔗渣挥发分析出比例达 85%左右。火焰熄灭后，固定碳才开始进入主燃烧期，固定碳在挥发分的析出期间也有部分已经燃烧。炉温升高到 600℃后，水分的析出与挥发分的析出过程在非常短的时间内完成，过程几乎重叠。固定碳的燃烧伴随整个燃烧过程，高温时，燃烧室中氧气快速向物料内部渗透，固定碳开始着火燃烧，此时气相燃烧和固相燃烧并存，直至固定碳燃尽。炉膛温度达到 700℃和 800℃后，甘蔗渣样品的固定碳立即进行快速燃烧。

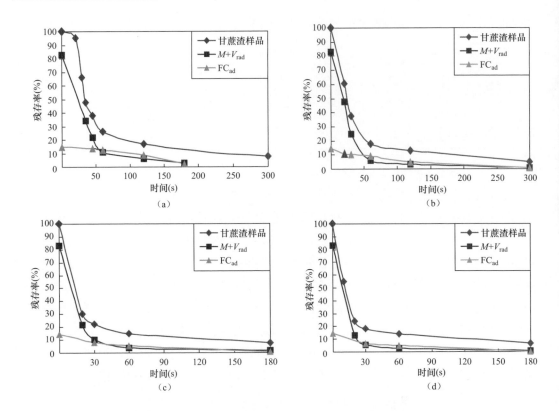

图 5-23　甘蔗渣在不同温度下的燃烧失重曲线

(a) 500℃失重曲线；(b) 600℃失重曲线；(c) 700℃失重曲线；(d) 800℃失重曲线

表 5-4　　　　　　　　　　　　　　甘蔗渣燃烧火焰特性

甘蔗渣	500℃	600℃	700℃	800℃
着火时间（s）	15	3	0	0
熄火时间（s）	75	50	38	29
火焰持续时间（s）	60	47	38	29

4. 甘蔗叶恒温燃烧失重规律

甘蔗叶的主要失重过程发生在 80% 失重率之前，如图 5-24 所示，到达 80% 失重率，炉温为 500℃所需时间约为 2min，比炉温为 600℃多出 1min。炉温为 600、700℃和 800℃时，达到 80% 失重率所需时间相差不多（与碎木几乎相同），当炉温升高到 600℃以后，三条失重曲线几乎重合，与炉温为 500℃的失重曲线相差较大，这表明，600℃后，碎木进入了快速燃烧状态，温度对失重速率的影响不大。

甘蔗叶各组分在不同温度下的失重曲线如图 5-25 所示同一炉温下，甘蔗叶的着火时间在 4 种生物质材料中最晚。而且温度越低，固定碳燃烧越向后迟延，低温条件下，挥发分基本析出完毕后才开始固相燃烧。炉温为 500℃时，水分的蒸发、挥发分的析出和固定碳的燃烧分开进行，过程重叠少。水分的挥发过程大概在前 30s 内完成，挥发分残存量约为 10% 时，固定碳才进入主燃烧阶段。炉温高于 600℃后，固定碳的燃烧明显提前。炉温升高到 700℃和 800℃后，水分的挥发分过程迅速，几乎不能从燃料失重曲线上辨别出来，固定碳的燃烧速度加快，在180s，固定碳就已经接近完全燃烧。甘蔗叶燃烧火焰参数见表5-5。

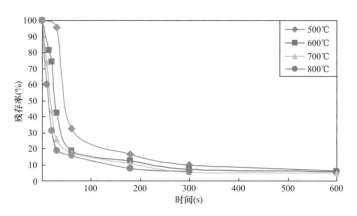

图 5-24　甘蔗叶燃烧失重曲线

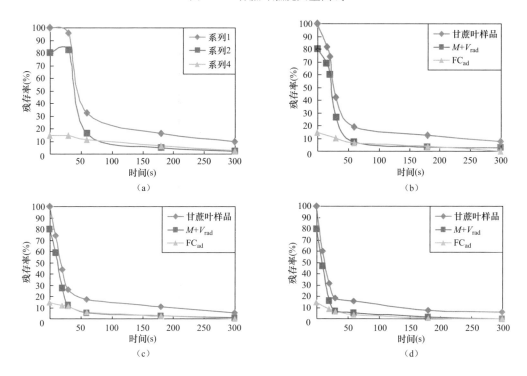

图 5-25　甘蔗叶在不同温度下的燃烧失重曲线

（a）500℃失重曲线；（b）600℃失重曲线；（c）700℃失重曲线；（d）800℃失重曲线

表 5-5　　　　　　　　　　　　　甘蔗叶燃烧火焰参数

甘蔗叶	500℃	600℃	700℃	800℃
着火时间（s）	24	7	0	0
熄火时间（s）	75	48	35	29
火焰持续时间（s）	51	41	35	29

对 4 种不同的生物质燃料在管式炉中的燃烧过程进行试验研究后，发现不同的生物质燃料恒温燃烧特性大体相似，但有一定的区别。从失重曲线上看，炉膛温度为 500℃ 和 600℃ 时，树皮样品燃烧缓慢，炉膛温度达到 700℃ 才进入快速燃烧状态。而对于碎木和甘蔗叶，在炉温为 600℃ 时就已经进入快速燃烧状态，1min 内失重达到 80％。甘蔗渣低温（500℃）就快速着火燃烧，1min 内失重达 75％左右。从燃烧残渣的工业分析结果来看，在缓慢燃烧状态下，水分的析出先于挥发分的析出，两个阶段分开进行，固定碳在挥发分析出阶段有非常少量的燃烧。而在快速燃烧状态下，温度已经不是影响燃烧过程的主要因素，燃烧率主要由氧气的扩散决定，水分的析出阶段非常短暂，很难从失重曲线上判断出来。固定碳的燃烧伴随整个燃烧过程，气相燃烧和固相燃烧并存。从着火时间和火焰持续时间来看，炉膛温度越低，着火越慢，火焰持续时间越长，当温度到达 700℃ 后，燃料进入炉膛后立即着火，几乎没有停滞期。甘蔗叶和树皮的着火最慢，其中树皮的火焰持续时间最短，甘蔗渣着火最早，火焰持续时间最长。

第四节　热重分析法研究动力学

1. 动力学研究方法

反应动力学的工作开始于 19 世纪后期，Wilhelmy 发现蔗糖在酸性条件下的转化速率与剩余蔗糖量成正比从而建立起动力学方程，Guld-berg 和 Waage 正式提出的质量作用定律，van't Hoff 提出的反应级数概念到 Arrhenius 等各种速率常数关系式的出现，描述在等温条件下的均相反应的动力学方程在 19 世纪末基本完成。

要完全描述一个变化的动力学过程，就是要确定该变化可能遵循的反应机理（即最概然机理函数）以及反应活化能和指前因子，也就是求解动力学三因子。热重分析法是研究固体热分解动力学的重要方法。将干燥过程看作是固体热分解反应，可用如下方程表示

$$A（固）\longrightarrow B（固）+C（气）$$

根据热重曲线，先求出变化率 α

$$\alpha = \frac{m_o - m_t}{m - m_\infty} \tag{5-1}$$

式中　m_o——起始质量；

　　　m_t——$T(t)$ 时的质量；

　　　m_∞——最终质量；

　　　m——最大质量损失量。

其反应速率与温度和时间的关系符合 Arrhenius 方程，可表示为

$$d\alpha/dt = kf(\alpha) \tag{5-2}$$

根据 Arrhenius 公式

$$k = A\exp\left(-\frac{E}{RT}\right) \tag{5-3}$$

式中　A——频率因子；

E——活化能；

R——摩尔气体常数。

式（5-1）中的函数 $f(\alpha)$ 取决于反应机理。

反应动力学的非等温实验又称为动态实验。一次动态热重法实验相当于无数次等温热重实验，这样大量的实验数据可以在同一个样品上得到，消除了样品的误差。用动态法热重实验来研究动力学过程有以下几个优点：只要少量的实验样品；能在反应开始到结束的整个温度范围内连续计算动力学参数；只需一个样品；节省实验时间。Sharp 等的非等温热动力学实验，根据数学处理方法可以分为积分法和微分法。但是这两种方法均需要先根据经验假定一个反应的机理，然后选取对应的数学表达式，再对计算出来的动力学参数进行分析，若得到不合理的数据还要用试差法再计算，这会耗费大量的时间。因此，这里选取一种新的方法，即首先根据微分热重曲线的形状来选取一种可能的机理，再根据之前总结的最大分解速率与活化能之间的关系判别这个机理的正确性来确定最终的反应机理。同时将得到的活化能数据与之前的研究结果进行对照，如果在合理的范围内，就可以认定反应的动力学路径。非均相体系在等温和非等温条件下的两个常用动力学方程式为

$$\mathrm{d}\alpha/\mathrm{d}t = A\exp\left(-\frac{E}{RT}\right)f(\alpha) \text{（等温）} \tag{5-4}$$

$$\mathrm{d}\alpha/\mathrm{d}t = \left(\frac{A}{\beta}\right)\exp\left(-\frac{E}{RT}\right)f(\alpha) \text{（非等温）} \tag{5-5}$$

动力学研究的目的是在于求解出能够描述某反应的上述方程中的"动力学三因子" E、A、$f(\alpha)$。

热分析动力学方法多种多样，包括等温法和单个扫描速率的非等温法、动力学补偿效应、多重扫描速率的非等温法。

在等温法中，对于某一简单反应来说，速率常数 $k(T)$ 是一常数，所以它与 $f(\alpha)$ 和 $G(\alpha)$ 是可以分离的，于是可以分别通过两步配合来求动力学三因子。

单个扫描速率法是通过在同一扫描速率下，对反应测得的一条 TA 曲线上的数据点进行动力学分析的方法。这是长期以来处理热分析数据的主要方法。

单个扫描速率法从数学上分为积分法和微分法，热分析动力学主要是确定反应机理函数，表 5-6 是常用的积分机理函数和微分机理函数。

表 5-6　　　　　　常 用 机 理 函 数

函数号	函数名称	机　　理	积分形式 $G(\alpha)$	微分形式 $f(\alpha)$
1	抛物线法则	一维扩散，1D，D1，减速形 $\alpha-t$ 曲线	α^2	$-\frac{1}{2}\alpha^{-1}$
2	Valensi 方程	二维扩散，圆柱形对称，2D，D2，减速形 $\alpha-t$ 曲线	$\alpha+(1-\alpha)\ln(1-\alpha)$	$[-\ln(1-\alpha)]^{-1}$
3	Jander 方程	二维扩散，2D，$n=\frac{1}{2}$	$[1-(1-\alpha)^{\frac{1}{2}}]^{\frac{1}{2}}$	$4(1-\alpha)^{\frac{1}{2}}\,[1-(1-\alpha)^{\frac{1}{2}}]^{\frac{1}{2}}$
4	Jander 方程	二维扩散，2D，$n=\frac{1}{2}$	$[1-(1-\alpha)^{\frac{1}{2}}]^{\frac{1}{2}}$	$(1-\alpha)^{\frac{1}{2}}\,[1-(1-\alpha)^{\frac{1}{2}}]^{-1}$

续表

函数号	函数名称	机 理	积分形式 $G(\alpha)$	微分形式 $f(\alpha)$
5	Jander 方程	三维扩散，3D，$n=\frac{1}{2}$	$[1-(1-\alpha)^{\frac{1}{3}}]^{\frac{1}{2}}$	$6(1-\alpha)^{\frac{2}{3}}[1-(1-\alpha)^{\frac{1}{3}}]^{\frac{1}{2}}$
6	Jander 方程	三维扩散，球形对称，3D，D3，减速形 $\alpha-t$ 曲线，$n=2$	$[1-(1-\alpha)^{\frac{1}{3}}]^2$	$\frac{3}{2}(1-\alpha)^{\frac{2}{3}}[1-(1-\alpha)^{\frac{1}{3}}]^{-1}$
7	G-B 方程	三维扩散，圆柱形对称，3D，D4，减速形 $\alpha-t$ 曲线	$1-\frac{2}{3}\alpha-(1-\alpha)^{\frac{2}{3}}$	$\frac{3}{2}[(1-\alpha)^{-\frac{1}{3}}-1]^{-1}$
8	反 Jander 方程	三维扩散，3D	$[(1-\alpha)^{\frac{1}{3}}-1]^2$	$\frac{3}{2}(1+\alpha)^{\frac{2}{3}}[(1+\alpha)^{\frac{1}{3}}-1]^{-1}$
9	Z-L-T 方程	三维扩散，3D	$[(1-\alpha)^{-\frac{1}{3}}-1]^2$	$\frac{3}{2}(1-\alpha)^{\frac{4}{3}}[(1-\alpha)^{-\frac{1}{3}}-1]^{-1}$
10	Avrami-Erofeev 方程	随机成核和随后生长，A4，S形 $\alpha-t$ 曲线，$n=\frac{1}{4}$，$m=4$	$[-\ln(1-\alpha)]^{\frac{1}{4}}$	$4(1-\alpha)[-\ln(1-\alpha)]^{\frac{3}{4}}$
11	Avrami-Erofeev 方程	随机成核和随后生长，A3，S形 $\alpha-t$ 曲线，$n=\frac{1}{3}$，$m=3$	$[-\ln(1-\alpha)]^{\frac{1}{3}}$	$3(1-\alpha)[-\ln(1-\alpha)]^{\frac{2}{3}}$
12	Avrami-Erofeev 方程	随机成核和随后生长，$n=\frac{2}{5}$	$[-\ln(1-\alpha)]^{\frac{2}{5}}$	$\frac{5}{2}(1-\alpha)[-\ln(1-\alpha)]^{\frac{3}{5}}$
13	Avrami-Erofeev 方程	随机成核和随后生长，A2，S形 $\alpha-t$ 曲线，$n=\frac{1}{2}$，$m=2$	$[-\ln(1-\alpha)]^{\frac{1}{2}}$	$2(1-\alpha)[-\ln(1-\alpha)]^{\frac{1}{2}}$
14	Avrami-Erofeev 方程	随机成核和随后生长，A1.5，$n=\frac{2}{3}$	$[-\ln(1-\alpha)]^{\frac{2}{3}}$	$\frac{3}{2}(1-\alpha)[-\ln(1-\alpha)]^{\frac{1}{3}}$
15	Avrami-Erofeev 方程	随机成核和随后生长，$n=\frac{3}{4}$	$[-\ln(1-\alpha)]^{\frac{3}{4}}$	$\frac{4}{3}(1-\alpha)[-\ln(1-\alpha)]^{\frac{1}{4}}$
16	Mample 单行法则，一级	随机成核和随后生长，假设每个粒子上只有一个核心，A1，F1，S形 $\alpha-t$ 曲线，$n=1$，$m=1$	$-\ln(1-\alpha)$	$1-\alpha$
17	Avrami-Erofeev 方程	随机成核和随后生长，$n=\frac{3}{2}$	$[-\ln(1-\alpha)]^{\frac{3}{2}}$	$\frac{2}{3}(1-\alpha)[-\ln(1-\alpha)]^{-\frac{1}{2}}$
18	Avrami-Erofeev 方程	随机成核和随后生长，$n=2$ (Code：AE2)	$[-\ln(1-\alpha)]^2$	$\frac{1}{2}(1-\alpha)[-\ln(1-\alpha)]^{-1}$
19	Avrami-Erofeev 方程	随机成核和随后生长，$n=3$ (Code：AE3)	$[-\ln(1-\alpha)]^3$	$\frac{1}{3}(1-\alpha)[-\ln(1-\alpha)]^{-2}$
20	Avrami-Erofeev 方程	随机成核和随后生长，$n=4$ (Code：AE4)	$[-\ln(1-\alpha)]^4$	$\frac{1}{4}(1-\alpha)[-\ln(1-\alpha)]^{-3}$
21	P-T 方程	自催化反应，枝状成核，Au，B1 (S形 $\alpha-t$ 曲线)	$\ln\left(\frac{\alpha}{1-\alpha}\right)$	$\alpha(1-\alpha)$

函数号	函数名称	机　理	积分形式 $G(\alpha)$	微分形式 $f(\alpha)$
22	Mampel Power 法则（幂函数法则）	$n=\dfrac{1}{4}$	$\alpha^{\frac{1}{4}}$	$4\alpha^{\frac{3}{4}}$
23	Mampel Power 法则（幂函数法则）	$n=\dfrac{1}{3}$	$\alpha^{\frac{1}{3}}$	$3\alpha^{\frac{2}{3}}$
24	Mampel Power 法则（幂函数法则）	$n=\dfrac{1}{2}$	$\alpha^{\frac{1}{2}}$	$2\alpha^{\frac{1}{2}}$
25	Mampel Power 法则（幂函数法则）	相边界反应（一维），R1，$n=1$	$1-(1-\alpha)^{\frac{1}{1}}=\alpha$	1
26	Mampel Power 法则（幂函数法则）	$n=\dfrac{3}{2}$	$\alpha^{\frac{3}{2}}$	$\dfrac{2}{3}\alpha^{-\frac{1}{2}}$
27	Mampel Power 法则（幂函数法则）	$n=2$	α^{2}	$\dfrac{1}{2}\alpha^{-1}$
28	反应级数	$n=\dfrac{1}{4}$	$1-(1-\alpha)^{\frac{1}{4}}$	$4(1-\alpha)^{\frac{3}{4}}$
29	收缩球状（体积）	相边界反应，球形对称，R3，减速形 $\alpha-t$ 曲线，$n=\dfrac{1}{3}$	$1-(1-\alpha)^{\frac{1}{3}}$	$3(1-\alpha)^{\frac{2}{3}}$
30		$n=3$（三维）	$3\left[1-(1-\alpha)^{\frac{1}{3}}\right]$	$(1-\alpha)^{\frac{2}{3}}$

2. 动力学模型和分析

根据第一节中热解分析和第二节中燃烧分析结果，对生物质热解和燃烧建立动力学模型，采用式（5-1）所示的简单动力学方程来模拟热解、燃烧失重现象。

本文采用 Caots-Redfern 积分法对温度积分的近似推导，导出如下近似积分型方程

$$\ln\left[\frac{g(a)}{T^2}\right]=\ln\left\{\frac{AR}{\beta E}\left(1-\frac{2RT}{E}\right)\right\}-\frac{E}{RT} \tag{5-6}$$

其中 $g(a)$ 为反应机理 $f(a)$ 的积分形式 $g(\alpha)=\displaystyle\int_0^a\frac{\mathrm{d}a}{f(\alpha)}$，反应温度 T 由程序升温速率 β 确定，R 为气体常数。因为 $2RT/E\ll1$，对于正确的 $g(a)$ 形式，$\ln[g(a)/T^2]$ 对 $1/T$ 的图线为一条直线，通过斜率可得到活化能 E，截距中包含频率因子 A。对于反应级数 $n\neq1$ 时，方程式可转化为

$$\ln\left[\frac{1-(1-\alpha)^{1-n}}{T^2(1-n)}\right]=\ln\left[\frac{AR}{\beta E}\right]\left[1-\frac{2RT}{E}\right]-\frac{E}{RT} \tag{5-7}$$

通过最佳拟合相关性来推断反应机理，获得的各物料热解、燃烧表观动力学参数，见表 5-7 和表 5-8。从表 5-7 可以看出，六种生物质物料热解过程采用一段式表观活化能即能获得很好的拟合度。热解活化能（E）排序为桉树枝＞桉树皮＞甘蔗叶＞甘蔗渣＞桉树叶＞秸秆。桉树叶和秸秆的热解活化能较小，表明秸秆有良好的挥发分析出特性，相对容易发生热解反应，与前面失重特性吻合。桉树皮和桉树枝活化能较大，比其他生物质难热解，热稳定性较好。甘蔗渣和甘蔗叶居中。

表 5-7 热解表观动力学参数

样品	失重温度范围（℃）	E （kJ/mol）	A （min^{-1}）	n	线性相关系数
桉树皮	200~500	112.04	$1.74×10^6$	2.00	0.991
桉树叶	200~700	101.04	$2.37×10^5$	3.00	0.975
桉树枝	200~500	126.63	$4.21×10^7$	2.20	0.991
秸　秆	200~370	99.86	$4.20×10^5$	0.90	0.981
甘蔗渣	200~410	107.62	$5.43×10^5$	0.90	0.978
甘蔗叶	200~420	107.57	$6.67×10^5$	1.22	0.997

从表 5-8 可以看到，六种物料燃烧过程均需要采用二段活化能进行分析，对应其温度范围，分别为挥发分的燃烧和固定碳的燃烧过程。相比而言，秸秆和桉树叶低温阶段燃烧活化能较小，表明秸秆和桉树叶在低温阶段脱挥速度快，着火点，易于燃烧。

表 5-8 燃烧表观动力学参数

样品	温度范围（℃）	E （kJ/mol）	A （min^{-1}）	n	线性相关系数
桉树皮	200~400	124.40	$6.30×10^7$	2.00	0.992
	400~560	204.89	$5.78×10^{11}$	1.51	0.991
桉树叶	200~400	101.16	$5.84×10^5$	1.88	0.988
	464~590	241.05	$7.44×10^{12}$	1.23	0.984
桉树枝	200~390	128.45	$5.27×10^7$	1.66	0.997
	390~520	168.57	$2.576×10^7$	1.16	0.980
秸　秆	200~360	115.84	$1.78×10^7$	0.95	0.980
	360~480	155.27	$3.98×10^8$	1.66	0.976
甘蔗渣	200~375	120.82	$2.38×10^7$	0.80	0.974
	375~520	156.77	$2.46×10^8$	1.20	0.981
甘蔗叶	200~370	122.22	$4.40×10^6$	0.60	0.970
	386~535	166.03	$7.69×10^7$	1.35	0.971

桉树三种物料高温段燃烧的活化能大，表明木材类生物质相比草本类在脱挥后生成的固定碳结构芳香化程度高，物料在后期的燃烧稳定性好。对于桉树叶，在高温段的失重主要是蛋白质等高分子化合物的裂解和燃烧，因此高温段活化能最大。甘蔗渣和甘蔗叶燃烧性能居中。该活化能分析结果与燃烧特性吻合一致。

对于不同的生物质，具体选用哪种动力学模型要视情况而定，一般而言，每种动力学方法都具有利与弊，Caots-Redfern 积分法是较为常用的方法。动力学模型选择正确与否，直接影响到拟合曲线的拟合程度，在动力学计算中，也可以不选择模型而直接计算出活化能，即为分布活化能的想法，亦即等转化率方法，通过等转化率方法计算出的活化能与真实值之间相差甚微，因此，经常使用等转化率计算活化能。对于某些生物质的 TG 曲线，不能用单一的活化能才求解，必须对 TG 曲线进行分段，然后对于不同阶段选用不同的动力学方法进行求解。最后做出实验值和计算值的拟合曲线，反过来验证所选的动力学方法计算得出的动力学参数是否合理。利用 Caots-Redfern 积分法计算几种生物质不同升温速率以及不同气氛下的动力学参数，见表 5-9～表 5-12。

表 5-9　　　　　　　　　　　　　　　树皮燃烧动力学参数

氧气浓度（体积%）	升温速率（℃/min）	温度范围（℃）	E（kJ/mol）	A（min^{-1}）	n	线性相关系数
10	10	191～374	75.01	7.83×10^5	0.78	0.98
		375～518	48.12	5.09×10^2	0.61	0.98
	20	188～381	86.39	1.46×10^7	0.9	0.985
		371～518	37.88	1.27×10^2	0.6	0.976
	30	187～396	63.02	1.29×10^5	0.7	0.986
		397～615	30.60	3.49×10	0.61	0.97
30	10	199～364	96.36	1.14×10^8	1.0	0.983
		365～494	16.79	2.39	0.46	0.982
	20	185～382	103.28	6.47×10^8	1.2	0.986
		383～498	44.26	7.24×10^2	0.66	0.97
	30	170～371	102.70	6.64×10^8	0.84	0.985
		372～571	40.07	5.76×10^2	0.83	0.984
40	10	196～359	102.43	4.45×10^8	0.88	0.984
		360～500	15.29	1.80	0.47	0.982
	20	210～374	100.98	3.88×10^8	1.0	0.98
		375～502	34.12	1.04×10^2	0.61	0.981
	30	204～385	105.25	1.59×10^9	1.37	0.985
		386～537	37.31	2.12×10^2	0.6	0.986

表 5-10　　　　　　　　　　　　　　　碎木燃烧动力学参数

氧气浓度（体积1%）	升温速率（℃/min）	温度范围（℃）	E（kJ/mol）	A（min^{-1}）	n	线性相关系数
10	10	216～368	97.63	9.96×10^7	0.88	0.981
		369～518	24.68	6.67	0.48	0.981
	20	235～382	97.43	1.40×10^8	0.93	0.975
		383～569	17.58	2.28	0.31	0.97
	30	231～403	87.82	1.98×10^7	0.92	0.985
		404～638	20.62	4.49	0.41	0.97
30	10	216～347	100.16	2.34×10^8	0.7	0.99
		348～495	55.28	2.65×10^3	0.77	0.98
	20	233～365	116.54	1.05×10^{10}	0.99	0.99
		366～480	23.66	1.41×10	0.42	0.97
	30	226～387	103.49	7.84×10^8	1.24	0.985
		388～517	52.79	4.71×10^3	0.75	0.985

氧气浓度 (体积1%)	升温速率 (℃/min)	温度范围 (℃)	E (kJ/mol)	A (min^{-1})	n	线性相关系数
40	10	224～362	119.61	1.64×10^{10}	1.2	0.99
		363-496	64.63	1.52×10^{4}	0.82	0.977
	20	230～254	120.77	3.12×10^{10}	0.88	0.99
		255～468	24.70	1.98×10	0.56	0.985
	30	236～378	128.33	1.86×10^{11}	1.37	0.98
		379～532	50.18	2.25×10^{3}	0.76	0.99

表 5-11 　　　　　　　　甘蔗渣燃烧动力学参数

氧气浓度 (体积1%)	升温速率 (℃/min)	温度范围 (℃)	E (kJ/mol)	A (min^{-1})	n	线性相关系数
10	10	219～336	107.14	1.34×10^{9}	0.67	0.992
		337～504	88.19	5.01×10^{5}	0.76	0.991
	20	232～356	117.52	1.61×10^{10}	0.95	0.99
		357～555	40.06	1.32×10^{2}	0.49	0.992
	30	241～365	127.21	1.76×10^{11}	1.33	0.99
		365～633	14.23	1.18	0.29	0.997
30	10	230～345	118.98	2.20×10^{10}	1.06	0.99
		346～494	39.17	1.33×10^{2}	0.6	0.985
	20	225～337	130.31	3.54×10^{11}	0.84	0.99
		338～519	30.67	4.90×10	0.65	0.97
	30	238～358	132.99	6.51×10^{11}	1.04	0.991
		359～504	107.67	7.18×10^{7}	1.01	0.98
40	10	217～337	128.64	2.07×10^{11}	1.04	0.997
		338～476	55.43	3.24×10^{3}	0.74	0.97
	20	220～356	141.13	3.44×10^{12}	1.20	0.992
		357～499	28.11	3.04×10	0.60	0.971
	30	232～366	149.11	2.30×10^{13}	1.44	0.994
		367～509	28.96	5.22×10	0.58	0.983

表 5-12 　　　　　　　　甘蔗叶燃烧动力学参数

氧气浓度 (体积%)	升温速率 (℃/min)	温度范围 (℃)	E (kJ/mol)	A (min^{-1})	n	线性相关系数
10	10	219～352	126.31	8.16×10^{10}	1.61	0.989
		353-504	51.24	9.46×10^{2}	0.66	0.971
	20	243～361	161.97	3.74×10^{14}	2.57	0.985
		362～612	20.41	3.17	0.44	0.97

氧气浓度（体积%）	升温速率（℃/min）	温度范围（℃）	E（kJ/mol）	A（min^{-1}）	n	线性相关系数
10	30	247～366	147.55	$1.63×10^{13}$	2.1	0.985
		367～616	5.18	$3.14×10^{-1}$	0.19	0.971
	30	254～358	169.28	$1.84×10^{15}$	2.2	0.987
		359～510	39.76	$2.56×10^2$	0.6	0.98
30	10	228～329	120.33	$3.00×10^{10}$	0.68	0.986
		330～463	52.41	$1.87×10^3$	0.70	0.97
	20	240～342	164.79	$7.11×10^{14}$	1.75	0.99
		343～493	32.28	$7.54×10$	0.59	0.97
	30	250～352	168.83	$1.94×10^{15}$	2.01	0.992
		353～524	28.75	$3.17×10$	0.44	0.99
40	10	229～346	103.53	$5.57×10^8$	1.0	0.985
		347～498	10.51	$6.81×10^{-1}$	0.48	0.985
	20	239～336	166.03	$1.08×10^{15}$	1.65	0.992
		337～493	29.68	$5.71×10$	0.67	0.98
	30	246～347	150.59	$3.40×10^{13}$	1.59	0.985
		348～506	41.40	$5.71×10^2$	0.64	0.987

从表5-9～表5-12可以得出以下结论：从动力学计算结果来看，所研究的所有生物质材料挥发分析出燃烧阶段的活化能和频率因子远大于固定碳燃烧阶段。但升温速率和氧气浓度对不同的生物质材料的影响不同，树皮、碎木和甘蔗渣在低升温速率的工况下，固定碳燃烧阶段活化能随着氧气浓度的增大而增大，甘蔗叶没有表现出明显的趋势。在高升温速率下，树皮、碎木和甘蔗渣挥发分析出的过程中，随着氧气浓度的增加，反应的活化能增大，甘蔗叶没有表现除明显的趋势。升温速率对甘蔗渣的影响非常明显，氧气浓度相同，随着升温速率的增大，甘蔗渣挥发分析出燃烧阶段的活化能增大。在贫氧条件下，升温速率越大，甘蔗渣和甘蔗叶的固定碳燃烧难度成倍数增大。

第六章

生物质主要燃烧技术及发展

在生物质的各种利用转化途径中，生物质燃烧技术无疑是目前适合我国国情的、生物质大规模高效洁净利用途径中最成熟、最简便可行的方式之一，在不需对现有燃烧设备作较大改动的情况下即可获得很好的燃烧效果，其推广应用对于推动我国生物质技术的发展、保护环境与改善生态、提高农民生活水平等具有重要的作用。

第一节 生物质直燃技术

一、直燃技术特点

生物质直燃发电技术是在传统的内燃机发电技术上进行设备改型而实现的技术，该技术基本成熟并得到规模化商业应用，是生物质发电的主要方式。在欧洲，生物质直燃发电技术经历了多年的发展，已经形成了成熟的高温、高压生物质发电锅炉技术体系，生物质直燃发电技术也已成为目前欧洲开发利用生物质能资源的最成熟、应用最广泛的技术方式。农林废弃物直燃技术完全以生物质为燃料，燃烧设备针对生物质的特性进行专门的设计，辅助以整套的生物质储运预处理以及给料设备，可以实现大规模连续的生物质燃烧转化利用，是生物质能利用的重要方式。

从技术现状分析，目前的生物质直燃技术可以分成两个层面，首先是针对低碱优质生物质燃料的直燃技术，其主体是众多木制品企业拥有的小型生物质直接燃烧热电站，燃烧形式包括悬浮、炉排和流态化等各种类型；再者是针对高碱生物质燃料如农作物秸秆的直燃技术，从技术层面看主要有引进技术、消化改进技术和国内自主开发技术三类。

我国引进的主要是丹麦的水冷振动炉排秸秆直燃技术，该技术针对秸秆等高碱生物质燃料特点开发，具有特殊设计的炉排，可保证炉排上生物质燃料的燃尽以及低熔点灰渣的排除，炉膛和受热面的设计也充分考虑了生物质灰渣熔融以及生物质无机杂质带来的高低温腐蚀问题，该技术引进后除了燃料预处理和给料在适应国内燃料品种品质变动方面存在一些问题外运行情况良好，但是高昂的价格是阻碍其推广的主要因素。

我国秸秆直燃技术中的技术消化改进型主要指以丹麦技术为基础结合各锅炉生产厂家

对秸秆燃烧过程的理解开发的国产炉排秸秆锅炉，这些锅炉大多数也采用水冷振动炉排的基本形式以及自主开发的燃料预处理和上料系统，由于价格低廉目前在国内市场占有率较高。该类技术存在的问题是由于缺少经验积累和实践经验，各示范工程或多或少存在各种问题，例如给料、炉排结构和排渣等，在一定程度上影响机组的正常运行。

自主开发技术的主要代表是基于循环流化床的秸秆燃烧技术，循环流化床技术应用于高碱生物质燃料的燃烧在国际上尚无先例，国内相关研发单位在对秸秆燃烧特性和碱金属问题进行了较深入研究的基础上，提出了创新的燃烧组织思路和特殊设计的秸秆流化床直燃技术路线，该技术经过示范工程的验证运行，目前正处于推广阶段。

二、生物质直燃炉型

生物质直燃发电厂一般常见的单机装机容量为 12MW 或者 25MW，对应的锅炉蒸发量在 75t/h 和 130t/h 等级，其中炉排层燃技术较为成熟。国内目前确定的生物质发电项目，炉型基本上以丹麦水冷振动炉排、国内锅炉厂家开发的水冷振动炉排炉为主。生物质锅炉燃烧设备与常规燃煤锅炉有较大的区别，它是由给料机、炉膛、水冷振动炉排、一二次风管、抛料机等设备组成。为了防止炉膛正压时出现回火现象，一般在给料机出口处安装有防火快速门，而且在全部给料系统内设有多处密封门、消防安全挡板和消防水喷淋设施。炉排多为振动炉排，振动炉排动作较小，活动时间短，设备的可靠性和自动化水平高，维护量远远小于往复式炉排及链条式炉排。空气预热器与燃煤电厂不同，它是一个独立的系统。给水在送往省煤器之前，设置一条旁路流经空气预热器和烟气冷却器进行热交换。流经空气预热器时，冷空气被给水加热，给水被冷却；流经烟气冷却器时，给水被加热，烟气被冷却。其他系统和设备与同规模的常规燃煤电厂相似。另外，由于生物质中 N 和 S 元素含量较少，无需配备昂贵的脱硫装置。

（一）炉排焚烧炉

炉排焚烧炉是当前各国采用比较多的炉型，也是开发最早的炉型。它采用活动式炉排，可使焚烧操作连续化、自动化，是目前使用十分广泛的一种炉型。该炉型的核心部分是炉排，炉排形式主要有逆折移动式、链条式、逆动翻转式、马丁反推式、阶段往复摇动式、DBA 滚筒机械、阶梯往复式、底特律型等。炉排的布置、尺寸、形状随着生物质水分、热值的差异以及制造厂的不同而不同。炉排有水平布置，也有呈倾斜面 $15°\sim26°$ 布置，炉排的设计分为预热段、燃烧段、燃尽段，段与段之间有 1m 左右的垂直落差，也可没有落差。但炉排片通常由固定和运炉排相间布置，炉排片用铬钢浇铸精加工制成。炉排下部为宫式冷风槽道，一次风通过炉排片间隙时冷却炉排片，并从炉排片前端以及侧面进入炉排片上部一次风，同时还可以起到吹扫炉排间隙中的生物质及灰渣的作用。图 6-1 所示为典型的逆推式马丁炉排炉。

（二）水冷式振动炉排锅炉

1. 水冷式振动炉排锅炉发展概况

目前较大规模的生物质燃烧发电工程主要集中在欧美等一些发达地区，但是由于资源情况的不同，这些燃烧利用工程中大数以木质类原料如枝条、木片、废弃木材等为主要燃

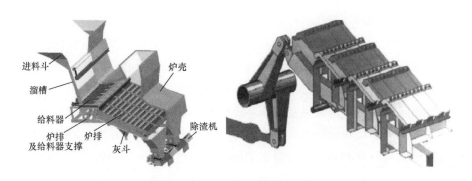

图 6-1　逆推式马丁炉排炉

料，仅仅有小部分掺烧分的农作物秸秆等，而且秸秆的比例往往不高。目前全球范围内较大规模的单一秸秆燃烧技术以北欧的丹麦为代表，由于其国内资源特点和对能源供应持续性的深刻认识，丹麦很早就开始了秸秆大规模燃烧方面的开发和应用。1986 年丹麦议会就通过法令鼓励生物质燃料热电厂的发展，目前，丹麦已建成 100 多家秸秆发电厂，秸秆发电量占全国总发电量的 24%。这些秸秆热电厂规模不同，但共同点是设计燃料为麦秆，燃料运输和储存采用标准的捆包形式，燃烧系统为振动炉排炉；进料采用秸秆捆绑直接推入炉膛燃烧，或者采用先将秸秆捆分散破碎然后给入炉排上方的方式。

2. 水冷式振动炉排锅炉工艺流程

水冷式振动炉床燃烧技术是丹麦 BWE 公司开发的，主要用于燃烧麦秆类生物质的燃烧技术。图 6-2 所示为水冷振动炉排锅炉结构总图，秸秆通过螺旋给料机输送到振动炉排上，秸秆中挥发分首先析出，由炉排上方的热空气点燃。秸秆焦炭由于炉排振动和秸秆连续给料产生的压力不断移动并且进行燃烧。炉排的振动间隔时间可以根据蒸汽的压力、温度等进行调节。灰斗位于振动炉排的末端，秸秆燃尽的灰到达水冷室后排出。燃烧产生的高温烟气依次经过位于炉膛上方、烟道中的过热器，再经过尾部烟道的省煤器和空气预热器后，经除尘排入大气。

3. 水冷式振动炉排锅炉技术特点

（1）水冷式振动炉排锅炉的优势。

1）高效燃烧。水冷式振动炉排锅炉具有燃料适应性范围广、负荷调节能力大、可操作性好和自动化程度高等特点，可广泛用于生物质燃料。在炉排设计中，物料通过炉排的振动实现向尾部运动，在炉排的尾部设有一个挡块，可以保证物料在床面上有一定的厚度，从风室来的高压一次风通过布置在床面上的小孔保证物料处于鼓泡运动状态，使物料处于层燃和悬浮燃烧两种状态，提高燃烧效率。水冷振动炉排因表面有水管冷却，炉排表面温度低，灰渣在炉排表面不易熔化，炉排也不易烧坏。振动床的间歇振动可以根据运行的需要把燃烧完的灰输送到出渣通道，灰渣经出渣机排除炉外。切合生物质燃烧的性质，通过合理的燃料给入口设计，入口区燃烧空气和二次风的合理供应以及炉排移动，供风的良好配合可以实现对生物质的高效燃烧。

2）缓解碱金属问题。针对生物质燃料的碱金属问题，通过在炉膛上部、后部增加低温的蒸发受热面使进入第一级对流受热面的烟气温度降低到相对安全的程度，缓解了尾部

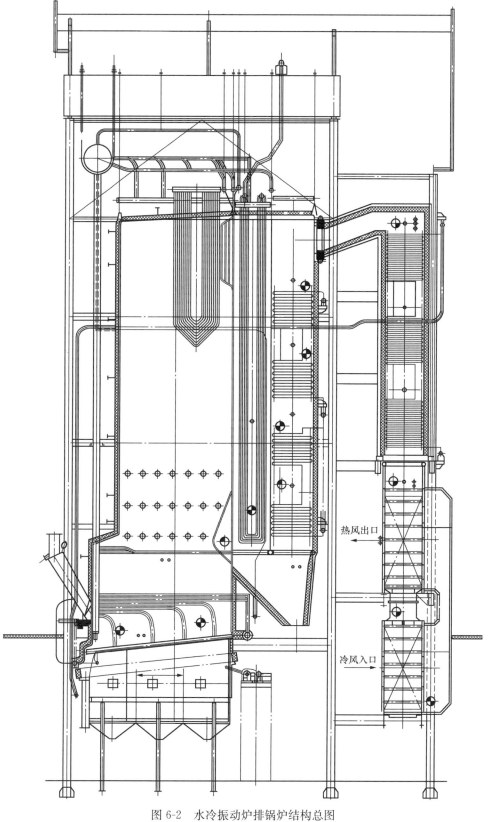

图 6-2 水冷振动炉排锅炉结构总图

受热面碱金属问题。其他的辅助措施包括降低高温烟气换热区域内管内工质的温度水平、采用耐腐蚀管材以及强化吹灰和检修制度等。对于落在炉排上的残余燃料和半焦，由于上部辐射加热和自身的燃烧放热，即使是在炉排采用水冷的情况下，灰烬依然会因含碱金属而出现软化、粘黏的现象，该问题的解决主要依赖精心设计的炉排移动和振动方式。

（2）水冷式振动炉排锅炉的缺陷。水冷式振动炉排锅炉在燃烧方式上没有摆脱类似悬浮燃烧的高温火焰区，因而对流受热面沉积、高温受热面金属腐蚀以及炉膛去的熔渣问题并没有得到根本的解决。

另外，炉膛内高温区域的控制、炉排的移动和正常排灰等方面的设计和组织需要细致考察燃料的特性，切合设定的燃料条件。由于炉排炉对燃料变动的适应性较差，一旦燃料的物理、化学特性发生改变，很容易造成燃烧效率降低和碱金属问题恶化。由于秸秆易受气候、地域、采集、运输和人为因素影响，很难确保燃料供应品种和品质的稳定，因此燃料的适应性问题仍需进一步研究。

（三）循环流化床锅炉

1. 循环流化床锅炉简介

20 世纪 80 年代初兴起的循环流化床燃烧技术，具有燃烧效率高、有害气体排放易控制、热容量大等一系列优点。流化床锅炉适合燃用各种水分大、热值低的生物质，具有较广的燃料适应性；燃烧生物质流化床锅炉是大规模高效利用生物废料最有前途的技术之一。

流化床燃烧是固体燃料颗粒在炉床内经气体流化后进行燃烧的技术。当气流流过一个固体颗粒的床层时，若其流速达到使气流流阻压降等于固体颗粒层的重力时（即达到临界流化速度），固体床本身会变得像流体一样，原来高低不平的界面会自动地流出一个水平面来。换句话说，固体床料已经被流态化了，流化床燃烧即利用了这一现象（流化床燃烧的床料包括化石燃料、废物和各种生物质燃料）。如果把气流流速进一步加大，气体会在已经流化的床料中形成气泡，从已流化的固体颗粒中上升，到流化的固体颗粒的界面时，气泡会穿过界面而破裂，就像水在沸腾时气泡穿过水面而破裂一样，因此这样的流化床又称为沸腾床、鼓泡床。继续加大气流流速，当超过终端速度时，颗粒就会被气流带走，但如将被带走的颗粒通过分离器加以捕集并使之重新返回床中，就能连续不断地操作，成为循环流化床。

鉴于流化床锅炉的上述优点，西方发达国家早已采用流化床燃烧技术利用生物质能。美国、瑞典、德国、丹麦等工业化国家生物质能利用技术已居世界领先地位。国内哈尔滨工业大学早在 1991 年就进行了生物质燃料的流化床燃烧技术研究；浙江大学提出了用于不同规模、各种炉型的生物质燃烧系统的生物质利用转化方案。另外，为了提高生物质在小型燃烧装置上的利用效率，浙江大学还致力于成型燃烧技术和流化床混燃技术的研究。

2. 循环流化床锅炉工艺流程和技术特点

循环流化床一般由炉膛、高温旋风分离器、返料器、换热器等几部分组成，其结构如图 6-3 所示。

与炉排燃烧技术相比，流化床燃烧技术具有布风均匀、燃料与空气接触混合良好、

SO_x 及 NO_x 排放少等优点，更适应燃烧水分过高、低热值的秸秆。同时，炉内温度控制和机组负荷控制上也具有一定的优势。

（1）低温燃烧特性和炉膛温度均匀性。炉膛内大量惰性的床料和床料与燃料之间充分地混合使燃料燃烧放出的热量能均匀释放，不会形成悬浮燃烧和层燃燃烧所难以避免的局部高温，这一点对于 NO_x 的排放控制有积极意义，同样对秸秆中碱金属的迁徙转移也有重大意义，可以有效避免气相碱金属浓度的增加，同时降低低熔体形成的速度和数量。

（2）物料循环和良好的炉内反应条件。物料循环和炉内固—固、气—固间良好的混合体提供的高效反应条件在秸秆燃烧中意义

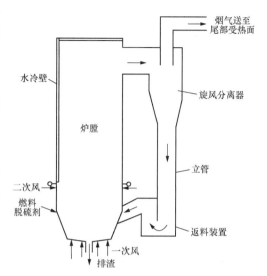

图 6-3 循环流化床结构示意图

重大，通过合适的添加物，在循环流化床中完全可以利用这种反应能力固集甚至转化秸秆原料带入炉内的碱金属，从而实现主动地控制碱的迁徙转化，从根本上缓解进入尾部烟道的碱对后部受热面的危害。

（3）循环流化床炉膛内的颗粒运动。循环流化床炉膛内密相区存在强烈的颗粒运动，由于物料内循环，稀相区内的水冷壁壁面上也存在大量的颗粒贴壁流动，炉膛内的悬挂受热面处的颗粒浓度也相当大，对于秸秆燃烧来说，轻软的秸秆灰没有磨损的危险，精心选择的床料作为循环物料的主体反而能够在防止炉膛内水冷壁或耐火材料上出现熔渣以及悬挂受热面上出现初始沉积或凝结。

（4）较好的燃料适应性。在秸秆燃烧中，流态化燃烧不但能适应秸秆原料在种类、破碎条件、水分、杂质含量等方面的变动，维持良好的燃烧组织，更重要的是可以在燃料变动时，依然能够根据顺利实现设计目的，对碱金属引发的各种问题加以有效控制。

然而，要将生物质流化床进一步推广需要克服现有的特点。

（1）碱金属导致飞灰聚团，易造成返料系统不畅。大多数生物质的灰熔点较低，碱金属在高温下易析出，因此，应控制炉膛出口温度，减轻生物质锅炉的高温腐蚀和返料飞灰的聚团效应。通过在炉膛出口加水冷屏和屏式过热器来控制炉膛出口温度，并在返料系统上增加返料扰动风，能有效控制炉膛结渣和飞灰聚团，有助于返料系统的通畅。

（2）秸秆灰熔点低，容易沾污受热面及造成排渣困难。由于生物质锅炉烟气中灰的特性，在受热面表面沉积富含氯化物、硫酸盐、碳酸钙等的物质，受热面的积灰不仅影响了锅炉的安全运行，而且缩短了锅炉的运行周期。因此，解决积灰主要采取以下措施：

1）在锅炉尾部受热面处增设吹灰系统，采用燃气脉冲吹灰系统吹灰效果优于其他几种吹灰器。

2）每次停炉后一定要及时清理受热面上的积灰，为了便于清灰和改善积灰情况，省煤器由错列改成顺列，实践证明该措施能有效延长锅炉的运行周期，并使排烟温度得到有

效控制。

3）合理控制尾部受热面烟气流速。

（3）秸秆灰中含钾物质性质活泼，高温和低温下易在受热面上造成沉积，阻碍传热并诱发高、低温腐蚀，其主要表现为过热器的高温腐蚀、省煤器的积灰、空气预热器的低温段空气进口段的低温腐蚀。

解决过热器高温腐蚀主要采取以下措施：

1）充分利用流态床燃烧温度可控的特点，通过对受热面特殊布置和燃烧的组织，采用低温燃烧。

2）合理布置受热面，降低高温过热器局部金属壁温。

3）高温过热器局部区域采用抗碱金属盐腐蚀的特殊钢材，进一步确保高温腐蚀的危害能被减到最小。低温腐蚀主要发生在空气预热器冷段，因此，该冷段管箱的管子采用耐低温腐蚀材料，以加强受热面本身的抗低温腐蚀能力。

流化床生物质燃烧技术由于符合我国国情，近几年来得到了快速的发展。

（1）锅炉向高参数方向发展。目前，在运行的流化床生物质锅炉参数基本是中温中压或次高温次高压，今后会逐步向高参数方向发展，这是锅炉发展的必然趋势，因为，提高蒸汽参数是提高发电效率的最有效途径。随着生物质循环流化床燃烧技术中飞灰聚团和高温腐蚀两大技术难题在实践中的不断克服，目前已具备了高温高压循环流化床秸秆锅炉研发条件，相关研发工作业已完成，即将进入实际应用阶段。

（2）原有流化床燃煤锅炉改烧生物质趋势增大。我国拥有大量的燃煤锅炉，由于近几年煤价一直处于高位运行，燃煤小火电厂长期处于亏损状态，而大量农林生物质就地焚烧，不仅浪费了资源，而且造成了严重的空气污染。随着循环流化床生物质燃烧技术的快速发展，为燃煤流化床锅炉改造提供了技术保障，同时国家又不断加大扶持力度，把流化床燃煤锅炉改造成生物质锅炉具有很强的经济效益和社会效益。

（3）适用于燃烧"能源草"的生物质锅炉研发已经启动。随着传统化石能源的减少及生物质能的发展，能源草种植产业已进入试验开发阶段。能源草作为生物质能源的原材料，可利用山坡地种植，兼具水土保持的功效。但是，在实际应用中，由于各方面的问题，能源草的开发和利用一直处在探索阶段。目前运行中的循环流化床锅炉对于绝大部分的生物质燃料均能适应，生物质燃料品种已多达30多种，如稻草、麦草、玉米秸、棉秆、树皮树枝、树根、稻壳、花生壳、红薯藤等。但由于如巨菌草类的能源草植物其灰熔点和烧结温度更低，氯钾含量更高，在锅炉设计中必须采取进一步的措施，才能保证锅炉的正常稳定运行。

三、生物质直燃技术国内外发展概况

1. 生物质直燃技术国内发展概况

直接燃烧水稻、小麦、玉米等农作物秸秆或树木枝条等的生物质锅炉，是近几年开始发展起来的。国内生物质直接燃烧发电的锅炉的主要有引进国外技术、国内消化吸收制造的炉排式锅炉和国内自主开发的循环流化床锅炉三种。目前已建成和在建项目有90％以上

是采用引进丹麦 BWE 技术制造的水冷振动炉排式锅炉。

我国第一个建成投产的生物质直燃发电项目由国家电网公司下属的国能生物发电有限公司投资建设，该锅炉设计采用的就是水冷振动炉排，该项目于 2006 年 12 月 1 日正式投产运营。

河北省建设投资公司投资建设的锦州生物质发电厂采用无锡华光锅炉有限公司生产的两台 75t 水冷振动炉排炉；江苏淮安热电公司和连云港协鑫环保热电有限公司都采用了无锡华光锅炉有限公司生产的水冷振动炉排。北京蓝昆力行生物技术有限公司隶属于中国国电集团公司，专门从事生物质发电技术研发。由龙源电力集团公司投资的东海生物质电厂采用北京蓝昆力行生物技术有限公司研发的水冷振动炉排炉，并已于 2008 年 1 月投产运行。中国电力国际发展有限公司投资的洪泽生物质热电项目，采用中国西部电力工业集〔团有〕限公司生产的锅炉，已于 2007 年 6 月投产。上海电气集团下属的上海地方锅炉厂专〔门从事〕锅炉和压力容器的生产加工。长葛恒光热电公司投资的长葛生物质发电厂（2×〔　　〕）采用上海四方锅炉厂生产的锅炉。2007 年 10 月～2009 年 5 月，安阳灵锐热电有〔限公司投〕资建设了两台以生物质能直接燃烧发电的秸秆锅炉，100％以农作物秸秆为〔　　〕年发电量达到 1.7 亿 kWh。

〔　　技〕术应用于高碱生物质燃料的燃烧在国际上尚无先例，国内相关研发单位〔在　　〕碱金属问题进行了较深入研究的基础上，提出了创新的燃烧组织思路〔　　直〕燃技术路线。宿迁生物质发电厂于 2007 年初并网发电并成功〔　　用〕了浙江大学国家清洁能源研究中心与北京中环联合环境工程公〔司　　〕国内首次应用的 2 台 75t/h 循环流化床燃烧生物质能锅炉。〔　　〕省粤电集团投资的世界上装机容量最大的生物质电厂正式投入〔　　〕

〔　　〕概况

〔　　〕了世界上第一座秸秆生物质直燃发电厂，容量为 5MW，〔　　此〕后，BWE 公司在西欧设计并建造了大量的生物发〔电　　〕发电厂，装机容量为 38MW。截至 2010 年，丹〔　　〕年消耗农林废物约 150 万 t，提供丹麦全国 5％的〔　　流〕化床燃用生物质燃料技术方面具有较高的水〔　　〕生物质流化床锅炉，锅炉蒸汽出力为 4.5～〔　　公〕司利用鲁奇技术研制的大型燃废木循环流〔　　〕；美国 B&M 公司制造的燃木柴流化床〔　　〕瑞典以树枝、树叶等林业废弃物作〔　　〕0％，瑞典和丹麦正在实行利用生〔　　〕供热要求。

〔　　〕家发展和改

71

革委员会批准的三个国家级示范项目之一，也是我国第一个投产的以农作物秸秆为原料的生物质直燃发电项目。该项目于 2004 年 11 月 8 日奠基，2005 年 10 月主体工程开工建设，2006 年 12 月 1 日投产发电。工程建设规模为 1×25MW 单级抽凝式汽轮发电机组，配一台 130t/h 生物质专用振动炉排高温高压锅炉。该锅炉制造技术由丹麦 BWE 公司引进，济南锅炉厂制造，部分核心设备仍需原装进口。

2007 年 1 月 1 日～12 月 31 日，全年机组累计运行 8000h 以上，总发电量达 2.2 亿 kWh，共计消耗生物质燃料 30 万 t 左右，减少 CO_2 排放量 20 万 t 左右，节约标煤约合 8 万 t，为农民带来直接经济收入约 7000 万元。

2. 采用循环流化床锅炉例子

宿迁生物质直燃发电项目是国内第一个采用自主研发，拥有完全自主知识产权的国产化生物质直燃发电示范项目。生物质电厂建设规模为 2 台 75t/h 中温中压燃烧生物质锅炉，配置 2 台 12MW 汽轮发电机组。

该项目采用我国自主研发、拥有自主知识产权的国产化和生物质直燃发电设备，其中的循环流化床燃烧生物质锅炉和生物质直燃发电给料装置均为国内自主研发。采用的生物质破碎输送上料系统（自主研发）的主要技术特点是充分考虑我国农业生产的现状，可以输送多种复合秸秆，满足多品种、多包型的生物质物料，更适合我国的国情。

该项目所采用的循环流化床生物质燃烧技术是由国内科研院所自主研发的技术系统，属国内首创，该技术充分发挥循环流化床锅炉燃料适应性广、燃烧充分、易于掌握和调节、有利于碱金属问题的控制和缓解等特点，可以燃烧灰色秸秆（林业废弃物枝桠材和棉秆等）和黄色秸秆（水稻、玉米和油菜秆等），大大降低了对单一秸秆的依赖，大大降低燃料供应市场风险，实现了对国内资源丰富的林业剩余物和秸秆的有效利用。

该项目于 2006 年 4 月获江苏省发展和改革委员会批准立项，于 2007 年 4 月并网发电，2007 年 6 月投入试运营，2007 年全年实现发电量 13660 万 kWh，上网电量 11991 万 kWh，实现销售收入 8000 万元。年利用秸秆等生物质燃料 20 万 t 左右，可节约标准煤约为 11 万 t，减排二氧化硫 1900t，使当地农民增收。

第二节

一、混燃技术特点

生物质混燃是指生物质与煤混合燃烧发电。生物质混燃技术的优越性：混燃可以充分利用现有燃煤电厂设备，采用投资少、建设周期短、操作成本低的做法即可实现生物质发电，从而可以大大提高生物质转化……

的排放，当然也直接降低了 CO_2 的排放量；混燃可有效利用当地生物质废弃资源，避免农林业废弃物资源的浪费；混燃的燃料掺混比例灵活，避免过度依赖生物质燃料的供应，对于规避生物质燃料供应风险有积极的意义，因而是一种非常有生命力的生物质能利用方式。

从混燃技术角度分析，目前农林废弃物类生物质混燃主要有直接混燃、间接混燃和平行混燃三条技术路线。①直接混燃就是最常见的将生物质和化石燃料同时送入燃烧设备进行燃烧，是应用最多的一种形式；②间接混燃指采用液化或者气化技术先对生物质进行预处理，然后将生成的油或者燃气引入燃烧设备和化石燃料一起燃烧；③平行混燃则是蒸汽侧级联的概念，即利用分离的生物质燃烧装置和化石燃料燃烧装置串联共同完成对工质的加热。其中后两种混燃模式比较少见，国内尚没有运行的工程业绩。

生物质和煤混燃大体可以分为直接混燃和间接混燃两种。

其中，直接混燃可根据混燃给料方式的不同，分为以下几种方式：

（1）煤与生物质使用同一加料设备及燃烧器。生物质与煤在给煤机的上游混合后送入磨煤机，按混燃要求的速度分配至所有的粉煤燃烧器。原则上这是最简单的方案，投资成本最低。但是有降低锅炉出力的风险，仅用于特定的生物质原料和非常低的混燃比例。对于煤粉炉，如果采用木质生物质，生物质的混合比例应该小于 5% 质量比；对于旋风炉，生物质的混合比例可以高达 20% 的质量比。因为多数生物质含有大量纤维素并且容积密度非常小，会影响原有磨煤系统的效率，容易产生加料系统堵塞问题；如树皮由于富含纤维可能会造成磨煤机故障；当树枝和稻草的给料尺寸为 25～50mm 时，很容易导致煤仓堵塞等。生物质和煤混燃时，其比例宜控制在 20% 热值以下。此外，生物质和煤混燃时还应注意其混合流动特性，二者的混合流动特性取决于生物质的形态。

（2）生物质与煤使用不同的加料设备和相同的燃烧器。生物质经单独粉碎后输送至管路或燃烧器。该方案需要在锅炉系统中安装生物质燃料输送管道，容易使混燃系统的改造受限。

（3）生物质与煤使用不同的预处理装置与不同的燃烧器。该方案能够更好地控制生物质的燃烧过程，保持锅炉的燃烧效率，灵活调节生物质的掺混比例。但是该方案投资成本最高。生物质和煤单独给料时需要对生物质颗粒的粒径进行考虑。

而间接混燃则可根据混燃的原料不同，可以分为生物质气与煤混燃和生物质焦炭与煤混燃两种方式。生物质气与煤混燃方式指将生物质气化后产生的生物质燃气输送至锅炉燃烧。该方案将气化作为生物质燃料的一种前期处理形式，气化产物在 800～900℃ 时通过热烟气管道进入燃烧室，锅炉运行时存在一些风险。生物质焦炭与煤混燃方式是将生物质在300～400℃ 下热解，转化为高产率（60%～80%）的生物质焦炭，然后将生物质焦炭与煤共燃。上述两种方案虽然能够大量处理生物质，但是都需要单独的生物质预处理系统，投资成本相对较高。

生物质混燃一般使用现有化石燃料燃烧设备，锅炉本体不做或者稍作改造，但是为了适合生物质燃料的掺入，一般会在给料环节进行调整。生物质作为掺混燃料入炉可分为几种基本形式：

（1）使用已有的预处理、计量、破碎设备并沿用现有燃烧器。这种模式对生物质燃料的品种品质有较高要求，一般要求使用颗粒燃料，国内没有应用的实例。

（2）使用专门增添的预处理、计量和破碎设备，但是沿用已有的燃烧器。这种模式在国内多见于采用流态化燃烧或者炉排技术的燃煤热电机组，出于应对煤价高涨的压力，为了降低燃料成本，利用当地相对丰富的生物质资源经过简单预处理后直接送入锅炉燃烧，由于是规模较小的热电机组，这种改造一般比较简单，资金要求较低，考虑到当地获取的生物质燃料通常成本较低，而掺入少量生物质（<40％能量基）通常对于锅炉的影响不大，还有部分改善燃烧质量、降低污染物排放的作用，这种模式具有较好的经济性，在我国具有一定的产业化基础。

（3）还有一种模式是使用专门添置的预处理、计量和破碎设备，添加定制的燃烧器。这是针对大型煤粉锅炉或者燃气燃油锅炉经常采用的一种方法。

二、生物质混燃炉型

目前国外燃用生物质颗粒的工业锅炉，大容量的采用流化床，中型容量的选用抛煤机倒转炉排，小容量的则多选用链条炉排、倾斜式往复炉排、双层倾斜式炉排等。

生物质直接混燃先对生物质进行预处理，然后直接输送至锅炉燃烧室，目前有层燃、流化床和煤粉炉等燃烧形式。

1. 层燃燃烧炉

在层燃方式中，生物质平铺在炉排上形成一定厚度的燃料层，进行干燥、干馏、燃烧及还原。一次风从下部通过燃料层为燃料提供氧气，可燃气体与二次风在炉排上方充分混合燃烧。层燃技术种类较多，包括固定床、移动炉排、旋转炉排和下饲式等。

移动炉排式锅炉具有操作简单、坚固耐用和运行可靠等特点，因而被广泛应用于生物质燃烧或者垃圾焚烧中。采用移动炉排以及合理的配风系统，可以使燃料在炉排上的传输较为平滑，从而保障一次配风的均匀分布，降低由于空气分布不均匀造成的过度结渣、飞灰损失和过量空气系数增加等问题。而且炉排系统可以采用水冷的方式，以减轻结渣现象的出现，延长设备使用寿命。如瑞典的 Linköping 热电厂，就是采用移动炉排燃烧方式，其燃烧系统根据各种生物质特点采用 3 个不同的燃烧器，分别用于燃烧煤（或橡胶）、木材和油。其中烧煤和木材的层燃炉均采用移动炉排燃烧方式，总装机容量为 240MW 和 77MW（其中燃烧木材占 65MW 和 30MW）。

但是，包括移动炉排在内的层燃炉还普遍存在燃烧效率较低（一般都在 70％以下）的问题。另外，目前移动炉排式锅炉所用的控制系统大多以电气机械装置为基础，不足以使锅炉保持适当的空气/煤比以达到最佳燃烧和排放性能，尤其是在负荷变化期间不能及时同步调整工况，以达到最优性能。

2. 流化床燃烧炉

流化床燃烧炉采用 CFB、生物质与煤混燃，燃烧效率可达 95％以上，能与煤粉炉锅炉相媲美，由于采用分级燃烧，温度控制在 $830 \sim 850℃$ 范围内，NO_x 的生成量很少。例如芬兰的 Alholmens Kraft 热电厂，锅炉容量为 240MW，锅炉的额定蒸发量为 194kg/s，过热蒸汽压力为 16.5MPa，温度为 545℃。锅炉的设计燃料由 45% 泥煤、10% 的森林残余物、35% 的树皮与木材加工废料以及 10% 的煤组成，是现阶段世界上最大的生物质与煤混燃的发电厂，于 2002 年开始运行，并且在 2004 年发电 1750GWh，供热 400GWh。

目前，CFB 混燃煤与生物质也存在着一些问题。例如虽然 NO_x 排放总量有所减少，但由于流化床燃烧温度较低，N_2O 的排放浓度一般比其他燃烧方式高；又如，为了让飞灰的再循环燃烧，一次风机压头要求高压电耗较大等。

3. 煤粉炉

煤粉炉具有燃烧效率高、燃烧完全等优点，是目前大型燃煤锅炉最为常见的一种燃烧方式；采用现有煤粉炉混燃生物质，只需要对现有燃煤电厂的相关设备进行适当改造。如德国的 Kraftwerk Schwandorf 凝汽发电厂，就是采用的煤粉炉燃烧方式，该电厂采用 86% 的低硫褐煤（含硫 1%）和 14% 的农作物秸秆、谷壳等作为燃料进行混燃，装机容量为 280MW。

尽管采用煤粉炉混燃生物质和煤，可以适当减少污染，但是受到生物质混燃比例不能过大的限制，与循环流化床混燃相比，煤粉炉混燃的 SO_2 和 NO_x 等气体排放物还是较多，在气体污染物的控制方面还是有待提高。另外，煤粉炉燃烧对燃料的颗粒尺寸和含水率要求较为严格，一般颗粒尺寸要求小于 2mm，含水率不能超过 15%，因此生物质预处理系统就比较复杂，投资也较大。由于颗粒的尺寸较小，高燃烧强度还会导致炉墙表面的温度较高，导致构成炉墙的耐火材料损坏较快。

由于上述的生物质和垃圾燃烧时所具有的问题，生物质通常在煤粉炉中不采用与煤直接混合来燃烧。同时，由于生物质来源有季节性，间接混燃具有更好的适应性。该方案首先将生物质或垃圾加入热解室，热解后的气体经过脱氯净化处理加入燃煤锅炉的上方作为再燃燃料。这样解决了生物质或垃圾在燃烧过程中产生的腐蚀问题，同时还可以利用热解气中的 NH_3 和 HCN 以及碳氢化合物还原燃煤过程中产生的氮氧化合物，而剩余的生物质半焦可经处理制作活性炭，剩余的垃圾焦、灰混合物可经处理制作保温材料，这样就可以达到综合利用的目的。

图 6-4 所示为生物质与煤混燃的方案示意图。

三、生物质混燃技术国内外发展概况

1. 生物质混燃技术国内发展概况

我国生物质混合燃烧发电技术的研究起步较晚，目前缺乏先进的技术和设备，仅有一些试验研究。2005 年 12 月 26 日，首个农作物秸秆与煤粉混燃发电项目在山东枣庄十里泉发电厂竣工投产，引进了丹麦 BWE 公司的技术与设备，对发电厂 1 台 14kW 机组的锅炉燃烧器进行了秸秆混燃技术改造，年消耗秸秆 10.5 万 t，可替代原煤约 7.56 万 t。此后，山东通达电力公司将一台 130t/h 循环流化床锅炉的左右侧下部的各一个二次风喷嘴改造为秸秆输送喷嘴，同时增加一套物料输送系统，使改造后的锅炉可以同时燃烧煤矸石和秸秆。

我国的生物质混燃以直接混燃模式为主体，其关键技术环节在于生物质燃料预处理环

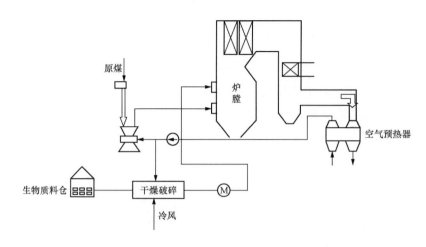

图 6-4　生物质与煤混燃的方案示意图

节的合理高效及与具体混燃模式相适应，比如混合燃料在磨煤机中的破碎特性，在燃烧系统内的燃烧特性等。从目前的发展情况看，具体来说，生物质燃料的存储、运输、预处理和给料等辅助系统的成熟和完善是混燃产业发展的必要因素，另外大份额掺混，特别是对于稻麦秸秆等燃料实现较大的掺混比例还存在一定的技术瓶颈，有待相关技术的突破，不过随着生物质直燃发电产业的兴起和成熟，混燃相关技术问题的解决不存在技术上的根本障碍。从混燃产业在我国的产业化发展角度看，在目前国家政策没有向混燃倾斜的情况下，以小型热电机组在较小技术改造强度下掺烧部分生物质的混燃具有较好的经济性，发展条件比较好，这些机组由于量大面广，如果能够较好地实施生物质混燃，不但对于电厂自身可有效降低燃料成本，对于生物质能的转化利用也具有重要的意义。

需要引起注意的是混燃灰渣的利用问题，一方面，生物质灰的加入会影响燃煤灰渣的一些特性，可能会对灰渣的常规利用方式有一定影响，例如灰渣在水泥工业的适用性；另一方面，混燃不利于生物质灰渣的循环利用，从循环经济的角度，生物质灰渣回田、相关无机物质的循环利用在一定程度上是生物质长期可持续利用的基础，混燃给这一循环利用过程带来了较大的障碍，需要慎重考虑。

2. 生物质混燃技术国外发展概况

生物质混燃发电技术在挪威、瑞典、芬兰和美国已得到应用，在美国和欧盟等发达国家已建成一定数量生物质—煤混合燃烧发电示范工程，机组的规模从 50MW 一直到 500MW 以上。

早在 2003 年，美国生物质发电装机容量约达 970 万 kW，占可再生能源发电装机容量的 10%，发电量约占全国总发电量的 1%。其中生物质混燃发电在美国生物质发电中的比重较大，混燃生物质燃料的份额大多占到 3%~12%，预计还有更多的发电厂将可能采用此项技术。

英国 Fiddler Sferry 电厂的 4 台 500MW 机组，直接混燃压制的废木颗粒燃料、橄榄核等生物质，混燃比例为锅炉总输入热量的 20%，每天消耗生物质约 1500t，可使 SO_2 排放下降 10%，CO_2 排放量每年减少 100 万 t。

荷兰 Gelderland 电厂 635MW 煤粉炉是欧洲大容量锅炉混燃技术的示范项目之一，以废木材为燃料，其燃烧系统独立于燃煤系统，对锅炉运行状态没有影响。系统于 1995 年投入运行，每年平均消耗约 60000t 木材（干重），相当于锅炉热量输入的 3%～4%，年替代燃煤约 45000t。

芬兰 Fortum 公司于 1999 年在电厂的一台 315MW 四角切圆煤粉炉上进行了为期 3 个月的混燃测试，煤和锯末在煤场进行混合后送入磨煤机，采用含水率 50%～65%（收到基）的松树锯末，锯末混合比例为 9%～25% 的质量比（体积混合比为 25%～50%）。系统基本上运行良好，但是磨煤机系统出现一些问题。

四、典型电站

生物质—煤混合燃烧电站装机容量通常为 50～700MW，少数系统为 5～50MW。燃料包括农作物秸秆、废木材、城市固体废物以及淤泥等。混合燃烧的主要设备是煤粉炉，也有发电厂使用层燃炉和流化床技术。另外，将固体废物（如生活垃圾或废旧木材等）放入水泥窑中焚烧也是一种生物质混合燃烧技术，并已得到应用。

（一）传统火电厂改造

ELSAM 公司在一个火电厂停用的锅炉房中安装了一个生物质锅炉，生物质锅炉和原有的燃煤锅炉并行安装、运行。这两种锅炉既可以联合运行，也可以单独运行，互不影响，也不会影响高压蒸汽透平的正常运行，都可以向蒸汽透平提供同样压力的蒸汽用来发电或供暖。当生物质锅炉全负荷运行时，烧煤锅炉的负荷约为 40%～60%。这样，系统调节的灵活性可以使操作员从经济和环保的角度去考虑替换燃料和优化供料线。

为了使生物质燃料尽可能完全地燃烧，同时减少腐蚀性物质的形成，以减少系统的腐蚀、污染、堵塞，丹麦改造的 Benson 型锅炉采取了一系列结构上和操作上的措施。

首先，在结构上采取两段式加热。水在秸秆燃烧器中被加热到 470℃/（2.15×10^4kPa），然后在过热器中被加热到 542℃/（2.15×10^5kPa）。另外，在生物质锅炉和燃煤锅炉之间，仅采用一个普通的供水管和一个与蒸汽透平相连接的蒸汽管连通，这可以减少秸秆烟气对系统的腐蚀。从两种燃烧器中产生的蒸汽混合后进入蒸汽透平，用后送回烧煤的再热器中循环利用。虽然两种燃烧器之间有微量的热交换，但计算结果表明，这并不影响发电效率。

其次，在操作上，秸秆束由 4 个并行的供料器供给，在秸秆燃烧器中的炉栅上燃烧。木屑在上部一个较小的炉栅上燃烧。从木屑过热器中出来的烟气温度较高，可进入秸秆燃烧器中继续供热。两种烟气在秸秆燃烧室中混合，然后通过静电加速器净化后排放。飞灰被由空气压缩机提供动力的传送系统收集到一个大袋子中，可用于工业加工。灰渣由下部的灰斗收集，可用于农田施肥。

另外，为了减少系统的腐蚀和保证系统的可靠运行，增添了许多过滤设施，如炉膛的燃烧室中设置有过滤器、管道中有纤维过滤器、烟囱附近也有一个很大的过滤器。

（二）山东十里泉电厂

山东十里泉电厂是我国第一个生物质混燃发电厂，该厂引用丹麦 Burmeister &

WainEnergy A/S（简称 BWE）公司技术，在一台装机容量为 140MW 的机组上实施了生物质混燃，掺混量为 20%，这是山东省的试点，该项目得到了 0.24 元/kWh 的电价补贴。

第三节　生物质 RDF 燃烧技术

一、RDF 燃烧技术特点

由于生物质形状各异，堆积密度小，给运输和储存及使用带来了较大困难，燃烧后产生的生物质飞灰影响了生物质的使用，因此，从 20 世纪 40 年代开始了生物质的成型技术研究开发。生物质的成型技术就是通过机械装置，对生物质原材料进行加工，制成生物质压块颗粒燃料。经过压缩成型的生物质固体燃料，密度和热值大幅提高，基本接近于劣质煤炭，便于运输和储存，可用于家庭取暖、区域供热，也可以与煤混合进行发电。

生物质物料经过干燥、脱水、破碎、压缩成型制成生物质固体成型燃料（Refuse Derived Fuel，RDF），即生物质 RDF，图 6-5 所示为制作燃料流程图。生物质 RDF 体积小，密度大，储运方便，而且燃料致密，热值高，无碎屑飞扬，使用方便、卫生，周期长，燃烧后的灰渣及烟气中污染物含量小，二次污染低和二噁英类物质排放量低。生物质 RDF 是一种清洁的生物质能源，广泛应用于干燥工程、水泥制造、供热工程和发电工程等领域。

植物细胞中的木质素在适当的温度下（130～200℃）会软化，而且给其一定的压力可使其与相邻颗粒胶结，冷却后即可压缩成型。生物质压缩成型燃料就是利用这种特性，用压缩成型机械将松散的生物质废料在高压条件下，靠机械与生物质废料之间及生物质废料相互之间摩擦产生的热量或外部加热，使木质素软化，经挤压成型而得到具有一定形状和规格的新型燃料。

针对生物质固体成型燃料的种类、热值、灰分含量、颗粒尺寸和加热系统，各国也分别开发了不同的采暖炉和热水锅炉，而且可以应用配套的自动上料系统。国外具有代表性的燃烧器生产厂商有 UlmaAB、Janfire AB、Pelltech LTD 等，产品主要为直径 6～8mm 的木质颗粒作为燃料，输出功率在 12～80kW，平均燃烧效率大于 85%。这些燃烧器及锅炉主要采用木质颗粒作为燃料，木质颗粒具有热值高、灰分低、灰熔点较高、燃烧后不易结渣等优点，因此国外燃烧设备在设计方面没有专门的破渣、清灰机构，多采用人工清灰，间隔在 1～2 周。生物质颗粒燃烧器的形式较多，分类方式也有多种。根据喂料方式的不同，颗粒燃烧器主要可以分为上进料式、底部进料式和水平进料式 3 种类型，如图 6-6 所示。

我国生物质成型燃料配套燃烧设备研发取得了一定的进展，开发了秸秆固体成型燃料炊事炉、炊事取暖两用炉、工业锅炉等专用炉具。比如北京万发炉业中心研发的燃用秸秆类颗粒燃料的暖风壁炉、水暖炉、炊事炉等一系列炉具；吉林华光生态工程技术研究所研发的暖风壁炉和炊事采暖两用炉等；哈尔滨工业大学较早地进行了生物质燃料的流化床燃

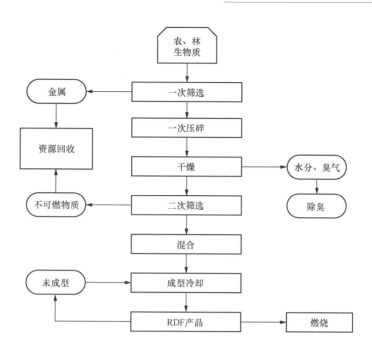

图 6-5 为生物质 RDF 制作流程图

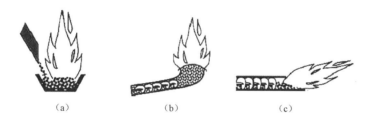

（a） （b） （c）

图 6-6 燃烧器的三种进料形式

（a）上进料式；（b）底部进料式；（c）水平进料式

烧技术研究，并先后与无锡锅炉厂、杭州锅炉厂合作开发了不同规模、不同炉型的生物质燃烧锅炉；河南农业大学研制出双层炉排生物质成型燃料锅炉；浙江大学研制出燃用生物质秸秆颗粒燃料的双胆反烧锅炉等。国内也引进一些以生物质颗粒为燃料的燃烧器，但这些燃烧器的燃料适应范围很窄，只适用于木质颗粒，改燃秸秆类颗粒时易出现结渣、碱金属及腐蚀、设备内飞灰严重等问题，而且这些燃烧器结构复杂、能耗高、价格昂贵，不适合我国国情，因此没有得到大面积推广。生物质颗粒燃料尺寸较为单一、均匀，因此可以实现自动进料连续燃烧，燃烧效率通常能达到 86 ％以上。通过与不同用途的设备（如锅炉、壁炉、热风炉等）配套使用，燃烧器可以应用到取暖、炊事、干燥等各个领域，将是未来发展的方向。

在相应的设备方面，生物质固体成型技术主要分为环模压辊式成型机、活塞式成型机和螺旋挤压式成型机（见图 6-7）等几种形式，图 6-8 所示为环模压辊式成型机。活塞冲压式成型机按驱动动力不同可分为机械活塞式成型机和液压驱动活塞式成型机两种类型，表 6-1 为生物质固体成型技术表。

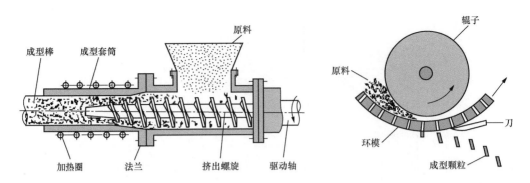

图 6-7　螺旋挤压式成型部件结构示意图　　图 6-8　环模压辊式成型部件结构示意图

表 6-1　　　　　　　　　　　　生物质固体成型技术综合比较一览表

技术类型	成型原理	适用原料	燃料形状	技术特点	适用场合
环模压辊	采用环形压模和圆柱形压辊压缩成型,一般不需要外部加热	农林生物质	颗粒、块状	易磨损,维修成本较高	适宜大规模生产
平模压辊	采用水平圆盘压模与压辊压缩成型,一般不需要外部加热	农林生物质	颗粒、块状	设备简单、制造成本较低;生产能力较低	适宜小规模生产
机械活塞	冲压成型	农林生物质	棒状	密度高;设备稳定性差、振动噪声大,有润滑污染问题	适宜工业锅炉用户
液压活塞	冲压加热成型	农林生物质	棒状	运行平稳,密度高;生产能力低,易发生放炮现象	适宜工业锅炉用户
螺旋挤压	连续挤压,加热成型	木质生物质	空心棒状	产品密度高;套筒磨损严重,维修成本高	适宜中小规模生产,加工成机制碳

与螺旋挤压式和活塞冲压式成型技术相比,模辊式成型技术工艺实现了自然含水率生物质不用任何添加剂、黏结剂的常温压缩成型,生产率较高,具备了规模化、产业化发展条件,是产业化发展的重点。农业部规划设计研究院研发了适宜于农作物秸秆的 HM-485 型环模式成型机,生产率达到 1.5t/h,关键部件寿命达到 400h 以上,利用该技术工艺和设备已在北京市大兴区建成了年产 2 万 t 的生物质固体成型燃料生产线并投产运行。吉林辉南宏日新能源公司初步建立了林木收集、颗粒燃料加工、锅炉配套、供热服务相衔接的木质成型燃料供热运营商业模式,2008 年起在长春开展供热运营示范,总供热面积 8 万 m^2。

二、生物质 RDF 燃烧炉型

1. 集中供热锅炉

以成型燃料发展最好的国家瑞典为例,集中供热锅炉能够应用于单个或多个家庭,热量通过水循环,交换到供热系统。功率一般在 10～40kW,同时能够根据热量需求自动调整功率(30%～100%)。两种典型的集中供热锅炉为:①组合式锅炉,这种锅炉是由一个颗粒燃烧器和一个标准锅炉(无燃烧器)组成,通常是由不同厂家生产的,标准锅炉连接不同类型的燃烧器;②一体式锅炉,这种锅炉主要从奥地利、德国进口,但瑞典也有少部分厂家生产,在这种锅炉中,燃烧器是锅炉的一部分,不能分开。

2. 生物质炉具

成型的生物质燃料可以制成蜂窝煤等各式形状，替代煤作为燃料取暖、炊事、干燥等。一般来说，有独立颗粒炉具和烟囱一体式炉具。这两种炉具最大的不同是烟囱一体式炉具被安装在壁炉中，目前独立式颗粒炉具是最普通的。独立式颗粒炉具通常有一个内置颗粒料仓，能够存储一定的颗粒燃料，通常能够燃烧 1～2 天，有少量的炉具带有外部料仓。

三、RDF 燃烧技术国内外发展情况概况

生物质燃料压缩成型技术的研究始于 20 世纪初，到目前为止，世界上各个国家研究的重点还是集中在成型的生物质燃料的制造技术和相应炉具的开发上。早在 20 世纪 30 年代，美国就开始研究压缩成型燃烧技术，并研制了螺旋式成型机，在温度 80～350℃、压力 100MPa 的条件下，把木屑和刨花压缩成固体成型燃料，其密度约为 1～1.2g/cm³，含水率为 10%～12%。日本于 50 年代从国外引进技术后进行了改进，并发展成了日本压缩成型燃料的工业体系。美国在 1976 年开发了生物质颗粒及成型燃烧设备。70 年代后期，西欧许多国家，如比利时、法国、德国等也开始重视压缩成型燃料技术的研究工作，已有了冲压式成型机、颗粒成型机及配套的燃烧设备；法国开始时用秸秆压缩粒作为奶牛饲料，德国研制 KAHI 系列压粒机和 RUF 压块设备，亚洲许多国家（除日本外）从 80 年代也都先后研制成了加黏结剂的生物质压缩成型机。

日本、美国及欧洲一些国家生物质成型燃料燃烧设备已经定型，并形成了产业化，在加热、供暖、干燥、发电等领域已普遍推广应用。生物质成型燃料燃烧设备，按规模可分为小型炉、大型锅炉和热电联产锅炉；按用途与燃料品种可分为木材炉、壁炉、颗粒燃料炉、薪柴锅炉、木片锅炉、颗粒燃料锅炉、秸秆锅炉、其他燃料锅炉；按燃烧形式可分为片烧炉、捆烧炉、颗粒层燃炉等。这些生物质成型燃料燃烧设备具有加工工艺合理、专业化程度高、操作自动化程度高、热效率高、排烟污染小等优点。

经过多年的发展，目前，欧盟主要以生物质为原料生产颗粒燃料，其成型燃料技术及设备的研发已经趋于成熟，相关标准体系也比较完善，形成了从原料收集、储藏、预处理到成型燃料生产、配送和应用的整个产业链的成熟技术体系和产业模式。2009 年，欧盟生物质固体成型燃料产量达到 452.85 万 t，消费量为 496.68 万 t，现在有颗粒燃料生产厂 847 家，生产能力约为 157.6 万 t。其中瑞典生物质颗粒燃料的产量约为 157.6 万 t，消费量约 191.8 万 t，居世界首位。2008 年，瑞典约有 12 万户使用颗粒燃料锅炉，2 万用户使用颗粒燃烧炉，另外，还有 4000 个中型锅炉使用颗粒燃料。生物质固体成型燃料也成为全球贸易的对象，从全球来看，加拿大等林业资源丰富的国家具有非常大的生产潜力。

我国从 20 世纪 80 年代引进开发了螺旋推进式秸秆成型机，近几年形成了一定的生产规模。例如，陕西省武功县轻工机械厂研制的螺旋推进式秸秆成型机，辽宁省能源研究所研制的颗粒成型机，南京林产化工研究所研制的多功能成型机，河南农业大学机电工程学院研制的活塞式液压成型机，在国内都已形成了产业化。截至 2009 年底，国内有生物质固体成型燃料生产厂 260 余处，生产能力约为 76.6 万 t/年，主要用于农村居民炊事取暖用能、工业锅炉和发电厂的燃料等，相当于替代 38.3 万 t 标准煤，减少温室气体排放 83 万 t/年，为农民增收节支 2.3 亿元，社会、生态和环境效益显著。

目前，我国对生物质成型燃料燃烧所进行的理论研究很少，对生物质成型燃料的燃烧机理及动力学特性研究才刚起步，生物质成型燃烧理论与数据还没有被系统地提出，所以对生物质成型燃料的研究潜力巨大。国产成型加工设备在引进及设计制造过程中，都不同程度地存在着技术及工艺方面的问题，这就有待于深入研究探索、试验、开发。尽管生物质成型设备还存在着一定的问题，但生物质成型燃料有许多独特优点，如便于储存、运输、使用方便、卫生、燃烧效率高、清洁环保。因此，生物质成型燃料在我国一些地区已进行批量生产，并形成研究、生产、开发的良好势头。在我国未来的能源消耗中，生物质成型锯末、木材废料等，燃料将占有越来越大的份额。

第四节　生物质气化燃烧技术

一、气化燃烧技术特点

生物质原料通常含有 70%～90% 挥发分，这就意味着生物质受热后，在相对较低的温度下就有相当量的固态燃料转化为挥发分物质析出。由于生物质这种独特的性质，气化技术非常适用于生物质原料的转化。不同于完全氧化的燃烧反应，气化通过两个连续反应过程将生物质中的碳的内在能量转化为可燃烧气体，生成的高品位燃料气既可以供生产、生活直接燃用，也可以通过内燃机或燃气轮机发电，进行热电联产联供，从而实现生物质的高效清洁利用。

生物质气化发电技术的基本原理是把生物质转化为可燃气，再利用可燃气推动燃气发电设备进行发电。它既能解决生物质难于燃用而又分布分散的缺点，又可充分发挥燃气发电技术设备紧凑而污染少的优点，所以是生物质能最有效最洁净的利用方法之一。

气化发电过程包括三个方面，一是生物质气化，把固体生物质转化为气体燃料；二是气体净化，气化出来的燃气都带有一定的杂质、包括灰分、焦炭和焦油等，需经过净化系统把杂质除去，已保证燃气发电设备的正常运行；三是燃气发电，利用燃气轮机或燃气内燃机进行发电，有的工艺为了提高发电效率，发电过程可以增加余热锅炉和蒸汽轮机。

生物质气化发电技术在生物质能利用方面有别于其他可再生能源的独特方式，具有三个方面特点。一是技术有充分的灵活性，因为生物质气化发电可以采用内燃机，也可以采用燃气轮机，甚至结合余热锅炉和蒸汽发电系统，所以生物质气化发电可以根据规模大小选用合适的发电设备，保证在任何规模下都有合理的发电效率，这一技术的灵活性能很好地满足生物质分散利用的特点。二是具有较好的洁净性，生物质本身属于可再生能源，可以有效减少 CO_2、SO_2 等有害气体的排放，而气化过程一般温度较低（大约在 700～900℃），NO_x 的生成量很少，所以能有效地控制 NO_x 的排放。三是经济性，生物质气化发电技术的灵活性，可以保证该技术在小规模下有较好的经济性，同时燃气发电过程简单，设备紧凑，也使生物质气化发电技术比其他可再生能源发电技术投资更小，所以总的来说，生物质气化发电技术是所有可再生能源技术中最经济的发电技术，其综合发电成本已接近小型常规能源的发电水平。

气化技术是目前生物质能利用技术研究的热门方向。典型的气化工艺有干馏工艺、快速热解工艺、气化工艺3种。其中前两种工艺适用于木材或木屑的热解；后一种适用于农作物（如玉米、棉花等）秸秆的气化。

生物质气化技术的一般工艺过程如图6-9所示，其主要有四大组成系统，分别为进料系统、气化反应器（气化炉）、净化系统和后处理系统（如发电系统）。进料系统包括生物质进料、空气进料、水蒸气进料及其控制。净化系统主要是除去产出气体中的固体颗粒、可冷凝物及焦油，常用设备有旋风分离器、水浴清洗器及生物质过滤器。后处理系统主要是气化气体进一步转化利用的装置，诸如发电、制取液体燃料等装置。生物质气化过程如图6-10所示。

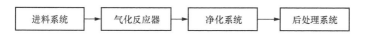

图 6-9　生物质气化工艺一般流程

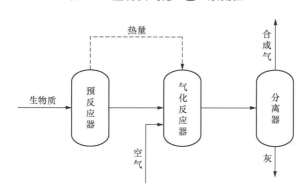

图 6-10　生物质气化过程简图

生物质气化产生的燃气是一种特殊的燃气。其特点是热值较低而密度较大，其流量特性及燃烧特性有其自身的规律性，不同于一般的城市用燃气。生物质燃气成分见表6-2。

表 6-2	生 物 质 燃 气 成 分			
气　体	H_2	CO	CH_4	C_2H_4
体积百分比	13.0～19.0	18.6～19.8	1.8～4.0	0.2～0.76
气体	C_3H_6	CO_2	O_2	N_2
体积百分比	0.1～0.14	10.6～12.2	1.6～1.9	44.1～52.2

生物质有各种各样的气化工艺过程。从理论上讲，任何一种气化工艺都可以构成生物质气化发电系统。但从气化发电的质量和经济性出发，生物质气化发电要求达到发电频率稳定、发电负荷连续可调两个基本要求，所以对气化设备而言，它必须达到燃气质量稳定，燃气产量可调，而且必须连续运行。

表 6-3 所列是各种气化炉的特性，是气化发电系统选择气化炉形式和控制运行参数的制约条件。

表 6-3 各种气化炉的特性

特性	上吸式	下吸式	鼓泡流化床	循环流化床
原料适应性	适应不同形状尺寸原料，含水量在 15% ～ 45% 间可稳定运行	原料不经预处理可直接使用	原料尺寸控制较严，需预处理过程	能适应不同种类的原料，但要求为细颗粒，原料需预处理过程
燃气特点后处理过程的简单性	H_2 和 C_nH_m 含量少，CO_2 含量高，焦油含量高，需要复杂净化处理	H_2 含量增加，焦油经高温区裂解，含量减少	与直径相同的固定床比，产气量大 4 倍，焦油较少，燃气成分稳定，后处理过程简单	焦油含量少，产气量大，气体热值比固定床气化炉高 40% 左右。后处理简单
设备实用性、单炉生产能力、结构复杂程度、制造维修费用	生产强度小、结构简单、加工制造容易	生产强度小，结构简单，容易实现连续加料	生产强度是固定床 4 倍，但受气流速度的限制。故障处理容易，维修费用低	生产强度是固定床的 8～10 倍，流化床的 2 倍，单位容积的生产能力最大。故障处理容易，维修费用低
与发电系统的匹配性	工作安全、稳定	安全、稳定	操作安全，稳定、负荷调节幅度受气速的限制	负荷适用能力强，启动，停车容易，调节范围大，运行平稳

其中，下吸式固定床气化炉的特征是气体和生物质物料通过高温喉管区（只有下吸式设有喉管区）混合向下流动。生物质在喉管区发生气化反应，而且焦油也可以在炭床上进行裂解。一般情况下，下吸式固定床气化炉不设炉栅，但如果原料尺寸较小也可设炉栅。其结构简单，运行比较可靠，适于较干的大块物料或低灰分大块物料同少量粗糙颗粒的混合物料，其最大处理量是 500kg/h，欧洲的一些国家已将其用于商业运行。

上吸式固定床气化炉的特点是气体的流动方向与物料运动方向相反。向下流动的生物质原料被向上流动的热气体烘干、裂解。在气化炉底部，固定炭与空气中的氧气进行不完全燃烧、气化，产生可燃气体。下吸式固定床气化炉的热效率比其他固定床气化炉要高，对原料要求较宽，原理上其容量不受限制，主要应用在欧洲及东南亚一些国家。

利用循环流化床（CFB）作为生物质气化装置的优点如下：

（1）流化床对气化原料油足够的适应性，不仅能处理各种生物质燃料，树皮、锯末、木材废料等，还可以气化废物衍生燃料（RDF）和废旧轮胎等。

（2）流化床燃料不需要研磨，不许预先干燥处理，水分高达 60% ～ 70%。

（3）生物质可燃颗粒和床料经旋风筒的分离作用，从返料管返回流化床底部，这样可回收部分热量，提高生物质的热转换效率。

生物质流化床气化工艺有三种典型的形式，即鼓泡气化、循环流化床气化器及双流化床气化器（见图 6-11 和图 6-12）。三种流化床气化炉中以循环流化床气化速度最快，适用于较小的生物质燃料，在大部分情况下可以不必加流化床热载体，所以运行最简单，但它的炭回流难以控制，在炭回流较少的情况下容易变成低速率的载流床。鼓泡床流化速度较慢，比较适合于颗粒较大的生物质原料，而且一般必须增加热载体。双床系统是鼓泡床和循环流化床的结合，它把燃烧和气化过程分开，燃烧床采用鼓泡床，气化床采用循环流化床，两床之间靠热载体进行传热，所以控制好热载体的循环速度和加热温度是双床系统最关键也是最难的技术。总的来说，流化床气化由于存在飞灰和夹带炭颗粒严重、运行费用较高等问题，不适合于小型气化发电系统，只适合于大中型气化发电系统，所以研究小型的硫化床气化技术在生物质能利用中很难有实际的意义。

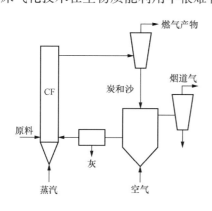
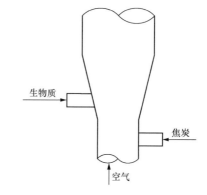

图 6-11　双流化床气化器结构示意图　　　　图 6-12　流化床气化炉结构示意图

二、生物质气化燃烧炉型

生物质气化技术的核心是气化反应器（气化炉），气化炉也是生物质气化的主要设备。气化炉能量转化效率的高低是整个气化系统的关键所在，故气化炉型式的选择及其控制运行参数是气化系统非常重要的制约条件。常见的反应器有固定床、流化床及携带床 3 种形式。我国经过多年的研究制造出的生物质气化炉见表 6-4。

表 6-4　　　　　　　　　　　　　生物质气化炉型览表

类　型	型　号	热输出（kJ/炉）	用　途	研究单位
上吸式	GSQ-1100	$(1.09 \sim 2.63) \times 10^5$	生产供热	广州能源所
		1.6×10^5	锅炉供热	广州能源所
下吸式	ND 600	6.27×10^5	木材烘干	中国农机院
	QFF-1000	1.25×10^5	气化供气	山东能源所
	QFF-2000	2.5×10^5	气化供热	山东能源所
	HQ/HD-280B	1.2×10^4	炉用炊事	中国农机院
循环流化床		1.316×10^6	生产供热	广州能源所
		9.2×10^6	技术试验	中科院化冶所
层式下吸式子		5.76×10^5	发电	原商业部
		2.16×10^5	发电	江苏省粮食局
中热值气化炉		0.67×10^3	供气	广州能源所

1. 固化床气化炉

按气体在炉内流动方向，固定床气化炉可分为下吸式、上吸式、横吸式及开心式气化炉几种类型。下吸式固定床气化炉的优点是：结构比较简单；工作稳定性好；可随时开盖添料；气体和生物质物料通过高温喉管区时，生物质在喉管区发生气化反应，而且焦油也可以在炭床上裂解为永久性气体。一般情况下，下吸式固定床气化炉不设炉栅，但如果原料尺寸较小也可设炉栅。其缺点是抽出气化气时要耗费较大的功率，且气化气的温度较高，需要冷却。上吸式固定床气化炉的优点是：向下流动的生物质原料被向上流动的热气体烘干、裂解，从而大大提高了炉子的热效率，并且热分解层和干燥层对气化气有一定的过滤作用。其缺点是：添料不方便；气化气中含焦油较多。横吸式固定床气化炉的特点是空气由侧向供给，产出气体由侧向流出；气体流横向通过燃烧气化区。它主要用于木炭气化，在南美洲广泛应用并已投入商业运行。开心式固定床气化炉是由我国研制并应用的，类似于下吸式固定床气化炉，气流同物料一起向下流动。但是喉管区由转动炉栅所代替，主要反应在炉栅上部的燃烧区进行。这种炉主要适用于谷壳气化。表 6-5 为固化床气化炉对原料的要求。

表 6-5 固化床气化炉对原料的要求

气化炉类型	下吸式	上吸式	横吸式	开心式
原料类型	废木	废木	木炭	稻壳
尺寸	20～100	5～100	40～80	1～3
水分	<25	<60	<7	<12
灰分	<6	<25	<6	20

2. 流化床气化炉

流化床气化炉的反应物料中常常有精选过的颗粒状惰性材料，在吹入的气化剂作用下，物料颗粒和气化剂充分接触，受热均匀，在炉内呈"沸腾"燃烧状态，气化反应速度快，气化气得率高，且炉内温度高而恒定，是唯一在恒温床上进行反应的气化炉，反应温度为 $700\sim850℃$。另外，焦油也可在流化床内裂解成气体。流化床气化炉的缺点是结构复杂，设备投资较多，而且气化气中灰分较多。流化床气化炉分单床气化炉、循环气化炉和双床气化炉。单床气化炉只有一个流化床，气化后生成的气化气直接进入净化系统中；循环流化床与单流化床气化炉的主要区别在于气化气出口处设有气固分离器，可将气化气携带出来的炭粒和惰性材料颗粒分离出来，返回气化炉再次参加反应，从而提高了碳的转化率。双流化床气化炉类似于循环床气化炉，不同的是第 1 级反应器的流化介质被第 2 级反应器加热。在第 1 级反应器中进行裂解反应，在第 2 级反应器中进行气化反应，双流化床的碳转化率也很高。

3. 携带床气化炉

气化剂直接吹动生物质原料，不过原料在进炉前必须粉碎成细小颗粒。携带床具有气化温度高（$1100\sim1300℃$），碳转化率高（可达 100%）的优点，并且气化气中焦油含量少。但由于运行温度高，易烧结，故选材较难。

三、国内外气化燃烧技术发展情况概况

生物质气化及发电技术在发达国家已受到广泛重视，如奥地利、丹麦、芬兰、法国、挪威、瑞典和美国等国家，生物质能在总能源消耗中所占的比例增加相当迅速。奥地利成功地推行了建立燃烧木材剩余物的区域供电站的计划，生物质能在总能耗中的比例由原来大约 2%～3% 增到目前的 25%，到目前为止，该国已拥有装机容量为 1～2MW 的区域供热站 80～90 座。瑞典和丹麦正在实施利用生物质进行热电联产的计划，使生物质能在转换为高品位电能的同时满足供热的需求，以大大提高其转换效率。一些发展中国家，随着经济发展也逐步重视生物质的开发利用，增加生物质能的生产，扩大其应用范围，提高其利用效率。菲律宾、马来西亚以及非洲的一些国家，都先后开展了生物质能的气化、成型固化、热解等技术的研究开发，并形成了工业化生产。日本资源能源厅调查结果显示，2001 年日本有 83 家生物质废弃物发电厂，形式为废弃塑料等与重油等化石燃料混燃发电，2003 年又投资约 14.5 亿日元建设了发电量为 3MW 的生物质发电项目，年利用林业和建材业废旧材料 5.9 万 t。

国外生物质气化装置一般规模较大，自动化程度高，工艺较复杂，以发电和供热为主，如加拿大摩尔公司（Moore Canada Ltd）设计和发展的固定床湿式上行式气化装置、加拿大通用燃料气化装置有限公司（Omnifuel Gasification System Limitred）设计制造的流化床气化装置、美国标准固体燃料公司（Standard SolidFuelsInc）设计制造的炭化气化木煤气发生系统、德国茵贝尔特能源公司（Imbert En-ergietechnik GMBH）设计制造的下行式气化炉—内燃机发电机组系统等，气化效率可达 60%～90%，可燃气热值为（1.7～2.5）$\times 10^4$kJ/m^3。目前，在该领域具有领先水平的国家有瑞典、美国、意大利、德国等。近年来，美国在生物质热解气化技术方面有所突破，研制出了生物质综合气化装置—燃气轮机发电系统成套设备，为大规模发电提供了样板。

我国对生物质气化技术的深入研究从 20 世纪 80 年代开始，目前已经成功开发出将生物质转化成可燃气体的技术，如河北的 ND 系列、山东的 XFL 系列、广州 GSQ-110 型和云南 QL50、60 型气化设备；建成的多个生物质气化的供热、传热系统，应用在不同场合取得了一定的社会、环保和经济效益。我国已研制的中小型生物质气化发电设备功率从几千瓦到 2MW 不等。秸秆燃烧发电在我国正成为现实，我国首台秸秆混燃发电机组已于 2005 年底在华电国际枣庄市十里泉发电厂投运，该机组每年可燃用 10.5 万 t 秸秆，相当于 7.56 万 t 标准煤；另外，河南许昌、安徽合肥、吉林辽源、吉林德惠、北京延庆等地也在建设秸秆发电厂。

发达国家由于生物质资源相对集中，多采用大型气化设备，设备自动化程度高；而我国目前生物质资源较分散，难以集中利用，仍以发展小型设备为主，且在基础理论和专项技术的研究方面与发达国家相比仍有较大的差距。世界各国都有大量的生物质资源，我国是农业大国，生物质能资源十分丰富，每年农作物废弃物就相当于 6 亿 t 标准煤，还有约 3 亿 t 煤当量的林业废弃物，而节能减排是当今世界一致公认的举措，生物质气化在国内外有着广阔的市场前景，开发低焦油产率、高气化效率的气化工艺是生物质气化的发展方

向。生物质与煤共气化不仅可以弥补生物质单独气化时的某些缺陷，而且有利于煤炭资源的可持续利用，并可减少 CO_2、硫氧化物及氮氧化物的排放量，对保护环境、节约化石能源具有重要意义，极具开发前景。

四、典型电站

当今生物质气化燃烧的主要技术有生物质与煤的混合燃烧和生物质的 IGCC 技术。

1. 生物质/气和煤的混合燃烧

生物质和煤的混合燃烧是在生物质气化的早期开发中所走的商业化道路。生物质在 CFB 等气化装置中气化，产生的低热值气和气中所携带的可燃颗粒被送入锅炉炉膛中燃烧。由于允许生物气中含有固体颗粒（部分气化），使生物质在气化装置中驻留时间缩短，这样减小了气化装置的尺寸，同时，不需要生物气的净化设备，因为离开 CFB 的可燃颗粒在锅炉炉膛内有足够的时间完全燃烧，这样，简单的气化技术和体积较小的气化装置降低了设备的投资和运行费用。

该技术的先进例子是位于芬兰 Lahti 市的 Kemijarvi 发电厂，它是由欧盟 Thennie 计划资助的示范项目。Kemijarvi 发电厂建于 1976 年，锅炉是额定蒸发量为 450t/h 的直流锅炉。1998 年 1 月，利用气化装置可向锅炉炉膛内输送生物气和煤混合燃烧。气化装置采用 Foster Wheeler Energia OY 制造的常压循环流化床，气化系统比较简单，由一个进行气化的反应器、一个将床料和气体分离的单向流动旋风筒和一条将循环床料返回气化装置底部的回料管组成。在气化装置中，生物质燃料在 $800\sim850℃$ 温度下气化。

2. 生物质的 IGCC 技术

对于完全利用生物质燃料的电站来说，高效而清洁的燃烧技术应首推气化联合循环（IGCC）。IGCC 最初作为一种先进的煤清洁燃烧技术，在 20 世纪 90 年代已部分进入商业化使用。虽然生物质的特殊性质决定了其与煤有着不同的技术发展道路，但却可采用与煤相似的 IGCC 技术，并且由于煤 IGCC 技术的广泛发展，对于燃气轮机来说，燃用低热值的生物气已没有太大的技术困难。

第七章

生物质燃烧碱金属相关问题

第一节　碱金属问题概述

由于生物质自身的燃料特性，特别是碱金属和氯的存在，使得生物质直燃锅炉的积灰、结渣和腐蚀问题较为突出，这将影响生物质燃烧工艺及设备设计、受热面布置，以及吹灰系统的选择和布置等。钾、钠、氯、硫、钙、硅及磷等是生物质热转化中导致结渣、积灰的主要元素。在生物质燃烧或气化过程中，钾、钠等碱金属物质以及氯和硫等大部分都要从生物质中挥发出来，并在不同温度下相互反应生成不同物质。过高的燃烧温度将会强化碱金属盐进入气相的过程，从而使后续受热面上出现沉积，增加高温腐蚀的概率。

根据生物质中所含无机元素的品种、数量的不同以及热化学转化工艺的不同，碱金属引发的问题有多种形式。在高温燃烧环境下，碱金属及其相关无机元素可能在炉膛内形成熔渣或进入气相，以蒸汽和飞灰颗粒的形式沉积于受热面，影响换热效果，并可能对换热面造成严重腐蚀，甚至产生爆管等严重事故。在采用流化床燃烧时，生物质原料中的碱金属可能与床料反应形成低熔点的共晶化合物从而引起颗粒聚团，妨碍流化，甚至造成流化失败。这些问题都会导致设备运行安全性、可用率降低，并提高维护费用。

生物质锅炉由碱金属问题引发的严重事故不在少数，下面列举一些典型事例让读者深刻体会到解决碱金属问题的迫切。

【**事件 7-1**】　130t/h 生物质锅炉过热器腐蚀与泄漏。

某公司生产的 YG 2130/9.22T 型锅炉，其主要燃料为棉花秸秆，并掺烧木片、树皮等农林废弃物。过热器分为四级，一、二级过热器布置在第 3 烟道中，三级过热器布置在炉膛上方，四级过热器布置在第 2 烟道中。三、四级过热器材料为 SA213 TP347H 不锈钢，规格为 $\phi 33.7 \times 5.6$mm。该锅炉在投运不足 15 个月后，四级过热器发现泄漏，停炉检查发现四级过热器存在严重的腐蚀（见图 7-1），三级过热器在水压检验时也出现泄漏，而其他电厂运行的同样型号的锅炉却没有出现这种情况。

经实验分析后发现，燃生物质燃料的锅炉过热器管表面腐蚀与燃料的组成和管壁温度等条件有关。壁温过高引起金属中碳化物的快速析出，造成腐蚀的条件；燃料中 SO_x 及碱性金属（如 K、Na）氯化物会使发生腐蚀的温度更低，腐蚀更为严重。腐蚀从表面开始，

图 7-1　腐蚀管照片

由于氧化层的脱落会沿晶界向内部扩展，最后引起管材的开裂泄漏。管壁上的积灰、结垢会使壁温增高，并使碱金属氯化物和硫化物汇聚浓缩，形成新的更严重的腐蚀。

【事件 7-2】　湛江生物质电厂调试期间受热面腐蚀、床料结渣事件。

广东某生物质发电机组为 220t 生物质循环流化床直燃锅炉。锅炉型号为 HX220/9.8-Ⅳ1，为高温高压参数、自然循环、单炉膛、平衡通风、露天布置、钢架双排柱悬吊结构、固态排渣循环流化床锅炉。两台锅炉运行稳定性较差，其中，1 号炉带负荷共运行 142 天，2 号炉带负荷共运行 58 天。两台锅炉受热面（屏式过热器、高温过热器）腐蚀较为严重，其中，1 号炉屏式过热器管部分已腐蚀减薄到了 3.1mm（没考虑腐蚀加冲刷减薄），已成为威胁锅炉安全运行的重大隐患。检查发现受热面表面依附了一层沉积物，并有分层剥离的现象。从剥离出来的沉积物外观看，沉积物内壁有金属材质。经实验分析，剥离物包含积灰及部分金属腐蚀物，腐蚀已进入管材基体，初步分析该腐蚀现象为高温碱金属腐蚀及氯腐蚀（见图 7-2 和图 7-3）。

图 7-2　1 号炉高温过热器管腐蚀情况

图 7-3　2 号炉屏式过热器管腐蚀情况

同时两台锅炉均发生了床料聚团现象，床层流化状态明显恶化，造成非正常停炉。图 7-4 为聚团床料图片。

图 7-4　循环流化床运行一段时间后的聚团现象

第二节 聚 团 问 题

流态化燃烧技术是燃烧特种燃料技术中灵活性最高的，具有燃烧效率高、燃料适应性广等优点，所以生物质燃烧多使用循环流化床。颗粒聚团是流化床利用高碱金属含量的生物质原料时普遍存在的一个问题。床料聚团问题的起因主要有两个，一是生物质中的碱金属从有机化合形态转化形成无机盐和非晶体，生成的低熔点做基金属系列物，与床料反应生成熔点更低的共晶化合物而引起颗粒聚团；二是由于燃烧过程中产生的灰分熔融而导致床料颗粒间相互粘连并形成聚团。

流化床内聚团的发生，可以从床内温度梯度的出现和床内压力的大幅波动发现。颗粒聚团发生后，将降低床内流化质量，往往引起床内温度不均，出现局部高温，增加床内处于熔化状态的碱金属化合物出现的机会。随着燃料给料的积蓄，聚团的程度增长并可能最终导致烧结和整个床层流化失败。如图7-4所示，聚团恶化会导致流化失败，造成非正常停炉。

一、聚团形成原理

燃烧过程中，生物质物料中的碱金属化合物，会与床料中 SiO_2 等物质进行反应生成低熔点的共晶化合物，其反应式如下

$$2KCl + nSiO_2 + H_2O(g) \longrightarrow K_2O \cdot nSiO_2 + 2HCl(g)$$
$$Al_2Si_2O_5(OH)_4 + 2SiO_2 + 2KCl \longrightarrow 2KAlSiO_6 + H_2O + 2HCl$$
$$Al_2O_3 \cdot 2SiO_2 + 2MCl + H_2O \longrightarrow M_2O \cdot Al_2O_3 \cdot 2SiO_2 + 2HCl$$
$$M \in \{K、Mg、Ca\}$$

熔融物捕抓灰颗粒与稳定的高熔点化合物，完成这个黏性层后，渣块不断黏附炉内的颗粒渣块不断生长形成较大的渣块。随着聚团物的出现和积累，床层的流化效果逐渐恶化，导致出现局部高温。当局部高温高于一定值时，在流化床正常运行温度下的固态灰颗粒有可能进入熔融态，使得聚团物继续长大，最终导致流化失败，锅炉停炉。

从渣块的形成过程可以知道，少量的熔融物即可累积黏附形成较大的渣块，从而导致床层流化效果的恶化。另外，熔融物的形成主要取决于碱金属以及硅的含量，因此合理控制床料中硅的含量，以及流化床运行温度，对于控制碱金属聚团问题具有较好的效果。同样，由于碱金属析出温度较低，因此通过控制床温也能缓解挥发性碱金属进入气相导致受热面腐蚀的问题。

二、聚团问题实例分析

以某生物质电厂直燃流化床锅炉为例，对额定负荷下的灰渣取样，在流化床层内发现一些聚团物，形成大小不一的颗粒团，直径主要在 $20\sim100mm$ 之间（见图7-5）。聚团物主要体现为两类，一类为结构坚硬，形态致密，形成青灰色的块状，标记为1；另一类为孔隙结构渣块，表面黏附有大量细小颗粒，从而在表面形成空隙，但将颗粒刮下或者将渣块切开后，发现其内部结构与第一种类型相同，为方便能谱检测制样，将其颗粒刮下来标

记为图 7-5 中点 2。

    分别对以上两个取样本进行扫描电镜检测。从图 7-5 中可以看到，渣块 1 的形态结构致密、表面少量圆形坑孔，但将其进一步放大，可以看到表面凹凸不平，近似熔渣凝聚在一起。渣块 2 的形态为细小的颗粒结构，棱角分明。

    分别对以上两种渣进行能谱分析，其结果示于表 7-1 中。

点1   点1   点2

图 7-5   床层渣块电镜形态图

表 7-1   **渣 块 能 谱 分 析 结 果**

元素	O	Ca	Si	Fe	Al	Mg	Na	K	Mn	Ti	其他
点 1	38.73	14.13	12.82	8.45	3.05	2.69	1.18	1.04	0.52	0.41	16.98
点 2	40.61	7.2	17.55	2.76	4.87	1.09	2.16	2.35	1.09	0.42	19.9

    由表 7-1 可以推测，灰渣主要由氧化钙、氧化硅、氧化铝和氧化铁所形成的化合物组成。两种渣块中均含有一定量的 K 和 Na，其中点 1 为 1‰左右，点 2 达到了 2.3‰。两个样本中含量均较高的铁含量可能是来自新建锅炉残留在炉膛内的边角料以及焊渣。

    为分析以上渣块的组成形式，采用浙江大学能源清洁利用国家重点实验室 Factsage 软件中化学热力学平衡模型（Equilib）模拟在不同温度燃烧条件下，上述元素热力稳定的化学组分和物理相，从而分析碱金属化合物在灰渣中的迁移、转化过程。流化床锅炉的正常运行温度为 800～900℃，因此计算的温度范围为 700～1000℃，总压力保持 100kPa，温度计算步长为 20℃，过量空气系数为 1.2。

    系统的化学热力学平衡分析结果如图 7-6 所示，其中 s、SLAGD、s_2 分别表示固态、氧化物熔融态、同性异构体。图 7-6 中没有给出摩尔百分比含量很微小的化合物曲线，并对某些同分异构体及氧化物熔融态进行了合并。为方便比较，将各物质的浓度转化为质量百分含量。

    从图 7-6 和图 7-7 中可以看到，第一类渣块中硅酸、铝酸以及硅铝酸形成的钙盐、镁盐〔$Ca_3Al_2Si_2O_4(s)$、$MgOCaOSiO_2(s)$、$MgOCaOSi_2O_4(s)$、$Ca_2Al_2SiO_7(s)$、$MgAl_2O_4$ (s)、$MgOCa_2O_2Si_2O_4(s)$〕为主要固相成分，同时存在少量的碱金属以硅铝酸盐或者与硅酸钙形成络合物固相物质〔$Na_2Ca_2Si_3O_9(s)$、$KAlSi_2O_6(s_2)$〕，但该部分碱金属固体产物的含量随着温度的提高逐渐减少，特别是 $Na_2Ca_2Si_3O_9(s)$ 在高于 760℃后不再出现，$KAlSi_2O_6(s_2)$ 也仅 6‰～7‰的质量含量。熔融态化合物含量则随着温度的提高大幅度增长，760℃位置发生的快速增长与 $Na_2Ca_2Si_3O_9(s)$ 的骤降对应，表明随着温度的提高，该部分碱金属固化物质发生进一步反应，向氧化物熔融态物质转化。

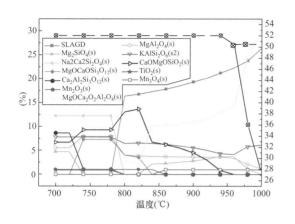 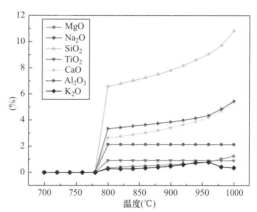

图 7-6 第一类渣块物质分布图　　　　图 7-7 第一类渣块中熔融态物质分布图

氧化物熔融态物主要包括 K_2O(SLAGD)、Na_2O(SLAGD)、SiO_2(SLAGD)、Al_2O_3(SLAGD)、CaO(SLAGD)、MgO(SLAGD) 等氧化物熔融态物质（见图 7-7）。其黏结特性将上述高熔点固相化合物黏结，导致床层的团聚。有研究认为，生物质中碱金属与石英砂、陶瓷类物质之间的黏结和团聚来源于碱金属元素通过 KCl/NaCl 析出后，与材料表面氧化硅发生如下反应得以实现

$$2KCl + nSiO_2 + H_2O(g) \longrightarrow K_2O-nSiO_2 + 2HCl(g)$$

$$Al_2Si_2O_5(OH)_4 + 2SiO_2 + 2KCl \longrightarrow 2KAlSiO_6 + H_2O + 2HCl$$

$$Al_2O_3 \cdot 2SiO_2 + 2MCl + H_2O \longrightarrow M_2O \cdot Al_2O_3 \cdot 2SiO_2 + 2HCl$$

$$M \subset \{K、Mg、Ca\}$$

随着温度升高，熔融态物质中的 SiO_2(SLAGD)、Al_2O_3(SLAGD)、CaO(SLAGD)质量含量也逐渐增长，表明本来物性稳定的硅、铝、钙氧化物与熔融物之间发生多元相反应，进入到共融化合物中，体现为 $K_2O \cdot nSiO_2$ 等物质中二氧化硅系数 n 的增加。

对第二类渣块表面黏附的细颗粒成分进行热力学计算，从图 7-8 可以看到，840℃之前该类物质未出现熔融物，在反应过程中以稳定的化合物存在。温度高于 840℃时开始出现氧化物熔融态物质，从固相物质的减少来看，主要为 $NaAlSi_3O_8$(s_2) 与 $KAlSi_2O_6$(s_2)两种物质转化到氧化物熔融态中，而且温度上升到 1000℃时，含量达到 40% 左右。

高温下形成的氧化物熔融态物与第一类渣块组成相同，主要包括 K_2O(SLAGD)、Na_2O(SLAGD)、SiO_2(SLAGD)、Al_2O_3(SLAGD)、CaO(SLAGD)、MgO(SLAGD)。如图 7-9 所示，随着温度的提高，原本稳定的化合物与碱金属类物质之间发生了共融反应，导致渣块的增长。

流化床锅炉利用燃料的灰作为床料，因此分析认为细颗粒主要为床料以及燃烧产生的灰。渣块是少量已经熔融的化合物捕抓灰颗粒等高熔点化合物，并不断累积生长而成。

三、聚团问题防止相关措施

随着现代检测测量技术的发展，以及各种新的实验方法的提出，对与生物质能源化利用过程中碱金属相关问题的研究也取得突破性进展，尤其是在微观层面的碱金属及其相关

元素迁移规律机理研究取得一定的成果；并针对生物质能源化利用过程中出现的相关问题在工程提出一些解决办法。

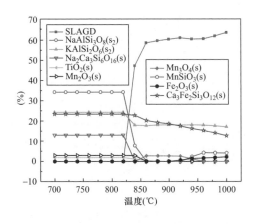

图 7-8　第二类渣块表面颗粒物质分布图　　图 7-9　第二类渣块表面颗粒熔融态物分布图

1. 优化操作条件

根据前述分析可以知道，$M_2O \cdot nSiO_2$ 低熔点化合物的形成，主要是因为燃烧过程中所形成的 KCl、K_2SO_4、K_2CO_3 等碱金属化合物与床料发生反应，所以通过减少燃烧过程中形成的 KCl、K_2SO_4、K_2CO_3 等碱金属化合物，可以有效防止生物质流化床锅炉的聚团问题。而碱金属化合物的形成与燃烧温度和燃烧时间又有密切的关系，较低的燃烧温度和较短的燃烧时间可以有效控制生物质燃烧过程中形成的碱金属化合物。因此，合理控制炉内温度、合理控制送风量可以有效防治聚团问题。

为了研究碱金属的析出规律，以甘蔗渣中的 K 为研究对象进行一系列的实验研究。通过测试甘蔗渣在不同燃烧条件下生成的灰中的 K 含量，分析 K 的析出规律。实验测试了600、700、800、900℃下，0.5g 样品分别在管式炉内燃烧 15s、30s、1min、2min、3min、5min、10min 生成的灰中 K 的含量，实验结果示于图 7-10。

从图 7-10 可以看出，K 在 500℃时在灰中的固留率较高，且 K 的析出集中在燃烧的前1min，这一阶段 K 的析出主要伴随着挥发分的析出。600℃以后，K 在前1min 内快速析出，到 5min 后基本析出完毕。这是由于温度的升高，造成燃烧更加剧烈，挥发分快速析出；同时，甘蔗渣里的 KCl 达到析出温度，以气态的形式析出。因此，防止炉膛温度过高，可以有效缓解聚团现象。

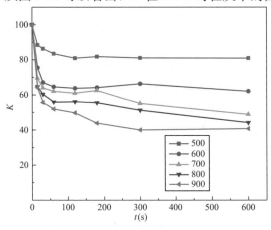

图 7-10　甘蔗渣不同燃烧条件下 K 的固留率

讲到碱金属的析出就必须研究氯元素。氯在植物的微量元素中是需要量最多的一个，一般认为植物对氯的平均需要量为 0.1%，许多植物能大量地吸收氯，在体内的累积量大大超过需要量。氯可以和碱金属形成稳定且易挥发的碱金属化合物，研究表明，往往是氯的浓度决定了挥发相中碱金属的浓度。在多数情况下，氯起输送作用，将碱金属从燃料中带出。氯是挥发性很强的物质，几乎所有的氯都会进入气相，根据化学平衡会优先于钾、钠等构成稳定但易挥发的碱金属氯化物。在 600℃以上，碱金属氯化物在高温下蒸汽压升高而进入气相是氯元素析出的一条最主要途径。除了碱金属氯化物，HCl 也是氯析出的重要形式。

2. 添加剂

减轻生物质能源化利用过程中的碱金属问题的另一种方法就是在燃料中加入添加剂。研究发现，秸秆燃烧过程中添加高岭土 $[Al_2Si_2O_2(OH)]$ 能促使高熔点的硅铝酸钾盐的形成，其反应机理为

$$Al_2Si_2O_2(OH) \longrightarrow Al_2O \cdot SiO_2 + 2H_2O$$
$$Al_2O_3 + 2SiO_2 + 2KCl + H_2O \longrightarrow 2KAlSiO_4 + 2HCl$$
$$Al_2O_3 + 4SiO_2 + 2KCl + H_2O \longrightarrow 2KAlSi_2O_6 + 2HCl$$

可见，添加高岭土可脱除较多的 KCl 气体，并生成熔点较高的硅铝酸钾，能显著降低氯化钾在沉积物中的含量。具体研究表明，在燃料中加入添加剂可使燃料中的碱金属元素与添加剂反应，进而改变灰形成的化学过程，可以抑制低熔点共晶体的形成，从而提高灰熔点和降低气态碱金属化合物的浓度，最终减少碱金属化合物在换热表面的沉积和腐蚀。

3. 更换床料

对于解决流化床燃烧中的床料聚团问题，还可以采用更换床料的方式。不同的元素对流化床内的聚团烧结的影响是不同的，因此可以选择富含聚团烧结元素的床料，提高烧结发生的温度，以保证正常流化。

目前已经测试了几种材料作为石英砂的替代床料，包括长石、白云石、菱镁矿以及氧化铁和氧化铝。例如，Saxena 等将花生壳颗粒与丙烷气体在惰性流化床中混合燃烧，床料分别为石英砂和氧化铝颗粒，石英砂的实验在 1027℃时的床层聚团和流化时失败，但采用氧化铝时未出现这个问题。如果燃烧灰分中有足够的 Fe_2O_3，聚团形成速度也将会降低，因为 Fe_2O_3 可优先同床层内的碱性化合物反应，即 $Fe_2O_3 + X_2O \rightarrow X_2 + Fe_2O_4$，形成熔点超过 1135℃的混合物，远高于运行温度，因此可防止烧结的产生。

4. 生物质的混烧

生物质混烧分为两类，一类是不同生物质之间的混烧，另一类是生物质与其他燃料之间的混烧。混烧对减缓生物质碱金属问题起着重要作用。不同生物质的元素含量千差万别，因此不同的生物质混燃可以起到减缓碱金属问题的作用，有研究表明，在中型流化床上秸秆和木材混烧可以减轻聚团的发生，但并不能完全消除。

在生物质与其他燃料混烧的研究中发现，生物质与煤的混烧使燃料中的矿物质发生了改变；由于煤的灰分主要由铁钙铝硅酸盐和微量的碱金属组成，当其和生物质混烧后，灰分中的硅酸盐可以包裹热稳定性相对较低的硫酸盐而抑制其分解、挥发，从而显著降低氯化钾在沉积物中的含量。例如，使煤灰分中含有的 Al 和 Fe 能够与玉米秸秆灰中的碱金属化合物以及低熔点共熔物发生化学反应生成高熔点物质，并且覆盖在玉米秸秆碳颗粒表面

以及石英砂颗粒表面形成隔绝层，阻止低熔点物质的生成与迁移，从而在一定程度上抑制玉米秸秆颗粒在流态化燃烧过程中出现的床料黏结现象；采用玉米秸秆与石煤混烧的方式能够控制由于流化床中纯烧玉米秸秆所造成的床料黏结。

5. 对燃料进行预处理

另外，采取措施将碱金属脱除也是一个办法。生物质中大多数碱金属元素都是水溶性的，收割后的秸秆如果仍然露天放置较长时间，利用雨水将其冲洗，或者对秸秆进行水洗或酸洗预处理，可除去秸秆中大部分的钾和氯，结渣问题会大大减轻。但是这种方式存在着很多操作上的难题，并可能增加成本。

第三节　生物质燃烧沉积问题

生物质燃烧过程中，灰分组分与烟气或者其他组分通过一种复杂的机理发生反应，形成多种气态、液态或固态的化合物，气相或液相组分在换热表面或者炉膛壁面上将形成沉积。沉积通常可以分为结渣和积灰。

结渣主要是由烟气中夹带的熔化或半熔化的灰粒（碱金属硅酸盐）接触到受热面凝结下来，并在受热面上不断生长、积聚而成，其表面往往堆积较坚硬的灰渣烧结层，且多发生在炉内辐射受热面上。

积灰则是由生物质中易挥发物质（主要是碱金属盐）在高温条件下挥发进入气相后，与烟气、飞灰一起流过烟道和受热面（主要是过热器和再热器）等设备时，通过一系列的气—固相之间的复杂的物理和化学过程以不同的形态在对流受热面上发生凝结、黏附或者沉降而形成。结渣和积灰的形成机理和分布区域很难分清，有时甚至还相互影响。如水冷壁积灰产生的灰沉积增至一定厚度，外部温度会局部升高，导致积灰表面出现结渣。同时，水冷壁结渣会导致炉膛出口烟气温度增高，从而加剧过热器和再热器积灰的程度。积灰结渣是个复杂的物理化学过程，除了与燃料本身的特性有关外，还与锅炉设计和运行条件有关。

1. 沉积的形成机理与危害

生物质燃烧过程中沉积形成的机理主要包括沉积物输送到换热面的过程及其在换热面上的黏附过程。影响沉积的因素可分为与固体颗粒有关因素（热迁移和惯性撞击）和与气体有关因素（凝结和化学反应）。

灰粒在管壁上的沉积过程是，首先由挥发性灰组分在受热面壁面上冷凝和微小颗粒的热迁移沉积共同作用形成初始沉积层，而初始沉积层中碱金属类和碱土金属类盐含量较高，并与管壁金属反应生成低熔点化合物，强化了微小颗粒与壁面的黏结；然后，较大灰粒在惯性力作用下撞击到管壁的初始沉积层上并被捕获，使渣层厚度增加，该沉积层主要由飞灰颗粒和大量冷凝盐构成，飞灰颗粒中主要为 K 和 K-Ca 硅酸盐。初始沉积层的厚度较薄，并不会对锅炉安全运行构成威胁，惯性沉积是造成积灰结渣迅速增加的主要因素。

随着沉积物的不断积累，导热性能不断减弱，造成沉积表面温度不断升高。初期的颗粒沉积是多孔疏松的，然而，随着温度的增高和滞留时间的延长，在沉积中发生了烧结和颗粒间的结合力增强现象。当沉积外层温度增高到一定程度时，外沉积将发生熔融并和小颗粒相互作用形成液态，这种液态的形成将进一步加强换热面捕获惯性力输送的灰颗粒，使沉积层厚度迅速增加。

燃烧过程中，钾元素化合物一般熔点较低，易于在换热管表面或飞灰颗粒上发生凝结。当凝结在飞灰颗粒上时，会使飞灰颗粒更具有黏性和低熔点。同时，钾还会通过与飞灰颗粒内的化合物发生进一步反应，并向颗粒内部扩散。而且，氯元素在积灰结渣中也起着重要的传输作用，有助于碱金属元素从燃料颗粒内部迁移到颗粒表面与其他物质发生化学反应，而氯元素能与灰分中的碱金属硅酸盐反应生成气态的碱金属氯化物，从而有助于碱金属元素的气化。

过热器结渣问题对电厂的经济性和安全性影响巨大，尤其是中温过热器。有的电厂平均一个多月中温过热器结渣就会堵塞烟道，必须停炉清理，受热面上形成的沉积还会对受热面产生严重的固相腐蚀。

2. 沉积问题实例分析

图 7-11 所示为湛江生物质电厂直燃流化床锅炉受热面沉积物的电镜图片，图 7-11 中方框处的能谱分析结果见表 7-2，由表 7-2 可以看出，两处元素主要为 K、Cl O 和 S，还含有一定量的 Ca、Si、Mg、AL；金属材料的成分含量较少，Fe、Ni、Cr 含量都极低。根据含量大致可以判断外壁面主要为沉积灰，由碱金属氯化物、硫化物和少量 Ca、Si、Mg 的氧化物组成。以 $R = (K + Na)/(Cl + 2SO_4)$ 摩尔比来判断腐蚀物中碱金属是否全部由 K_2SO_4（Na_2SO_4）和 KCl(NaCl) 组成。计算得到大颗粒处 R 值接近 1，碱金属主要以氯化物和硫化物方式存在，而且点

图 7-11　沉积物电镜图片

1 处仅 K、Cl 的质量含量已经达到 60%，可以判断大颗粒处主要为碱金属以氯化物的形式析出后，随烟气运动沉积在受热面上，凝结后形成的颗粒灰。沉积在金属表面上的 KCl(NaCl) 可与烟气中的 SO_2 或 SO_3 反应，生成 Cl_2 和 HCl，并对受热面产生严重的腐蚀。

表 7-2		沉积物内外壁的元素成分			质量%
元　素	外壁点 1	外壁点 2	元　素	外壁点 1	外壁点 2
K	31.02	13.89	Na	0.84	0.65
Cl	29.32	17.82	S	0.76	1.04
O	24.65	34.33	Fe	0.67	1.82
Ca	5.48	12.79	Cr	0.03	0.09
Si	3.84	3.44	Ni	0.02	0
Mg	1.83	4.92	其他元素总和	0.4	6.33
Al	1.14	2.88	碱金属/（Cl+S）摩尔比	0.95	0.67

细碎颗粒处 R 为 0.67，表明氯元素除与碱金属结合外，可能还有部分钙和铁的氯化物形式，其中铁的氯化物即为腐蚀产物。

3. 沉积问题的防治

生物质燃烧过程中，其原料成分、运行参数（炉膛温度、进风量、受热面温度）和燃料形状对沉积都有一定的影响。原料中较高的 Cl 含量能促进碱金属的流动性，易于形成碱金属氯化物，然后沉积在受热面上；炉膛温度升高，有利于碱金属从燃料中逸出，逸出的碱金属凝结在飞灰上，降低了飞灰的熔点，从而更易引起结渣问题；一定范围内，随着风量的增大，沉积量先增大后减小，在风速产生的漩涡作用下，在背风面上常出现沉积现象；在受热面沉积的初始阶段，随着温度的升高，沉积率下降，但当沉积层形成后，受热面温度对沉积的影响就大大降低；压缩成形燃料与未经处理的燃料相比，能够降低沉积率。

第四节　生物质燃烧腐蚀问题

燃烧锅炉中发生的腐蚀主要包括低温腐蚀和高温腐蚀。

低温腐蚀一般是锅炉受热面在较低温度条件下发生的腐蚀，主要由酸性的含硫和含氯气体引起。低温腐蚀主要取决于温度，电厂中一般都采取专门设计以避免低温腐蚀。

高温腐蚀相对更为复杂，主要发生于蒸汽锅炉的高温换热面上，特别是蒸发器受热面和过热器管。工程经验表明，碱金属物质在受热面上的沉积，在金属壁温较高的情况下，会出现受热面金属的快速腐蚀，严重影响生物质锅炉的安全运行。据研究，生物质灰分引起的腐蚀问题主要来源于氯和碱金属之间的相互作用。如图 7-2 和图 7-3 所示即是生物质电厂循环流化床锅炉受热面腐蚀的情况。

一、腐蚀形成原理

由于生物质种类床料所用管材等的差异，所得的沉积层结构不尽相同。而且不同组分的性质不同导致腐蚀的机理也不尽相同，但目前公认的腐蚀机理大致可分为气相腐蚀、固相腐蚀、液相腐蚀三类。

（一）气相腐蚀

由于生物质中氯元素的含量较高，气相中含有的氯气及含氯化物与受热面金属反应，加速金属合金的氧化所引起的腐蚀。在氧化性气氛中，这种现象又称做活性氧化腐蚀。由 HCl 和 Cl_2 气体引发的各种合金的高温腐蚀问题已被广泛研究。

1. 氧化性气氛时的腐蚀

在氧化性气氛中，当铁或铁合金钢暴露在高温氧化环境时，金属的外层将逐渐氧化成稳定致密的氧化膜，这层氧化膜提供了防止氧气和大多数其他气体进一步扩散至金属内部并发生反应的屏障。但是氯有穿透保护性氧化膜的能力，可通过气孔或裂缝等扩散至氧化膜与金属的交界处，与金属合金反应形成金属氯化物

$$M(s) + Cl_2(g) \longrightarrow MCl_2(s)$$

$$M(s) + 2HCl(g) \longrightarrow MCl_2(s) + H_2(g)$$

$$MCl_2(g) \longrightarrow MCl_2(s)$$

$$M \subset \{Fe;\ Cr;\ Ni\}$$

反应生成的金属氯化物的熔点一般都较低，当金属管壁温度较高时，在金属氧化膜交界处，金属氯化物有较高的蒸气压并不断地蒸发出来向外扩散至氧化膜表面，同时，氧浓度随距金属表面距离的增加而增加，从而导致氯化物被氧化成固体状的金属氧化物并沉积下来，逐步形成一层疏松的氧化层，而该氧化层对腐蚀性气体或氧气的进一步腐蚀没有保护作用，因此，氯腐蚀通常为线性的腐蚀速率。

氯化物在被氧化生成氧化物的同时还将再次生成 Cl_2，这些氯气通过疏松的氧化层再返回到金属表面，形成循环腐蚀。这个循环提供了金属连续离开金属表面朝较高氧分压侧的输送，从而导致腐蚀过程的连续进行，气体扩散通过氧化层的速率被认为是控制气相腐蚀速率的关键因素。反应如下

$$3MCl_2(g) + 2O_2(g) \longrightarrow M_3O_4(s) + 3Cl_2(g)$$

$$2MCl_2(g) + (3/2)O_2(g) \longrightarrow M_2O_3(s) + 2Cl_2(g)$$

2. 还原性气氛时的腐蚀

当锅炉燃烧组织不好，炉膛局部出现还原性气氛时，金属表面的氧化膜将不连续，此时氯气直接与金属反应，在表面上形成该金属的氯化物表层。这种表层易脱落，而且在高温下还可能因蒸发加剧腐蚀，因此还原性气氛下受热面的腐蚀特别严重。反应为

$$M(s) + Cl_2(g) \longrightarrow MCl_2(s)$$

该腐蚀的速率由金属氯化物的蒸发速率控制，并受温度的影响。在还原性气氛下，HCl 可能与 CO 和 H_2 共同作用侵蚀氧化层。研究表明，HCl 也有可能加速其他类型的气相腐蚀，例如促进损坏的氧化层的硫化作用而使 H_2S 气体到达金属表面。

3. 气态氯化钠与金属氧化膜的反应

气相中的 NaCl 与金属氧化膜接触时会发生如下反应

$$Cr_2O_3(s) + 4NaCl(g) + (5/2)\ O_2(g) \longrightarrow 2Na_2CrO_4(s,\ l) + 2Cl_2(g)$$

$$Cr(s) + 2NaCl(g) + 2O_2(g) \longrightarrow Na_2CrO_4(s,\ l) + Cl_2(g)$$

蒸汽所引起的氧化率远大于纯空气，而气相中存在时氧化层中的铬含量相比不存在气相时要高，而且反应中释放的氯气能与合金进一步反应，形成 Cr 或 Ni 的氯化物，加剧腐蚀生物质燃烧烟气中主要的碱金属氯化物为 KCl，同样为活泼的碱金属氯化物，它与金属的反应情况类似，但还缺乏系统深入的影响因素研究。

（二）固相腐蚀

一般来说，燃烧设备金属受热面的外壁温度大大低于 KCl（NaCl）的汽化温度。因此，当烟气经过受热面时，气态的 KCl（NaCl）就会凝结在金属受热面上形成沉积。这种沉积由于经历了相变过程，黏结强度较高，并伴随着严重的腐蚀。目前对沉积引发的腐蚀，在机理上还存在不同的认识。许多研究者认为，沉积物中含有的氯化物引起的腐蚀大致有以下两种基本方式：

（1）金属壁面处的沉积物汽化形成的气态含氯化物具有较高的分压，腐蚀机理与气相中类似气态氯化物的形成可能来源于碱金属氯化物的硫酸盐化作用，或是由沉积物中的氯

化物与金属壁面反应生成。

（2）沉积物中的氯化物可能形成低熔点的共熔体，从而使氧化层熔融。

1. 沉积物中碱金属硫酸盐化腐蚀

LARSEN 等发现沉积在金属表面上的 KCl（NaCl）可与烟气中的 SO_2 或 SO_3 反应，受热力学驱动力影响形成浓缩的硫酸钾，即

$$2KCl(s) + SO_2(g) + (1/2)O_2(g) + H_2O(g) \longrightarrow K_2SO_4(s) + 2HCl(g)$$
$$2KCl(s) + SO_2(g) + O_2(g) \longrightarrow K_2SO_4(s) + Cl_2(g)$$

释放出来的 HCl 扩散至金属表面形成挥发性的金属氯化物（$FeCl_2$ 或 $CrCl_2$），另外，HCl 也有可能被氧化为 Cl_2。一部分的 MCl_2（g）渗透至沉积物中 O_2 分压较大的区域，从而 MCl_2 与 O_2 反应形成金属氧化物，即

$$4MCl_2(g) + 3O_2(g) \longrightarrow 2M_2O_3(s) + 4Cl_2(g)$$
$$4MCl_2(g) + 4H_2O(g) \longrightarrow O_2(g) + 2M_2O_3(s) + 8HCl(g)$$
$$M \subset \{Fe; Cr; Ni\}$$

通过上述反应，HCl 或 Cl_2 被释放，从而再次渗透至金属表面进一步恶化腐蚀。硫酸盐化后的腐蚀机理与气相中的类似，通过该反应机理，可在气相中氯的浓度较低时，仍可在金属壁面处形成较高的氯的分压。

2. 沉积物中的氯化物与金属表面的腐蚀

相对于碱金属氯化物的硫酸盐化形成 Cl_2，SPIEGEL 等认为存在另一种方式为沉积物中的 KCl（NaCl）与金属表层的氧化膜可发生的氧化还原反应为

$$2NaCl(s,l) + (1/2)Cr_2O_3(s) + (5/4)O_2(g) \longrightarrow Na_2CrO_4(s,l) + Cl_2(g)$$
$$2NaCl(s,l) + Fe_2O_3(s) + (1/2)O_2(g) \longrightarrow Na_2Fe_2O_4(s,l) + Cl_2(g)$$

反应析出的 Cl_2，将导致 Cl_2 分压增大从而再次发生气相腐蚀，使金属氧化膜遭到破坏。

3. NaCl 与金属碳化物的反应

FUJIKAWA 等在研究沉积物中 NaCl 对高温过热器合金的腐蚀中发现，在温度超过 550℃时腐蚀速率明显加快，他们认为这与内部的渗透深度有关。而内部腐蚀与颗粒边界处的碳化物有关，研究发现，随着材料中碳含量的增加，内部的渗透程度明显加强。在温度低于 NaCl 的熔点（801℃）时，材料中含有的铬会加剧腐蚀，但会降低内部渗透腐蚀速率，可能发生的反应为

$$Cr_{23}C_6(s) + 46NaCl(g) + 52O_2(g) \longrightarrow 23Na_2CrO_4(s,l) + 6CO_2(g) + 23Cl_2(g)$$

（三）液相腐蚀

1. 液相时氯化物的腐蚀

纯氯化钾的熔点为 774℃，但它可与烟气中其他无机盐共同沉积在金属表面，形成低熔点共晶体，从而大大降低积灰的熔点。因此，一旦积灰中的 KCl 与表层或金属反应，在积灰与金属交界面能形成局部液相。这种熔融相能增加腐蚀速率，因为首先化学反应在液相中比作为固固反应时可以更快，其次液相时存在电解质或离子电荷交换，从而引发电化学腐蚀。例如 KCl 可与 $FeCl_2$ 和 $CrCl_2$ 分别形成熔点为 355℃ 和 470℃ 的共熔体，而与 $FeCl_3$ 所形成的低熔体的熔点更低至 202～220℃。

在这一过程中，沉积层中的碱金属与金属氧化物不再生成碱金属氧化物，而是生成金属氯化物，即

$$Fe_2O_3(s) + 6NaCl(s,l) \longrightarrow 2Fe_2Cl_3(g) + 3Na_2O(s,l)$$

$$Fe_2O_3(s) + 6KCl(s,l) + 3SO_2(g) + (3/2)O_2(g) \longrightarrow 2FeCl_3(s,l,g) + 3K_2SO_4(s)$$

所形成的金属氯化物与 SO_2 和 O_2 进一步反应，形成疏松的 $Fe(SO_4)_3(s)$ 表层加剧受热面腐蚀，即

$$2FeCl_3(s,l,g) + 3SO_2(g) + 3O_2(g) \longrightarrow Fe_2(SO_4)_3(s) + 3Cl_2(g)$$

此外，管道中的铬被部分氧化形成无保护性的 Cr_2O_3 层，而且合金中铬会加剧与 NaCl 有关的高温腐蚀，即

$$4Cr(s) + 3O_2(g) + MCl(s,l) \longrightarrow 2Cr_2O_3(s) + MCl(s,l)$$

2. 液相时的硫酸盐化腐蚀

沉积物中的碱金属硫酸盐与 SO_3 和铁的氧化物反应形成液态的碱金属与铁的三硫酸盐，即

$$3Na_2SO_4(s) + Fe_2O_3(s) + 3SO_3(g) \longrightarrow 2Na_3Fe(SO_4)_3(s,l)$$

$$3K_2SO_4(s) + Fe_2O_3(s) + 3SO_3(g) \longrightarrow 2K_3Fe(SO_4)_3(s,l)$$

碱金属与铁的三硫酸盐的形成需要局部较高的 SO_3 浓度，而 SO_3 由 SO_2 与沉积物中的其他物质催化氧化后形成，如 Fe_2O_3。

综合以上三种可能的腐蚀机理，需要注意的是，生物质燃烧时，烟气中氯化物浓度很低，而实际运行中腐蚀的发生大多具有区域性，即与管道表面金属氧化层的状况等有关，因此气相直接反应引起腐蚀在生物质燃烧中并不是主要矛盾。高温可使得气相和液相时的污染物含量增加，这将导致管道表面和飞灰颗粒的黏性增加，因而沉积层中的物质引发的腐蚀起着关键的影响，另外，在液相中电解质等的出现也会明显地加快腐蚀的速率。

二、生物质流化床锅炉受热面腐蚀实例分析

以某生物质电厂为例，割取一段过热器定位管（材料 SUS316、$\phi 38 \times 5mm$），收集部分管子外表面脱落的腐蚀产物，对其进行成分分析、电镜能谱检测；结合对腐蚀物进行 XRD 分析，研究受热面腐蚀的原因。

1. 腐蚀物形态分析

观察从屏式过热器定位管取下来的沉积物（见图 7-12），可发现沉积物外层疏松，内壁硬脆。为了确定腐蚀垢样的组成成分，对管外腐蚀垢样进行电镜扫描和能谱分析。

利用日立 S-3700N 扫描电子显微镜对过热器表面的腐蚀物以及水平烟道的飞灰进行形貌和元素的分析。腐蚀物靠近管壁一面坚硬平整，可以切取下来后制平面样，直接进行检测。腐蚀物外壁面结构松散易脱落，用小刀刮下来后，对粉末进

图 7-12 过热器管外腐蚀垢样

行制样，然后进行能谱分析。

图 7-13（a）所示为过热器管道腐蚀物外壁面电镜图片。

（a）   （b）   （c）

图 7-13　腐蚀物及飞灰电镜图片
（a）腐蚀物外壁面；（b）腐蚀物内壁面 （c）飞灰

大颗粒处主要为碱金属以氯化物的形式析出后，随烟气运动沉积在受热面上，凝结后形成的颗粒灰。细碎颗粒处，氯元素除与碱金属结合外，可能还有部分钙和铁的氯化物形式，其中铁的氯化物即为腐蚀产物。腐蚀物壁面元素分析见表 7-3。

表 7-3		腐蚀物壁面元素分析		质量％
元素	外壁点 1	外壁点 2	内壁面	水平烟道飞灰
K	31.02	13.89	0.8	1.28
Cl	29.32	17.82	7.47	1.48
O	24.65	34.33	13.47	41.03
Ca	5.48	12.79	0.65	25.39
Si	3.84	3.44	0.47	7.29
Mg	1.83	4.92	0.46	4.91
Al	1.14	2.88	0.39	3.83
Na	0.84	0.65	2.09	0.56
S	0.76	1.04	0.71	1.63
Fe	0.67	1.82	20.43	2.02
Cr	0.03	0.09	26.67	—
Ni	0.02	—	8.6	—
其他元素总和	0.4	6.33	17.79	10.58
R	0.95	0.67	0.43	0.39

图 7-13（b）为腐蚀物内壁面（也即锈蚀面）电镜图，由图中可以看到大小不一的晶体结构，对图中方框所示区域进行能谱分析，该腐蚀物内部主要成分为 Fe、Cr、Ni 以及 O 元素。用岛津 PDA-7000 火花光电直读光谱仪对未腐蚀的取样管段进行化学成分分析，结果见表 7-4。对比表 7-3 与表 7-4 可见，腐蚀物内壁面主要还保留为 SUS316 成分物质，但增加了碱金属、氧、氯和硫含量，其中腐蚀物中 S 含量远大于管材中含量，表明生物质物料中的硫成分参与到金属表面的腐蚀中。

表 7-4   管材化学成分分析结果

管材 \ 元素	C	Si	Mn	P	S	Cr	Ni	Mo
屏式过热器定位管	0.016	0.390	0.841	0.0365	0.0031	15.81	9.81	1.99
SUS316	≤0.08	≤1.00	≤2.00	≤0.045	≤0.030	16.00～18.00	10.00～14.00	2.00～3.00

从表 7-3 腐蚀物壁面元素分布可以看到，碱金属（K 和 Na）相比于氯元素要少得多，（K＋Na）/Cl 摩尔比大约为 0.52，氯离子当量比的提高表明，除了以碱金属氯化物存在外，还有其他形式，比如铁的氯化物。

如图 7-13（c）所示，水平烟道飞灰元素分布与腐蚀物差别较大，主要为 O 以及 Ca、Si、Mg、AL，碱金属以及氯元素含量相对较少，形态为颗粒状，根据含量大致可以判断，外壁面主要由氧化钙、氧化硅、氧化镁以及氧化铝、高熔点的硅酸盐物质组成。

2. 腐蚀物 XRD 检测

为确定腐蚀物中金属化合物种类，分别对腐蚀物的内壁以及外壁进行 XRD 物相分析（分析衍射角 2θ 为 $10°\sim90°$），去掉两端没有衍射峰部分，得到衍射图谱和主要物相结果，如图 7-14 所示。

结果显示，屏式过热器管道腐蚀物内壁面的主要化学组成为 KCl、Fe_2O_3、Fe_3O_4，即腐蚀产物。内壁面杂峰非常多，而且衍射角 2θ 为 $10°\sim20°$ 之间出现不能发生 X 射线衍射的无定形物质，形成一大块山丘形基线。结合 SEM/EDX 扫描结果，该山丘可能为铁与碱金属以及飞灰之间形成的共熔体混合物。

对腐蚀物外壁面 XRD 分析发现，其主要化学组成为 KCl、$CaSO_4$、SiO_2、$CaSiO_5$、$Ca_2Fe_2O_5$、K_2SO_4。这几种成分主要为燃烧产生的灰分，该检测结果与能谱检测出来的推测一致。

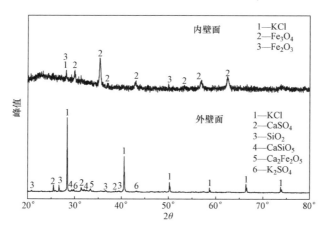

图 7-14 腐蚀物内、外壁面 XRD 分析结果

三、腐蚀问题的防治

由碱金属引起的腐蚀机理可知，炉内温度、含氯量、碱金属含量和沉积量是影响腐蚀的重要因素。在固态碱金属氧化物引起的腐蚀过程中，炉内温度的升高、沉积量的增加都

将明显增加锅炉钢材的氧化速度，因为腐蚀是一种复杂的化学过程，温度的升高将加速反应向腐蚀方向的进行；生物质中含氯量的增加会加重含氯气体引起的腐蚀，HCl 和 Cl_2 可穿过金属氧化膜与内部金属直接发生反应形成金属氯化物；同时，氯的增加促进了碱金属的流动性，加重了熔融态碱金属氯化物引起的腐蚀；温度的升高有利于碱金属从燃料中析出，也加重了这一过程。

根据沉积、高温腐蚀问题和聚团问题的原理可以知道，它们的防治措施是相似的，都可以通过优化操作条件、增加添加剂以及对燃料进行预处理来达到减缓的作用。高温腐蚀还可通过采用新的合金材料、新型的陶瓷复合涂层或减少过热器表面温度来解决。优化操作条件以及对燃料进行预处理前面已有讲述，这里不再赘述。

1. 添加剂

第一种方法是使用添加剂，通过添加剂的使用，富集燃烧中形成的钠或钾化合物灰分，降低熔融相在混合物中的比例，可提高生物质燃烧中形成的灰熔点，防止气态 KCl 的释放或者与 KCl 反应形成无腐蚀性的组分，从而减弱灰相关问题发生的风险。研究发现，Al_2O_3、CaO、MgO、白云石和高岭土等材料在一定范围内能够提高灰熔点，例如 Wilen 等发现燕麦秸秆中添加 3%（质量分数）的高岭土将灰分的变形温度从 770 ℃ 提高到 1200～1280℃。高岭土可以通过化学作用和物理吸附降低烟气中的氯化钾和氢氧化钾。同时，白云石、CaO 等添加剂还可以起到增强锅炉燃烧效率并减少一氧化碳、碳氢化合物、颗粒物、NO_x 和 SO_2 排放等作用。

煤灰也可以作为一种添加剂，在秸秆与燃煤的混烧中发现，煤灰对于秸秆中的 K 具有明显的捕捉作用。当锅炉中燃煤与秸秆混烧时，灰分含量更高的化石燃料燃烧可以减少灰分中钾或钠的浓度，例如将大约含灰 40% 的燃煤与咖啡壳混合，能够将燃料灰分中的钾浓度从 43.8% 降低到 13.5%，这样混合燃烧中灰分沉积和腐蚀问题的严重性将大为降低。

2. 新型材料或涂层的使用

第二个方法是采用能抗氯腐蚀的新型合金或陶瓷层，特别是对于现代大规模生物质炉排锅炉。针对秸秆燃烧锅炉高温腐蚀的风险，国外曾进行了大量的研发项目，测试了多种不同材料的抗腐蚀性能和寿命。例如，丹麦在超过 10 年以上的测试和经验表明，TP347 和过热器的特殊设计可以实现较低的腐蚀速度。一种新型的陶瓷复合涂层在防止腐蚀方面非常有效，并已在多个锅炉项目中进行了应用。

3. 减低受热面表面温度

第三个方法是采取措施，保持表面温度处于较低水平。新型的生物质锅炉大多采用高蒸汽参数以获得高的电厂效率，而随着蒸汽温度的提高高温腐蚀的风险也提高了。因此，农业废弃物燃烧锅炉通常应保持主燃烧温度低 900℃ 左右的水平，以减少结渣和熔融团聚物的形成，可以通过水冷壁或烟气再循环等方式来实现。同时，锅炉内部构件设计应进行专门考虑。尽量避免热烟气中含有的低熔点颗粒物同高温表面的接触，例如通过过热器合理布置以减少颗粒累积的可能性。

第八章

生物质燃烧污染物排放与控制

本章所研究的生物质燃烧污染物主要是 NO_x 和 SO_x，一般情况下，由于生物质燃料所含硫量均比较低，所检测的生物质燃烧的 SO_x 排放量均非常低，几乎没有或者仅有少量，完全符合环保部门对 SO_x 排放的要求，故本章主要以 NO_x 作为重点进行阐述。

第一节 氮氧化物危害

氮氧化物是大气中主要的气态污染物之一，其包括多种化合物，主要包括氧化亚氮（N_2O）、一氧化氮（NO）、二氧化氮（NO_2）、三氧化二氮（N_2O_3）、四氧化二氮（N_2O_4）和五氧化二氮（N_2O_5）等。大气中存在的含量比较高的氮氧化物主要包括 NO 和 NO_2，故在本书中的氮氧化物 NO_x 指 NO 和 NO_2，有特殊说明的除外。

生物质燃料本身氮元素含量较低，生物质燃烧时排放的氮氧化物主要来源于自身所含的氮元素，而矿物燃料燃烧时排放的氮氧化物有很大一部分来源于空气中的氮，所以总体来看，生物质要比石油或煤等矿物燃料燃烧排放的 NO_x 要低。但目前生物质燃烧造成的大气污染也不容忽视。根据欧洲现行的技术标准191，当秸秆、谷物、草类生物质的 N 元素含量达到 0.6%，在现代化燃烧设备上使用就会出现 NO_x 排放超标问题。

1. 氮氧化物对人体的影响

NO 通过人体的气管、肺部进入血液中，和红血球反应把血红蛋白变成正铁血红蛋白而对血液毒害，同时也作用于中枢神经从而产生麻痹作用，引起痉挛、运动失滑。NO_2 是赤褐色剧毒性的氧化剂，其性质比较稳定，毒性是 NO 的 $4\sim5$ 倍。另外，NO_2 参与光化学烟雾的形成（以 NO_2 为主，同时含有 NO），有时烟雾性气体中还含有亚硝酸、硝酸之类其毒性更强。

2. 氮氧化物对植物的影响

大气中的氮氧化物对植物的损害非常大，NO_x 能抑制植物的光合作用，植物叶片气孔吸收溶解 NO_2，将会造成叶脉坏死，从而影响植物的生长和发育，使其产量降低、品质变差，而且随着污染物质的扩散可危及广大地区。

NO_x 在大气中可形成 HNO_3 和硝酸盐细颗粒物，当 HNO_x、SO_x 与粉尘共存，可生成毒性更大的硝酸或硝酸盐气溶胶，形成酸雨，发生远距离传输，从而加速区域性酸雨的恶化。

3. 氮氧化物对气候的影响

当 N_2O 迁移到平流层时，它转换为 NO 与臭氧发生反应，产生 NO_2 和 O_2。NO_2 又重新与 O 反应生成 NO，从而导致臭氧层减少，使较多的紫外线辐射到地球表面。研究表明，皮肤癌，免疫系统的抑制，暴雨、水中和陆上生物系统的损害及聚合物的破坏均可能与臭氧层的破坏有关。

同时，N_2O 和 CO_2 一样，会引起温室效应，从而使地球气温上升，造成全球气候异常，给人类带来灾难性的后果。

第二节 氮氧化物生成机理

生物质燃烧产生的 NO_x 主要是由燃料中的 N 元素氧化生成，既有气相反应生成，也有固相反应生成。也可能有少量的 NO_x 是在某些特定条件下由空气中的 N 元素形成的。但在大部分生物质燃烧设备中，通过这种方式形成的 NO_x 生成量都非常少。NO_x 的生成极其复杂，在实际处理过程中一般把 NO_x 的生成分成热力型 NO_x、快速型 NO_x 和燃料型 NO_x 三大类。生物质燃烧产生的 NO_x 主要是来源于燃料型 NO_x，但也有少量会来源于热力型和快速型，故下面主要介绍燃料型 NO_x 的生成机理，另外，对热力型和快速型 NO_x 的生成机理也作相应介绍。

1. 燃料型 NO_x

燃料型 NO_x 的生成机理非常复杂，虽然多年来世界各国许多学者为了弄清其生成和破坏的机理已进行了大量的理论和试验研究工作，但是对这一问题至今仍不是完全清楚。这是因为燃料型 NO_x 的生成和破坏过程不仅和燃料特性、结构、燃料中的氮受热分解后在挥发分和焦炭的比例、成分和分布有关，而且大量的反应过程还和燃烧条件如温度和氧及各种成分的浓度等密切相关。总结近年来的研究工作，燃料型 NO_x 的生成机理，大致有以下规律：

（1）在一般的燃烧条件下，燃料中的氮有机物首先被分解成氰（HCN）、氨（NH_3）和 CN 等中间产物，它们随挥发分一起从燃料中析出，称为挥发分 N。挥发分 N 析出后仍残留在焦炭中的氮有机物，称为焦炭 N。

（2）挥发分 N 中最主要的氮化合物是 HCN 和 NH_3。在挥发分 N 中，HCN 和 NH_3 所占的比例不仅取决于燃料种类及其挥发分的性质，而且与氮和碳氢化合物的结合状态等化学性质有关，同时还与燃烧条件如温度等有关。

（3）挥发分中的 HCN 氧化成 NCO 后，可能有两条反应途径，取决于 NCO 进一步遇到的反应条件。在氧化气氛中，NCO 会进一步氧化成 NO，如遇到还原气氛，则 NCO 会反应生成 NH，此时 NH 在氧化气氛中会进一步氧化成 NO，成为 NO 的生成源。同时，又能与已生成的 NO 进行还原反应，使 NO 还原成 N_2，成为 NO 的还原剂，由此可见，燃料型 NO_x 的反应机理比热力型 NO_x 的复杂得多。

（4）NH_3 可能作为 NO 的生成源，也可能成为 NO 的还原剂。

（5）在通常的燃烧温度下，燃料型 NO_x 主要来自挥发分 N。燃烧时由挥发分生成的 NO_x 占燃料型 NO_x 的 60%～80%，由焦炭 N 所生成的 NO_x 占到 20%～40%。焦炭 N 的析出情况比较复杂，这与氮在焦炭中 N-C、N-H 之间的结合状态有关。有人认为，焦炭 N 是通过焦炭表面多相氧化反应直接生成 NO_x。也有人认为焦炭 N 和挥发分 N 一样，首先以 HCN 和 CN 的形式析出后，再和挥发分 NO_x 的生成途径一样氧化为 NO_x。但研究表明，在氧化性气氛中，随着过量空气的增加，挥发分 NO_x 迅速增加，明显超过焦炭 NO_x，而焦炭 NO_x 的增加则较少。

（6）从燃料型 NO_x 的生成和破坏机理可以看出，并不是全部燃料中的氮在燃烧过程中都会生成 NO_x。在氧化性气氛中生成的 NO_x 当遇到还原性气氛（富燃料燃烧或缺氧状态）时，会还原成氮分子（N_2），这时称为 NO_x 的还原或 NO_x 的破坏。燃料型 NO_x 的生成和破坏过程十分复杂，它有多种可能的反应途径和众多的反应方程式。据相关文献介绍，至今至少已发现了 251 种与 NO_x 生成和破坏过程有关的反应方程式。

燃料型 NO_x 的影响因素较多，主要有以下几种：

（1）温度。随着燃烧温度的升高，燃料氮转化率不断地升高，但这里的温度是指在某一温度区间，当超过这个温度区间时，再增加燃烧温度，其燃料型 NO_x 的氮转化率只有少量的升高。

（2）过量空气系数。随着过量空气系数的降低，燃料型 NO_x 的生成量一直下降，尤其当过量空气系数小于 1.0 时，其生成量和转化率急剧降低。

（3）燃料氮含量。总体而言，燃料氮的含量越高，其燃料型 NO_x 的排放量越高，但此时的转化率则是下降的。即使燃料中含氮量相同，但不同的氮存在形式，其生成的燃料型 NO_x 的量可能会有一定的差别，特别是在不同的燃烧形式下更是如此。

（4）流化床床料。床料中的金属氧化物均有利于降低 N_2O，就其降低 N_2O 的能力而言，存在如下的顺序（从强到弱）：$Fe_3O_4 > Fe_2O_3 > CaO > MgO > Al_2O_3 > CaSO_4 > MgSO_4 > SiO_2$。

2. 热力型 NO_x

热力型 NO_x 是指导燃烧用空气中的 N_2 在高温下氧化而生成的氮氧化物。热力型 NO_x 的生成机理是由苏联科学家捷里道维奇（Zeldovich）提出的，因而称为捷里道维奇机理。按这一机理，空气中的 N_2 在高温下氧化，是通过如下一组不分支连锁反应进行的，即

$$N_2 + O \Longleftrightarrow N + NO$$

$$O_2 + N \Longleftrightarrow O + NO$$

试验表明，在常规燃煤温度下（1200～1500℃）所产生的 NO_x 中，NO 占 90% 以上，NO_2 只占 5%～10%；在燃烧温度低于 1500℃ 时，NO_x 的生成量很少，只有当温度高于 1500℃ 时，NO_x 的生成反应才变得明显起来，且随着温度的升高，NO_x 的生成速度按指数规律迅速增加。因此，减少热力型 NO_x 的根本措施就是降低燃烧温度。

在实际燃烧过程中，由于燃烧室内的温度分布是不均匀的，如果有局部的高温区，则在这些区域会生成较多的 NO_x，它可能会对整个燃烧室内的 NO_x 生成起关键性的作用，

在实际过程中应尽量避免局部高温区的生成。

由于生物质燃烧过程的温度较少会处于 1500℃ 以上的高温区，故热力型 NO_x 不是生物质燃烧所排放 NO_x 的主要途径。

对于热力型 NO_x 的控制，主要针对各种主要影响因素入手。

（1）温度。温度是热力型 NO_x 的主要影响因素，故热力型 NO_x 又称为温度型 NO_x，这从捷里道维奇对 NO_x 生成速率研究的计算公式中可以明显看出。因此，降低燃烧过程的温度水平，可以明显降低热力型 NO_x 的排放。

（2）过量空气系数。过量空气系数也是热力型 NO_x 的主要影响因素。通过实验可知，热力型 NO_x 生成量与氧浓度的平方根成正比，即氧浓度量减小时，在较高的温度区内会使氧分子分解所得到的氧原子浓度减小，使热力型 NO_x 的生成量减小。

（3）停留时间。停留时间对热力型 NO_x 的影响较大，当停留时间足够时，NO_x 的生成达到化学平衡浓度，NO_x 生成量迅速增加。因此，可以通过缩短在高温区的停留时间来降低热力型 NO_x 的生成量。

3. 快速型 NO_x

快速型 NO_x 主要是指燃烧时空气中氮和燃料中的碳氢化合物反应生成 NO_x。快速型 NO_x 是产生于燃烧时 CH_i 类原子团较多、氧气浓度相对较低的富燃料燃烧的情况，对温度的依赖性很弱。一般情况下，对不含氮的碳氢燃料在较低温度燃烧时，才需要重点考虑快速型 NO_x。因为当燃烧温度超过 1500℃ 时，热力型 NO_x 将起主导作用。

快速型 NO_x 是费尼莫尔（Fenimore）在 1971 年通过实验发现的，即碳氢化燃料在富燃料燃烧时，反应区附近会快速生成 NO_x。燃料燃烧时产生的烃（CH、CH_2、CH_3 及 C_2）离子团撞击燃烧空气中的 N_2 生成 HCN、CN，再与火焰中产生的大量 O、OH 反应生成 NCO，NCO 又被进一步氧化成 NO。此外，火焰中 HCN 浓度很高时存在大量氨化合物（NH_i），这些氨化合物与氧原子等快速反应生成 NO。其反应过程如下

$$CH + N_2 \Longleftrightarrow HCN + NH$$
$$CH_2 + N_2 \Longleftrightarrow HCN + NH$$
$$C_2 + N_2 \Longleftrightarrow 2CN$$
$$HCN + OH \Longleftrightarrow CN + H_2O$$
$$CN + O_2 \Longleftrightarrow CO + NO$$
$$CN + O \Longleftrightarrow CO + N$$
$$NH + OH \Longleftrightarrow N + H_2O$$
$$NH + O \Longleftrightarrow NO + H$$
$$N + OH \Longleftrightarrow NO + H$$
$$N + O_2 \Longleftrightarrow NO + O$$

温度对快速型 NO_x 的影响不大，只要达到一定的温度，快速型 NO_x 即开始反应生成，其生成量的多少主要取决于过量空气系数。

过量空气系数对快速型 NO_x 的生成影响非常显著，但不是随着过量空气系数越大，其生成量就越多，而是在某一个过量空气系数下，其快速型 NO_x 的生成量达到一个最大

值，而在其他的过量空气系数下均少于这一最大生成量。而且在改变过量空气系数时，还要考虑到过量空气系数对热力型 NO_x 的生成量影响，故优化过量空气系数时，需要综合考虑多种因素。

燃料种类对快速型 NO_x 的影响也是非常大的。燃料一般可分成含氮燃料、碳氢燃料和非碳氢类燃料。对于含氮燃料除考虑热力型 NO_x 外，还需要考虑燃料型 NO_x 的生成；而对于烃类燃料，所生成的 NO 的数量较多，必须考虑快速型 NO_x 的生成；对于非碳氢类燃料，则仅考虑热力型 NO_x 即可。

第三节 氮氧化物的排放特性

一、实验原料

实验用的材料取自广东省湛江生物质发电厂，有桉树树皮、桉树碎木板、甘蔗渣和甘蔗叶等，样品均破碎 80 目以上，并用干燥箱在 95℃下干燥 2h，然后取出置于干燥皿中备用。为了解生物质的基本特性，对实验用品进行了工业分析及元素分析。由于我国还没有建立有关生物质的分析测试标准，这里所有的工业分析均采用美国材料与试验协会（ASTM）的生物质分析标准，其工业分析结果见表 8-1。元素分析见表 8-2。

表 8-1　　　　　　　　　四种生物质的工业分析

生物质	水分 M_{ad}	灰分 A_{ad}	挥发分 V_{ad}	固定碳 FC_{ad}
树皮	10.06	11.20	63.00	14.39
碎木板	11.19	3.79	68.35	16.68
甘蔗叶	9.62	4.91	70.44	15.03
甘蔗渣	10.37	2.63	72.60	14.39

表 8-2　　　　　　　　　四种生物质的元素分析

生物质	C_{ad}	H_{ad}	O_{ad}	N_{ad}	S_{ad}
树皮	42.26	5.898	35.43	0.898	0.418
碎木板	47.24	6.613	42.33	0.742	0.499
甘蔗叶	44.66	6.563	38.35	0.817	0.542
甘蔗渣	41.48	6.288	38.033	0.693	0.506

二、实验装置

1. 恒温燃烧实验装置与方案

该实验装置主体是 SK3-2-12K 开启式节能管式炉，内置刚玉反应器（外径 70mm，壁厚 4mm，长度 1000mm），炉膛内径 80mm。实验装置如图 8-1 所示。

生物质恒温燃烧实验是对定温条件下的生物质燃烧特性进行研究，分析燃料的可燃组分的燃烧规律。预定温度为 500、600、700、800℃，燃烧时间设定为 0～10min。在预设的温度下，样品燃烧一定的时间后，把磁舟放在通氮冷却箱中冷却至室温后称量，并收集其残留物留做工业分析。

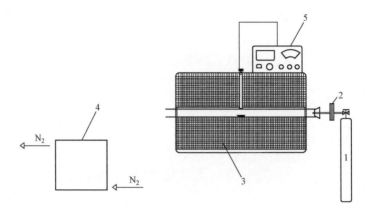

图 8-1　恒温燃烧实验装置

1—干燥空气瓶；2—流量计；3—管式炉；4—通氮冷却箱；5—温度控制器

2. 烟气分析实验装置与方案

烟气分析实验装置如图 8-2 所示，是在控温管式炉中进行，而在管式炉的排烟部分加装一个冷凝装置和一个 testo350pro 烟气分析仪。实验以干燥空气为载气，流量为 $0.08m^3/h$。管式炉达到预定温度后，物料在炉内中心燃烧，在线读取烟气中 NO_x 的数据，读取时间间隔为 1s，测量数据由计算机实时记录。

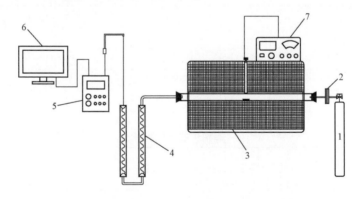

图 8-2　烟气分析实验装置

1—干燥空气瓶；2—流量计；3—管式炉；4—冷凝管；5—烟气分析仪；6—电脑；7—温度控制器

通过烟气分析实验是针对生物质燃烧污染物排放特性的研究试验。预定温度也为 700、800、900℃，每个温度多次做平行实验。

三、氮氧化物排放特性分析

1. 燃料种类

甘蔗叶、碎木板、树皮和甘蔗渣等 4 种生物质在 900℃燃烧过程中 NO_x 污染物排放特性，每次实验样品质量为 0.200g，干燥空气的流量为 $0.1m^3/L$。

由图 8-3 可知，4 种生物质燃料在燃烧过程中 NO_x 污染物排放规律相似，均表现为：在实验开始的 0～25s（第一阶段）内以较大量的浓度排放随即下降，25～50s（第二阶段）

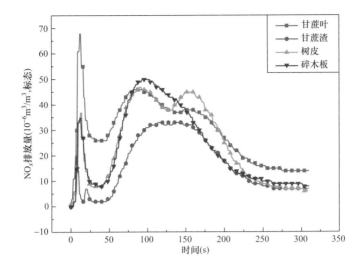

图 8-3　在 900℃时不同燃料燃烧过程中 NO$_x$ 污染物排放特性

内则在较低浓度开始重新增大 NO$_x$ 污染物的排放，50～250s（第三阶段）内则以一个较大数值持续排放，之后（第四阶段）再逐渐减小。

但每种生物质燃料的特性均有一定的差异。其中，甘蔗叶在第一阶段的表现是 4 种生物质燃料中最好，主要是因为甘蔗叶的挥发分非常高，且含氮量也较高，即此时 NO$_x$ 的排放水平取决于挥发分型 NO$_x$，故在第一阶段，甘蔗叶在挥发分中产生大量的 NO$_x$。

甘蔗渣的含氮量在 4 种生物质燃料中最低，故由图 8-3 可明显看出，其 NO$_x$ 的整体排放水平最小。

树皮和碎木板的挥发分相比于甘蔗叶和甘蔗渣较低，故它们在前面的第一阶段所排放的 NO$_x$ 较少，而由于这两种生物质燃料的固定碳和氮含量的综合水平较其他两种燃料优，即此时 NO$_x$ 的排放水平取决于焦炭型 NO$_x$，故这两种燃料在第三阶段所排放的 NO$_x$ 最多，且总体来看，这两种燃料的 NO$_x$ 整体排放水平较高。

由此可看出，挥发分型 NO$_x$ 主要在燃烧的第一阶段排放，而焦炭型 NO$_x$ 则主要在燃烧的第三阶段排放。因此，在对 NO$_x$ 排放控制时，需要根据不同的燃料类型和性质进行不同的控制策略，对于挥发分和含氮量多的燃料，需要在燃烧的第一阶段进行有效的控制；而固定碳和氮含量较多的燃料则需要在燃烧的第三阶段进行有效的控制。

2. 燃烧温度

甘蔗叶、碎木板、树皮和甘蔗渣等 4 种生物质在 700～900℃燃烧过程中 NO$_x$ 污染物排放特性，每次实验样品质量为 0.200g，干燥空气的流量为 0.1m^3/L。

由图 8-4 可知，对于甘蔗叶，在所研究的温度范围内，燃烧过程中所产生的 NO$_x$ 随着温度的升高而增加，而且趋势明显，特别是在燃烧过程中的第一阶段最显著。在燃烧过程的第三阶段，有双峰出现，说明此时的挥发分型与焦炭型 NO$_x$ 在不同的时间段内排放。

由图 8-5 可知，对于甘蔗渣，在所研究的温度范围内，燃烧过程中所产生的 NO$_x$ 随着温度的变化而变化，但不是成正比的规律，而是在某一个温度达到最大值。实验得出的结论是，在燃烧温度为 700℃的 NO$_x$ 排放量远大于其他两个温度，而且甘蔗渣在燃烧过程的

第一阶段所排放的 NO_x 不明显，这一结论与上一小节得出的结论类似，这里不再详细说明。在燃烧的第三阶段，不像甘蔗叶出现双峰的现象，说明此时的挥发分型和焦炭型 NO_x 集中在同一时间段内排放，或者挥发分型 NO_x 几乎没有。

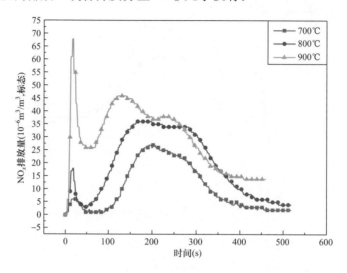

图 8-4　在不同温度时甘蔗叶燃烧过程中 NO_x 污染物排放特性

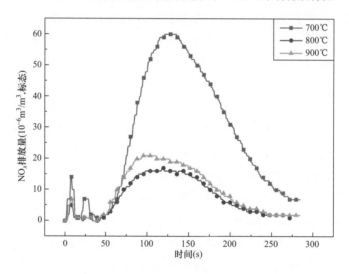

图 8-5　在不同温度时甘蔗渣燃烧过程中 NO_x 污染物排放特性

　　由图 8-6 可知，对于树皮，在所研究的温度范围内，燃烧过程中所产生的 NO_x 随着温度的升高而增加，但趋势不再像甘蔗叶那样明显，特别是在燃烧过程中的第一阶段和第三阶段较相近。在燃烧过程的第三阶段，有双峰出现，说明此时的挥发分型与焦炭型 NO_x 在不同的时间段内排放。

　　由图 8-7 可知，对于碎木板，在所研究的温度范围内，燃烧过程中所产生的 NO_x 随着温度的变化而变化，但不是成正比的规律，而是在某一个温度达到最大值，实验得出的结论是在燃烧温度为 800℃的 NO_x 排放量远大于其他两个温度，而且甘蔗渣在燃烧过程的第一阶段所排放的 NO_x 不明显，在燃烧的第三阶段，没有出现双峰的现象，说明此时的挥

发分型和焦炭型 NO_x 集中在同一时间段内排放，或者挥发分型 NO_x 几乎没有。

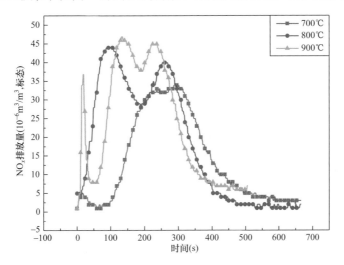

图 8-6　在不同温度时树皮燃烧过程中 NO_x 污染物排放特性

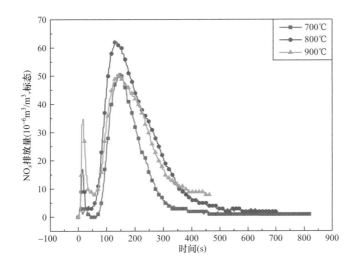

图 8-7　在不同温度时碎木板燃烧过程中 NO_x 污染物排放特性

第四节　氮氧化物的控制技术

现在国内外主流的生物质燃烧脱硝技术主要是生物质直接再燃脱硝技术。直接再燃是对未经热化学处理（热解、气化）的生物质进行干燥、粉碎后直接作为二次燃料，利用直接再燃技术一般可以取得 $50\%\sim70\%$ 的脱硝效率。先进再燃技术结合再燃和 SNCR 技术，脱硝效率高达 90% 左右；第二代先进再燃技术通过加入添加剂催化还原 NO，效率可以达到 95%，具有良好的技术优势和发展前景。

影响再燃脱硝效果的因素有很多，包括再燃燃料种类、再燃燃料比例、再燃区过量空气系数、氨氮比等因素。

再燃燃料的种类关系到实现难度、运行经济性以及脱硝效率的高低，是其中最为关键的因素。如要取得良好的脱硝效果，再燃燃料的选取应优先满足以下原则：

（1）再燃燃料应含有高挥发分。

（2）再燃区的停留时间要足够长。

（3）优化再燃区的混合条件。

（4）如采用固体燃料，燃料的粒度应较细。

从再燃技术原理可知，在再燃区内的还原性气氛中，最有利于 NO 还原的成分是烃根（CH_i），因此，选择二次燃料时应采用能在燃烧时产生大量烃根而不含氮类的物质。

随着环保部门对污染物排放标准的要求越来越严格，生物质燃烧电厂也应参考其他技术成熟或者有应用前景的脱硝方式。

1. 烟气再循环

将部分低温烟气直接送入炉内，或与空气（一次风或二次风）混合后送入炉内。因烟气吸热和稀释了氧浓度，使燃烧速度和炉内温度降低，因而热力 NO_x 减少。因此，烟气再循环法特别适用于燃用含氮量少的燃料。对于燃气锅炉，NO_x 降低最显著，可减少 20%～70%；对于燃油和燃煤锅炉，效果要差些。燃用重油时，NO_x 减少 10%～50%，液态排渣煤粉炉降低 10%～25%，固态排渣煤粉炉 NO_x 的降低量在 15% 以下。在燃用着火困难的煤时，受到炉温降低和燃烧稳定性降低的限制，故不宜采用。

采用燃料分级燃烧时，烟气再循环一般用于输送二次燃料。烟气再循环的缺点是由于大量烟气流过炉膛，缩短了烟气在炉内的停留时间。此外，电耗增加从而影响经济性。

2. 低氧燃烧

低氧燃烧是在炉内总体过量空气系数较低的工况下运行。

对于每一个具体的锅炉，过量空气系数对 NO_x 的影响不尽相同，因而在采用低氧燃烧时，NO_x 降低的程度也不相同。

实际锅炉采用低氧燃烧法时，不仅降低 NO_x，而且锅炉排烟热损失减少，对提高锅炉热效率有利；但是，CO、C_nH_m 和烟黑等有害物质也相应增加，飞灰中可燃物质也可能增加，使燃烧效率降低。因此在确定低过量空气系数范围时，必须兼顾燃烧效率，锅炉效率较高和 NO_x 等有害物质最少的要求。

组织低氧燃烧时，必须组织好炉内的空气动力场，使燃料和空气均匀分配，充分混合，若锅炉运行中保证排烟过量空气系数在 1.25～1.30 左右，则 CO 浓度也不会太高，NO_x 排放也较低。

3. 燃料分级燃烧

燃料分级，也称为再燃烧或炉内 NO_x 还原，是把燃料分成两股或多股燃料流，这些燃料流将进入后面有燃尽区的三个燃烧区。将炉膛内燃烧过程设计成主燃烧区、再燃还原区及完全燃烧区三个区域。在主燃区送入大部分燃料，主燃烧区的上部（火焰的下游）喷入二次燃料进行再燃烧并形成还原性气氛，在高温和还原性气氛下产生碳氢基团，将主燃烧区生成的 NO_x 还原成分子 N_2 及中间产物 HCN、CN、NH_i 等基团。在第三区送入燃烧所需其余空气，完成燃尽过程，以此实现燃料和空气分级燃烧的技术。

4. 空气分级燃烧

空气分级燃烧控制 NO_x 排放是几乎所有的燃烧方式均采用的技术，其基本的设想是希望避开温度过高及过量空气系数在 NO_x 生成区处于较高的区域，从而降低 NO_x 的生成。

将燃烧用的空气分两阶段送入，首先，将理论空气量的一定比例从燃烧器送入，使燃料在先缺氧后富氧的条件下燃烧，燃料燃烧速度和燃烧温度降低，燃烧生成 CO；而且燃料中氮将分解成大量的 HN、HCN、CN、NH_3 和 NH_2 等，它们相互复合，或将已有的 NO_x 还原分解，因而抑制了燃料 NO_x 的生成。然后，将燃烧用空气的剩下部分以二次风形式送入，使燃料进入空气过量区域（作为第二级）燃尽，虽然此时空气量多，但因为火焰温度较低，所以，在第二级内也不会生成较多的 NO_x，因而总的 NO_x 生成量是降低的。

5. 干法烟气脱硝

（1）选择性催化还原法（SCR）。SCR 法采用 NH_3 作为还原剂，将 NO_x 还原成 N_2。NH_3 选择性地只与 NO 反应，而不与烟气中的 O_2 反应，O_2 又能促进 NH_3 与 NO 的反应。氨和烟气一起通过催化剂床，并与 NO_x 反应生成 N_2 和水蒸气。通过使用恰当的催化剂，上述反应可以在 $250\sim450℃$ 范围内进行，在 NH_3/NO 摩尔比为 1 的条件下，脱硝率可达 $80\%\sim90\%$。SCR 技术是目前国际上应用最为广泛的烟气脱硝技术，与其他技术相比，SCR 技术没有副产物、不形成二次污染、装置结构简单、技术成熟、脱硝效率高、运行可靠、便于维护，是工程上应用最多的烟气脱硝技术，脱硝效率可达 90%。催化剂失效和尾气中残留 NH_3 是 SCR 系统存在的两大关键问题，因此，探究更好的催化剂是今后研究的重点。

（2）催化直接分解 NO_x 法。从净化 NO_x 的观点来看，最好的方法是将 NO_x 直接分解成 N_2 和 O_2，这在热力学上是可行的。迄今为止，得到广泛研究的催化体系有贵金属、金属氧化物、钙钛矿型复合氧化物以及金属离子交换分子筛等。有些催化剂的分解效率高但不能持久，主要是因为 NO_x 分解后产生的氧不易从载体上脱除造成催化剂中毒。因此，寻找一种适合技术、经济要求的催化剂还需做大量的研究工作。

6. 湿法烟气脱硝

湿法烟气脱硝技术按吸收剂的种类可分为水氧化吸收法、酸吸收法、碱液吸收法、氧化吸收法、液相还原吸收法、液相络合吸收法、液膜法等。吸收法是中小型企业广泛采用的 NO_x 处理技术。这几种湿法脱硝虽然效率很高，但系统复杂，而且用水量大并会产生水污染，因此，在燃煤锅炉上很少被采用。湿法中只有络合吸收法比较适合于电厂烟气脱 NO_x，然而这种方法还处于试验阶段，距大型工业应用还有一定的距离。

湿式络合吸收法的原理是利用一些金属螯合物，像 $Fe(E)\cdot EDTA$ 等可与溶解的 NO_x 迅速发生反应形成络合物。因此，在传统的在湿法工艺中加入金属螯合物作为添加剂，使其在吸收 SO_2 的同时，也能吸收 NO_x。湿式络合吸收法目前仍处于试验阶段，SO_2 和 NO_x 的脱除率较高。但螯合物的循环利用比较困难，在反应中螯合物会有损失，利用率低，造成运行费用很高。

7. 微生物法

微生物法的原理是：适宜的脱氮菌在有外加碳源的情况下，以 NO_x 为氮源，将其还原为无害的 N_2，而脱氮菌本身得到繁殖。与一般的有机废气处理不同，用生物法直接处理烟气中的 NO_x，存在明显的缺点。主要原因是：由于烟气量很大，且烟气中 NO_x 主要以 NO 的形式存在，而 NO 又基本不溶于水，无法进入到液相介质中，难以被微生物转化；另外，微生物的表面吸附能力较差，使得 NO 的实际净化率很低。因此，直接用生物法处理烟气中 NO_x 很难有实际应用前景。采用生物法吸收处理 NO_x 是近年来研究的热点之一，但这种方法目前还不成熟，要用于工业实践还需做大量的研究工作。

8. 非热平衡等离子法

在烟气脱除 NO_x 的诸多新方法中，非热平衡等离子氮氧化物控制被认为是最理想的途径之一。非热平衡等离子是由电子、离子、自由基和中性粒子组成的导电性流体，整体保持电中性；在热力学方面其主要特性是热的非平衡性，即在非热平衡等离子体中，电子运动温度一般高达数万度，而其他粒子和整个系统温度却接近排烟烟气温度。因此非热平衡等离子体是具有较低工作温度和极高电子温度的统一体。

非热平衡等离子在气体污染物治理方面具有光明前景，原因是高能电子会与气体中污染物分子或背景气体分子相撞击，使气体分子离解或电离，从而产生出活性分子和自由基。这些活性分子和自由基会与氮氧化物等气体污染物发生氧化或还原反应，达到去除气体污染物的目的。同时，由于整个系统温度接近排烟烟气温度，主要能量用于增加电子温度而不是烟气温度，避免了工艺上烟气再热，节约了能量。

第九章

大型生物质流化床实验装置及热态实验

第一节 生物质流化床装置

一、概述

循环流化床是燃烧生物质废料的最佳选择，在流化床中，床料具有很高的热容量，可给生物质废料提供充分的预热及干燥热源，对水分达 50％左右的燃料，可以稳定地着火燃烧，由于灰分低，燃尽的残留物不足以形成床料，因此需采用细砂做媒体床料，以保证形成稳定的密相区料层。然而由于生物质中碱金属和氯含量较高，容易造成循环流化床在运行中造成床料黏结抱团导致流化恶化，同时释放到烟气中的 HCl 和存在飞灰中的氯都会对水冷壁、过热器和再热器造成腐蚀，对生物质流化床的运行带来不利影响。目前对生物质 HCl 在实际中的释放规律及添加剂对其的作用效果仍不清楚。

国内外大多学者只在小型实验装置进行研究，这与现场实际运行复杂的工况很难达到较好的吻合效果。故根据实际运行生物质流化床尺寸搭建大型实验装置对其进行研究很有必要。在生物质实验装置架上能够做到现场无法做到的实验，如改变不同风量、添加不同的添加剂等，更好地了解生物质在流化床运行过程中气体的排放特性和飞灰成分的变化。搭建实验装置进行相关的实验研究并为现场运行提供借鉴和指导意义具有重要意义。

该实验装置主要分为锅炉本体、附属设备、管路系统、控制系统和钢架组成，装置总高度为 10250mm（实验装置地坪面以上），占地面积 4000mm×6000mm（钢架外尺寸），设备布置方式为室外布置。该系统主要由以下三个系统组成。

1. 燃料系统

燃料经给料机进入炉膛，燃烧后从炉膛排出，进入旋风分离器，未燃尽的大颗粒被分离出来，由返料器再次进入炉膛燃烧；小颗粒则随烟气进入尾部烟道，大部分被除尘器捕获，其余的经烟囱排入大气；炉膛内燃烧的大颗粒燃尽后沉积在炉膛底部，由炉膛下部的排渣管道排出。

2. 烟风系统

由于实验装置所需风量不大，只用一台鼓风机，不设置二次风机，锅炉燃烧所需空气由鼓风机送出，分成两路，一路经空气预热器加热到130℃后，进入布风及点火模块，经布风板进入炉膛；另一路由二次风口及给料风口进入炉膛，燃烧所产生的高温烟气经过稀相区模块、省煤器模块和空预器模块冷却后，由引风机送入烟囱，排入大气。

3. 冷却水系统

（1）实验装置冷却回路。给水泵将水箱水加压后，分成两路，一路进入稀相区模块水冷套，另一路进入省煤器，被加热到80℃后回到水箱。

（2）水箱冷却回路。给水泵将水箱水泵入冷却塔，经冷却到常温后回到水箱。

二、流化床装置本体概况

流化床装置采用Ⅱ型布置，分为炉膛、旋风分离器和尾部烟道三部分。整个锅炉采用分段模块拼接结构。炉膛主截面内尺寸200mm，安装后锅炉总高度10250mm，单个模块最大尺寸为860mm×2500mm，旋风分离器截面内尺寸250mm，竖井烟道截面内尺寸200mm。锅炉本体主要包括布风及点火模块、流化区模块、密相区模块、稀相区模块、旋风分离模块、省煤器模块、空预器模块。

流化床装置各模块之间采用法兰连接，法兰厚度30mm，接触面为机加工面，外壳用10mm钢板制作，并全部满焊，法兰之间垫有6mm厚的耐高温密封垫片，保证在炉内正压3000Pa工况下，漏气率小于0.1%，并且通过皂泡气密性检验。

流化床装置本体布置了稀相区模块水冷套、省煤器、空气预热器共3个受热面，可根据锅炉负荷调节给水流量，保证在10～35kW工况下，炉膛出口烟温为750℃±100℃（稀相区模块出口）。

流化床装置本体受热面材料的厚度，保证不小于20年使用寿命。

流化床装置本体由钢架支撑，并预留了各个模块之间的膨胀间隙，保证锅炉在建成后，运行中不倾斜、不变形。

流化床装置设计负荷35.5kW，炉膛容积热负荷218kW/m³。

流化床装置可在10～35kW的工况下稳定燃烧，锅炉保温采用三层保温，即内层为耐火砖（耐温1200℃），中间硅酸铝棉，外层为玻璃棉，在锅炉满负荷运行时，外壁面温度小于40℃。

三、生物质流化床实验装置设计热力计算

采用湛江生物质发电厂的设计燃料对该实验装置进行热力计算，其锅炉的设计校核燃料见表9-1。

表 9-1   设 计 燃 料 参 数 表

序号	名　　称	符号	单位	设计	校核1	校核2
1	收到基碳	C_{ar}	%	38.05	38.46	33.76
2	收到基氢	H_{ar}	%	4.66	4.69	4.12
3	收到基氧	O_{ar}	%	34.69	36.08	31.78
4	收到基氮	N_{ar}	%	1.37	1.80	1.63

序号	名　称	符号	单位	设计	校核1	校核2
5	收到基硫	S_{ar}	％	0.09	0.10	0.09
6	收到基灰分	A_{ar}	％	2.64	2.96	2.61
7	收到基水分	M_{ar}	％	18.50	15.90	26.00
8	收到基挥发分	V_{ar}	％	64.95	66.87	58.86
9	固定碳	FC_{ar}	％	13.90	14.27	12.53
10	收到基低位发热量	$Q_{net.ar}$	kJ/kg	12587	12396	10544
11	燃料粒度		mm		<10mm	

注　设计燃料为50％甘蔗叶（12％水分）＋20％树皮（25％水分）＋30％其他（25％水分）；校核燃料1为70％甘蔗叶（12％水分）＋15％树皮（25％水分）＋15％其他（25％水分）；校核燃料2为70％甘蔗叶（20％水分）＋15％树皮（40％水分）＋15％其他（40％水分）。其他为除甘蔗叶和树皮外的可能燃用的当地农林业生产废弃物的混合料。

对该锅炉设计热力计算汇总见表9-2。

表9-2 　　　　　　　　　　　**锅炉设计热力计算表**

名　称	符　号	单　位	数　值
理论空气量（标况）	V_0	m³/kg	3.47
理论干烟气体积（标况）	V_{0g}	m³/kg	3.46
理论湿烟气体积（标况）	V_{0y}	m³/kg	4.26
排烟温度	θ_{py}	℃	150.64
锅炉输出热量	Q_1	kW	35.59
燃料消耗量	B	kg/h	12.04
锅炉效率	η	％	84.57
炉膛直径	D	m	0.20
炉膛高度	H	m	6.00
炉膛截面烟气流速	w_R	m/s	1.83
物料停留时间	t_1	s	3.27
床温下的流化速度	ω_b	m/s	1.22
床料的临界流化速度	ω_{cr}	m/s	0.76
流化数	W		1.62
炉膛截面热负荷	Q_j	kW/m²	1312.70
炉膛容积热负荷	Q_r	kW/m³	218.78
密相区烟气温度	θ_{bb}	℃	773.90
稀相区出口烟气温度	θ	℃	680.27
分离器返回灰温度	t_s	℃	680.27
省煤器出口烟气温度	J''	℃	241.00
空气预热器出口烟温	θ'	℃	150.64
冷空气温度	t'	℃	20.00
热空气温度	t''	℃	130.00

四、生物质流化床实验装置技术特点

该实验装置针对生物质的燃烧特性采用的技术特点有：

（1）点火。锅炉点火方式为床下点火，采用管道启动燃烧器，同时结合床上点火，采用复合点火方式。

（2）密相燃烧。密相区主要由床料组成，生物燃料通过给料器送入密相区后，首先在密相区与大量床料充分混合，密相区的床料温度一般在800℃左右，具有很高的热容量，使燃料迅速着火燃烧。加上密相区内燃料与空气接触良好，扰动强烈，因而燃烧效率有显著提高。

（3）稀相燃烧。稀相区采用强旋转切向二次风，由于生物质的挥发分高、密度小，因而大量的可燃气体和细粒子易被夹带进入稀相区，可与足够的空气良好地混合燃烧。为此在稀相区下方设置高速喷入的切向旋转二次风，形成强烈旋转上升气流，延长气体和细小颗粒在炉内停留时间，加强可燃气体、颗粒和二次风的强烈混合，提高燃烧效率。

（4）流化燃烧。各类生物质原料的挥发分远高于煤，在生物质燃料燃烧过程中，挥发分很快析出参加反应，残留的炭粒来不及反应就被完全吹出炉膛，因而必须用循环装置将炭粒捕获，再将其送回炉内燃烧，以提高原料利用率。

分离器是循化流化床锅炉的关键设备之一，它的结构影响锅炉的布局及体积。目前应用较广的高温分离器有旋风分离器和惯性分离器，尤其以旋风分离器为主，它结构简单，压降低，分离效率高；而惯性分离器其结构简单、费用低，但存在技术上的问题，分离效果较旋风分离器差。该实验装置采用绝热旋风分离器，由钢板和耐火材料构成。

（5）回料器是飞灰循环装置中的关键部件，它既是一个飞灰回送装置，又是一个阻气器，阻断主床进风和回送风这两股空气在回料器中逆向流动，保证床内正常循环。

回料器采用的是U形回料器，它是一个小型流化床，通过风量调节使其保持鼓泡流化床状态，床内的颗粒物料悬浮起来，当悬浮至溢流口处时，依靠重力流向主床，完成回料过程，在立管下端形成的料柱封闭了气体，使物料不能倒流回旋风分离器。

（6）锅炉本体布置了稀相区模块水冷套、省煤器、空气预热器共3个受热面，可根据锅炉负荷调节给水流量，保证在10～35kW工况下，炉膛出口烟温为750℃±100℃（稀相区模块出口）。锅炉本体受热面材料的厚度保证不小于20年使用寿命。

第二节　生物质流化床实验装置启动

一、生物质流化床装置运行的影响因素

针对生物质燃烧的特点，分析生物质锅炉燃烧的特性以及影响的主要因素，有助于更好地利用和提高生物质燃烧技术，方便生物质流化床的调试和启动。

因为生物质的含氧量和水分比较多，所以所需的风量以及一、二次风比和常规燃煤锅炉不同。而且由于生物质各成分的含量不同，在生物质燃料改变时，对应的运行参数也随之改变。锅炉效率主要是在安全运行的基础上通过采用最佳的燃烧运行方式、最佳的送风量（最佳过量空气系数）以及最佳的一次风、二次风的配比来得到优化的。

1. 燃料的影响

不同生物质燃料的组成成分以及性质是不同的。湛江生物质锅炉较为常用的燃料是桉树皮、桉树叶和甘蔗叶等。叶类生物质着火快，燃烧时间短，在炉膛内一般不会形成堆积；而桉树皮着火慢，燃烧时间长，容易形成堆积，也不易燃烧完全。因此不同的燃料对应风量配比及给料量也是不同的。

2. 一次风的影响

生物质燃料密度较低，结构较松散，挥发分含量较高，着火热较低，挥发分析出的时间较短，若一次风供应不足，挥发分容易不被燃尽而排出，会产生大量的青烟，使排烟含碳量过高。若一次风量过大，会使未燃尽的小木炭随烟气排入大气，不但使飞灰含碳量增加，影响燃烧的经济性，而且可能会引起烟道尾部积灰以及尾部烟道的再燃烧，影响锅炉和除尘器的安全运行。

3. 二次风的影响

二次风一方面为炉内未燃尽的燃料提供氧气，另一方面压低火焰位置，防止火焰过分上飘，延长烟气在炉膛内的行程，减少机械不完全损失，从而提高锅炉的效率。必须使一、二次风合理地配比，才能保证燃烧能顺利地进行，使锅炉效率达到最优。

4. 最佳过量空气系数

若空气供给量不足，会产生大量的还原性气体，从而影响燃料的完全燃烧，使燃料堆积、结焦等。若空气供给过多，烟气含氧量过高，一方面增加了风机的功耗以及炉内磨损，另一方面会降低物料在炉内停留时间，使未燃尽的燃料排入大气，增加排烟损失，降低锅炉效率。

二、生物质流化床冷态启动

该流化床实验装置启动有别于燃煤流化床，燃煤流化床一般是先投入静止高度为 400～500mm 的床料，启动引风机和送风机；接着启动点火油枪，待床料预热到 400～500℃时，可缓慢增大风量位床层达到稳定流化状态，确保底料温度稳定上升；当底料温度达到 500～600℃时可往炉内投入少量引燃煤，增大风量使床层充分流化；当床温到达 650℃左右时，启动给煤机少量给煤，并观察床温变化情况，调整风量和给煤量，使床温稳定在适宜的水平上（如 800～900℃）。而生物质流化床实验装置由于燃料的特殊性，且相对实际生产运行的炉型也有很大区别，其启动过程需结合自身实际情况采用合适的启动方式。该实验装置的冷态启动步骤如下：

（1）启炉前根据燃料的成分算一次风的送风量，调整好合适的风量。一、二次风量可根据热力计算适当调整，选取合适的一、二次风配比，既要保证炉膛不能冒正压，也要使燃料能够充分燃尽。

（2）在风室和床上均投入点火枪。点火枪使用液化煤气点燃，风室用于加热床上温度，床上点火枪主要使点火产生的焦油燃尽。

（3）待床底温度达到 200℃以上即可开始投料，此时撤去床下点火枪。

（4）在床温上升的过程应分阶段的将床料投入，床料采用石英砂，大小主要为 60～

100 目，并掺混 40～70 目的石英砂；床料的总量大约占炉膛高度 20cm（炉膛直径为 20cm），床料的投入量直至床下的压力为 400～500Pa 左右即可。

（5）待炉膛底部有明火即可将床上的点火枪撤出，并让炉膛第一、二个温度稳定在 800～900℃。

（6）待流化床维持一个较为稳定的工况，便可进行相关的试验。维持炉膛出口在 3%～8% 左右，不宜太小，否则容易造成缺氧使 CO 浓度增大，有可能会产生爆燃。

三、生物质流化床热态启动

热态启动时只需投入床上点火枪，分别启动引风机和鼓风机，待床上温度 200℃ 以上时投入生物质燃料，则温度会逐渐上升，当炉膛底部有明火时，即可撤去床上点火枪，待流化床工况稳定时，便可进行相关实验。

四、冷态试验

循环流化床的冷态试验对于指导热态运行具有非常重要的意义，该试验装置架主要进行了布风板空板阻力特性和料层阻力特性的试验，确定了冷态临界流化风量等参数。

1. 布风板阻力特性试验

炉膛布风板上环形布置了 8 个钟罩式风帽（见图 9-1），风帽（见图 9-2）小孔直径 5mm，布风板中心布置为排渣管。

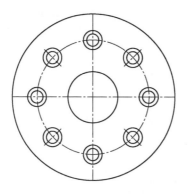

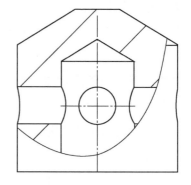

图 9-1　炉膛布风板示意　　　　　图 9-2　炉膛风帽示意

布风板阻力主要是指风帽小孔的局部阻力，风帽的结构与流动特性决定了布风板的工作特性，因此布风板阻力 Δp 曲线是一典型的风道阻力曲线，表达式为

$$\Delta p = \zeta \frac{\rho u^2}{2g}$$

式中　ζ——布风板总阻力系数；

　　　u——小孔风速，m/s；

　　　ρ——气体密度，kg/m³。

试验时先启动引风机，然后启动鼓风机，由于该试验装置的一、二次风均由同一台鼓风机提供，因此能够保证各二次风入口有一定的风压，关闭各二次风入口阀门。由于引风机入口没有安装调节阀，因此通过调整尾部烟道排渣口阀门的开度来短路引风机部分出力调节炉膛负压，维持炉膛压力在－20Pa 左右。调节一次风机入口阀门开度，测定不同流化风量下布风板压差，记录并绘制成布风板阻力特性曲线（见图 9-3）。

2. 临界流化风量试验

在布风板上铺厚度为 300mm 的床料，床料粒径为真实运行床料粒径（20～60 目），材质为石英砂。试验中由风室静压确定料层和布风板阻力的阻力和，然后减去相同风量下实验测定的布风板阻力，即为料层压差。测试时，风量由高到低进行实验数据测定，测出不同风量下的料层阻力，绘制成曲线，曲线拐点处对应的风量即为临界流化风量。图 9-4 所示为实验装置架的料层阻力曲线，可知，实验装置架的临界流化风量为 50m³/h（标况）。

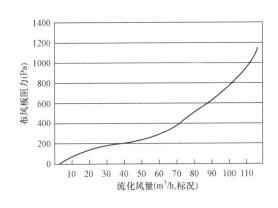

图 9-3 布风板阻力特性曲线

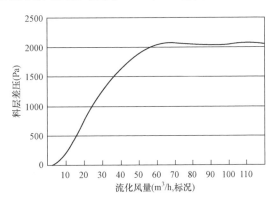

图 9-4 实验装置料层阻力曲线

第三节 生物质流化床装置热态实验与分析

一、生物质流化床装置实验目的

生物质燃烧过程中，碱金属问题是阻碍生物质大规模应用的主要因素之一。研究认为，生物质中 Cl^- 离子、S^{2-} 离子和碱金属是造成管子严重腐蚀的主要原因。

根据国内外的运行经验，当使用介质中 Cl^- 离子浓度较高时，Cl^- 离子就会在金属材料表面一些微观缺陷处富集，或者是在晶界处形成点蚀坑，然后 Cl^- 离子优先通过这些缺陷或坑向内渗透，与金属反应形成挥发性的金属氯化物。在氯化物向外挥发的过程中，氧压逐渐增高，氯化物被氧化并连续沉积，从而形成多孔疏松的腐蚀膜。同时，烟气中 SO_x 及碱性金属（如 K、Na）氯化物会使发生腐蚀的温度更低，腐蚀更为严重。纯碱金属氯化物的熔化温度为 774℃，然而碱金属氯化物可与不同的化学物质形成低熔点的共晶化合物，例如 KCl 可与铁和铬形成低熔点的共晶化合物，而共晶化合物熔点更低，加剧了腐蚀。根据 DCS 在线监控温度，屏式过热器出口烟气温度达到 700℃，进口温度更高，而管壁上的积灰、结垢也会使壁温进一步增高，并使碱金属氯化物和硫化物汇聚浓缩，形成新的更严重的腐蚀。

为了进一步分析腐蚀的原因、寻求解决腐蚀的方法，有必要进行大型实验装置架实验，对烟气中可能造成腐蚀成分进行同步测量，通过不同生物质及添加剂混烧实验，找出变化规律，以缓解锅炉受热面腐蚀。

二、生物质流化床实验工况

实验材料主要是桉树皮和碎木板两种。原料先经过日晒干燥，再经过破碎机进行破碎后通过给料机送进炉膛燃烧，待炉膛燃烧工况稳定即可进行相关的实验。其中每个工况维持的时间为3h，并在旋风分离器出口取样孔的位置进行飞灰取样和烟气测量。其中飞灰取样使用的仪器是3012H型自动烟尘（气）测试仪及飞灰取样枪；测量HCl仪器采用的是傅里叶FTIR D×4000红外气体分析仪，其他烟气成分的测量采用德国MRU VARIO PLUS烟气分析仪。

实验在35.5kW生物质循环流化床台架上进行，整个系统的系统图如图9-5所示。

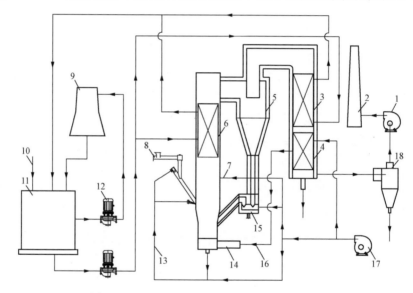

图9-5 35.5kW生物质循环流化床实验装置架

1—引风机；2—烟囱；3—省煤器；4—空气预热器；5—旋风分离器；6—水冷套；7—二次风；

8—给料机；9—冷水塔；10—给水；11、12—水箱；13—播料风；14—点火器；

15—返料器；16——次风；17—鼓风机；18—除尘器

在该实验装置主要进行的实验包括纯桉树皮、纯碎木板和混烧，以及添加不同添加剂下的混烧。燃料的成分分析见表9-3和表9-4。其中添加剂包括高岭土、氧化铝、煤和除焦剂，除焦剂的主要成分是MgO、高岭土、活性Al_2O_3和发泡剂，MgO、高岭土和活性Al_2O_3这三种组分的质量百分含量分别为20%～60%、25%～65%和15%～30%，而发泡剂在整个抗结焦剂中的质量百分含量为20%～50%。而树皮和三级板的热值分别为15978kJ/kg和18779kJ/kg，树皮和三级板中的含氯量分别为0.743%和0.430%。

表9-3　　　　　　　　　　　　　燃料的工业分析

分析样品	M_{ad}（%）	M_t（%）	A_{ad}（%）	V_{ad}（%）	FC_{ad}（%）
树皮	5.88	26.15	7.85	66.25	20.02
三级板	4.21	34.73	2.21	76.57	17.01

表 9-4			燃料的元素分析		
分析样品	C_{ad}（%）	H_{ad}（%）	N_{ad}（%）	$S_{t,ad}$（%）	O_{ad}（%）
树皮	40.80	4.90	1.10	0.08	39.39
三级板	46.12	5.91	1.06	0.07	40.42

由表 9-3 可以看出树皮的灰分要比三级板的大，故在循环流化床燃烧时产生的飞灰也会相应的增大；而树皮的热值比三级板小，相应的给料量也会增大；原料中的含氯量树皮相对较大，燃烧过程中烟气中的含氯量会相应增加。

第四节　生物质流化床实验分析

氯、硫和氮是生物质中主要的非金属元素。其中氯在植物生长的物质平衡中起重要作用，它以氯离子（Cl^-）形式存在，具有高度挥发性，几乎所有的氯在热解过程中都可以进入气相。根据化学平衡，氯会优先与钾、钠等构成稳定易挥发的碱金属氯化物。在 600℃ 以上，碱金属氯化物在高温下蒸汽压升高而进入气相是氯元素析出的一条最主要途径。相关的实验表明，热解中，在 200~400℃ 的低温反应段还有相当部分氯以 HCl 的形式析出。以桉树皮为例，其中 C、H、O、N、S 来自于样本的元素分析，其灰成分元素见表 9-5，并作为输入参数输入 Factsage 进行计算，过量空气系数取 1.2。

表 9-5			灰成分质量分数表			
名称	SiO_2（%）	Al_2O_3（%）	Fe_2O_3（%）	CaO（%）	MgO（%）	K_2O（%）	Na_2O（%）
桉树叶	22.86	5.88	1.03	40.87	8.64	9.15	2.36
三级板	27.46	4.19	2.11	47.72	6.52	5.24	2.78

由图 9-6 可知，在 200℃ 时便有 HCl 气体析出并随着温度的升高而逐渐上升。在低温时 K、Na 主要以固相的 NaCl 和 KCl 生成，到 760℃ 后则以气相的 NaCl 和 KCl 析出。随着 NaCl（g）和 KCl（g）析出的逐渐增大，当温度超过 860℃ 时，HCl 的浓度呈下降趋势。由此可知，在流化床的工作温度范围内，随着温度的升高，HCl 的生成量也是逐渐升高。所以应当严格控制生物质流化床的燃烧温度，避免温度过高，从而增大烟气中的 HCl 浓度。

一、HCl 气体排放特性

1. 温度对 HCl 的排放影响

对纯树皮进行三个不同温度工况的实验比较，其温度分布如图 9-7 所示。

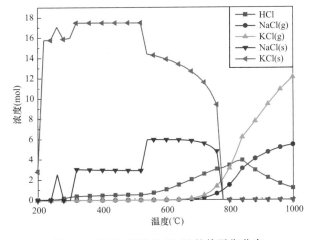

图 9-6　HCl、KCl 和 NaCl 的热平衡分布

125

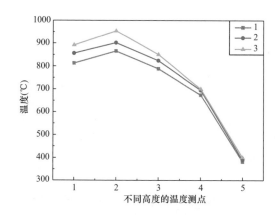

图 9-7　不同工况的温度分布

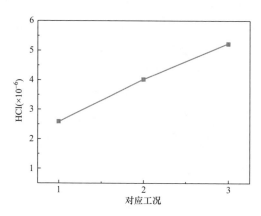

图 9-8　对应工况下的 HCl 排放

由图 9-8 可以发现，随着炉膛整体温度升高，排放烟气中的 HCl 浓度逐渐升高，由原先的 2.59×10^{-6} 上升到 5.22×10^{-6}，由此可以看出温度的提高会促进生物质燃烧过程中 HCl 的析出，因此生物质流化床运行时温度不宜太高，否则会增加烟气中的 HCl，加重氯腐蚀程度。这与 Factsage 模拟得到的结果一致，说明用模拟的方法对实际的运行有一定的指导意义。

一般认为生物质中的氯在 400℃ 以前析出主要是 KCl 与反应过程产生的水合质子相结合反应生成 HCl 的缘故；而在 400～600℃ 间可能发生的反应为 $2KCl + nSiO_2 + H_2O(g) \longrightarrow K_2O(SiO_2)_n + 2HCl(g)$；生物质中大部分氯主要在 600～900℃ 析出，其析出形式主要为气态 KCl 和 HCl。在流化床密相区中一般在 800℃ 左右，此时已经有大部分氯以气态形式析出，若温度升高到 900℃，则会进一步加剧生物质中氯得释放，腐蚀情况会有所加重。

2. 添加剂对 HCl 的排放影响

实验采用的添加剂有高岭土、氧化铝、煤和除焦剂四种，为了方便比较，分别简称为 GLT、YHL、C、CJJ；其中高岭土、氧化铝和除焦剂的添加量分别为 3%、6%、9%，而煤的添加量为 5%、10%、15%。

由图 9-9 可知，通过添加不同剂量的添加剂均可一定程度地降低烟气排放中的 HCl 含量，起到一定的固氯作用。其中减少 HCl 排放作用最大的是除焦剂，作用最小的为高岭土，其影响作用分别为除焦剂＞氧化铝＞高岭土。

其中高岭土在生物质反应中容易与 KCl 发生反应，反应过程为

$$Al_2SiO_5(OH)_4 + 2KCl \longrightarrow 2KAlSiO_4 + H_2O + 2HCl$$

由此可知，添加高岭土之后虽然可以减少 KCl 的生成，但同时也释放出 HCl 气体，

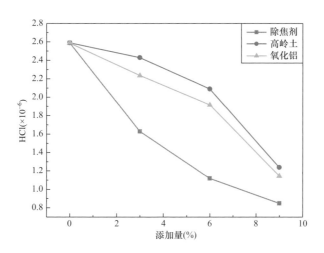

图 9-9　不同添加剂对烟气 HCl 的排放影响

在流化床中添加高岭土之后 HCl 有所降低可能是增加了生物质中的灰分，导致生物质中的氯浓度降低。故在所有添加剂中高岭土呈现出的固氯效果最差。

氧化铝与 HCl 的反应机理和氧化钙的相近，其本征反应式是

$$Al_2O_3(s) + 6HCl(g) \longrightarrow 2AlCl_3(s) + 3H_2O(g)$$

表明在生物质中添加氧化铝中可以与烟气中的 HCl 发生反应减少其在气体中的量，起到一定的固定氯化氢的作用。

除焦剂由于具有多膜结构，且孔隙率和比表面积都较大，能够增大其与生物质的反应面积，特别是 K、Na 等碱金属，在燃烧过程中更容易将其吸附在灰渣中。同时，除焦剂中的 MgO、高岭土和活性 Al_2O_3 都可以与气态的 HCl 反应，减小 HCl 排放的效果明显，在三种添加剂中的效果最好。

由图 9-10 可知，随着煤添加量的增加，烟气中的 HCl 有所降低，但当煤的添加量逐渐增大时，脱 HCl 的效果变化不是很明显。

二、氮氧化物排放的影响

生物质燃烧烟气排放中 SO_2 基本为零排放，主要是 NO_x 的排放。NO_x 主要以 NO 形式释放，而 N_2O 的排放量几乎为零。加入除焦剂、氧化铝和高岭土时对生物质燃烧的 NO 排放影响不大，而添加煤时会使 NO 的排放增大。

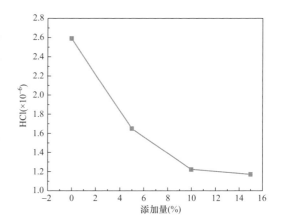

图 9-10　添加煤对烟气 HCl 的排放影响

生物质挥发分中的氮通常以 NH_i 基团的形式而不是以 HCN 或者其他的 CN 基团释放出来，同时挥发分中高能级的碳氢化合物原子团也可还原部分 NO_x。方程式如下

$$NO+NH \longrightarrow N_2+OH$$

$$NO+NH_2 \longrightarrow N_2+H_2O$$

$$NO+CH_2 \longrightarrow N+H_2CO$$

生物质（叶、枝）挥发分的快速析出所形成的焦炭有较高的孔隙率和活性，促使 NO_x 分解；同时，还原性气体（H_2 和 CO）的存在对 NO 也起到一定的还原作用，反应式如下

$$NO+(-C) \longrightarrow N_2+(-CO)$$

$$NO+H_2 \longrightarrow NH_3$$

$$NH_3+CO \longrightarrow HCN$$

$$HCN+NO(HCN) \longrightarrow N_2$$

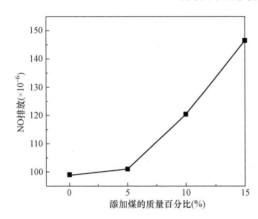

图 9-11　添加煤后 NO 排放量

而当添加煤之后会增加 HCN 或者其他 CN 基团的释放，削弱生物质挥发分燃烧形成的还原性气氛，促使 NO 气体的生成。具体反应趋势如图 9-11 所示。

床温是生物质循环流化床运行的主要参数，生物质循环流化床床温一般控制在 800℃ 左右，氮氧化物主要是燃料中的氮化合物在燃烧过程中热解后与氧化合而生成的，生物质燃烧初始阶段，挥发分大量析出，挥发分中的氮通常以 NH_i 基团的形式释放出来，NH_i 基团与氧气接触后，有可能氧化成 NO。

NH 在氧化气氛中生成 NO

$$NH+O_2 \longrightarrow NO+ON$$

$$NH+O \longrightarrow NO+H$$

$$NH+OH \longrightarrow NO+H_2$$

NH 在还原性气氛中生成 N_2

$$NH+H \longrightarrow N+H_2$$

$$NH+NO \longrightarrow N_2+ON$$

NH_3 在氧气中可能发生如下反应

$$NH_3+\frac{5}{4}O_2 \longrightarrow NO+\frac{3}{2}H_2O$$

$$NH_3+\frac{5}{4}O_2 \xrightarrow{\text{焦炭}} NO+\frac{3}{2}H_2O$$

实验测定了床温在 750~900℃ 范围内不同燃料的 NO 排放量，实验中烟气各气体成分的浓度均按 GB/T 16157—1996《固定污染源排气中颗粒测定与气态污染物取样方法》的规定折算成烟气含氧量为 6% 时的数值，如图 9-12 所示。

由图 9-12 可知，随着温度的升高，NO 的排放量不断增大，温度高时，挥发分析出速

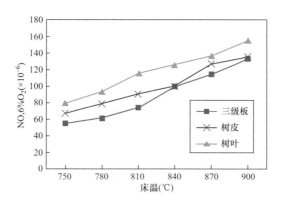

图 9-12　不同燃料的 NO 排放特性

率增大，自由基浓度增加，导致 NH 更容易发生如下反应：$NH \xrightarrow{H} N \xrightarrow{OH, O_2} NO$。总体来说，各温度段 NO 排量均在 200×10^{-10} 以内。

三、添加剂对飞灰含氯量的影响

由图 9-13 可知，添加相同量的添加剂时，添加煤时飞灰中的含氯量最大，其次是除焦剂和高岭土，最少的为氧化铝。由于实验装置燃烧所剩炉渣相对于燃料的入炉量很小，故可近似将生物质中的氯转移到气体中和飞灰中。而添加煤在实验装置的效果比除焦剂的效果更好，可能是煤能与生物质中的氯生成固态氯化物存留在飞灰中。

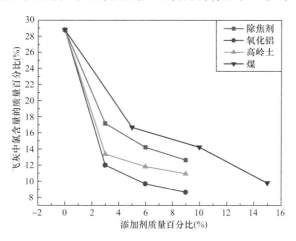

图 9-13　添加剂对飞灰含氯量的影响

第十章

生物质循环流化床内燃烧
过程数值模拟

生物质燃烧过程比较复杂，一般来说可以分为预热和干燥阶段、挥发分析出及木炭形成阶段、挥发分燃烧阶段、固定碳燃烧阶段四个阶段。燃烧是一种带有剧烈放热化学反应的流动现象，它包含流动、传热、传质和化学反应以及它们之间的相互作用。实际燃烧过程几乎全部是湍流过程，具有强烈的非线性、高度耦合和关联，以及高度随机性。湍流与燃烧的相互作用、流动参数与化学动力学参数之间的耦合增加了湍流燃烧问题的复杂性。

随着计算机技术与燃烧理论的结合与发展，对燃烧过程进行数值模拟计算的理论日渐成熟，这对燃烧理论的发展具有重要的意义。目前，对生物质锅炉炉膛内的流动和燃烧过程的研究主要仍然依靠实际测量的手段，但数值模拟可作为实验研究的有力补充，并随着计算机技术和算法理论本身的发展而变得越来越重要，其原因如下：

（1）在目前的实测条件下，全面反映整个炉膛内的三维流动状况和温度场分布状况是很困难的，而数值模拟可以提供这方面的信息。

（2）数值模拟可以提供许多难于测量的量的信息，如湍动能、湍动能耗散率等。

（3）如果能把大量实验数据整理成为数值模拟使用的模型，从而提供工程预报，则实现了对实验数据的高层次的整理。

通常，一个完整的生物质燃烧过程数值模拟内容包括：

（1）开发适用于整个炉膛的流动与燃烧过程算法，并制作、调试计算程序。

（2）对程序进行优化和封装，便于开展全面的正对性数值分析。

（3）制作数据后处理体系，包括数据可视化处理、数据与商用软件挂接等。

（4）对数值模拟的结果进行分析。

第一节　生物质燃烧过程数值模拟分类

生物质燃烧过程与煤燃烧过程类似，燃烧现象与很多因素有关，如时间、空间、反应物的初始混合状态、流动条件、反应物的相态、压缩性、燃烧波传播速度等，其分类见表

10-1。在进行燃烧过程数值模拟时，需要根据模拟对象的特点有选择地加以考虑。

表 10-1   燃 烧 现 象 分 类

燃烧条件	分　　　类
时间	定常、非定常
空间	零维、一维、二维、三维
反应物初始混合状态	预混、非预混（扩散）
流动条件	层流、湍流
反应物相态	单相、两相、多相
反应物均质性	均质、非均质
化学反应速度	化学平衡反应（快速反应）、有限速率化学反应
换热方式	对流、热传导、辐射
可压缩性	不可压、可压
燃烧波速度	缓燃（亚声速）、爆燃（超声速）

1. 根据燃烧数值目的不同分类

根据燃烧数值模拟的目的不同，可以将生物质燃烧过程数值模拟分为以下两类。

（1）燃烧分过程数值模拟。如点火过程、熄火过程、火焰稳定和火焰传播过程的数值模拟，平衡态和非平衡态化学反应动力学过程的数值模拟，流体与化学反应相互作用过程的数值模拟。对于两相燃烧，还包括燃料喷射、雾化、蒸发、混合过程的数值模拟。燃烧分过程数值模拟的目的是探索燃烧现象的规律，为燃烧系统的数值模拟提供准确、可靠的物理模型和数值方法。

（2）燃烧装置工作过程的数值模拟。如锅炉、内燃机、燃气轮机、火箭发动机、冲压发动机等的燃烧室的工作条件和燃烧过程组织方式是不一样的，在进行数值模拟时既要考虑它们的共性又要考虑其特殊性。燃烧装置工作过程的数值模拟目的就是深入研究燃烧过程组织的效果，预测燃烧装置的性能，为燃烧装置的设计、改进提供有力的工具。

2. 按照空间维数不同分类

按照空间维数不同，生物质燃烧过程数值模拟可分为零维模型、一维模型、二维模型和三维模型。

（1）零维模型。假设燃烧室中气动热力化学参数均匀分布，给定反应物初始条件，可以算出绝热火焰温度和燃烧产物成分，对于非平衡态，还可以算出燃烧室中温度、成分随时间的变化率。在燃烧数值模拟中经常采用的均匀反应器模型就是零维模型。

（2）一维模型。只考虑燃烧室中气动热力化学参数沿一个方向变化（如一维平面流、一维管流、一维球对称流等），如一维层流火焰的传播、球对称的油滴的蒸发和燃烧过程，以及爆振波的传播等，由于以为计算工作量相对较小，就有可能考虑复杂的多步化学反应。这类模拟虽然比零维模拟可以给出更多的信息，但是这种方法所模拟的仍然是简化了的流动、传热与燃烧过程。因此，一维模型只为工程应用提供近似的、有用的结果。

（3）二维模型。主要用于二维平面或二维轴对称湍流反应流的数值模拟。它比一维模型更接近实际，计算量小于三维。适用于二维轴对称燃烧室工作过程数值模拟。

（4）三维模型。三维计算量一般很大，对于某些过程不得不做一些简化，如采用简化的化学反应机理、颗粒相的数目不能太多、网络不能分得太细等。

目前，燃烧过程数值模拟大多在定常状态下进行，对于燃烧室点火、熄火等瞬变过程的实质模拟需要在非定常状态下进行，由于增加了时间变量，因此计算的工作量大大增加，非定常数值模拟常常能给出更加符合实际的结果，它能揭示燃烧过程中存在的大涡结构。

第二节 生物质燃烧过程数值模拟方法

生物质燃烧过程数值模拟过程，主要包括以下三个步骤。

1. 建立基本守恒方程组和物理模型

在建立模型时，要根据实际的燃烧过程，考虑具体的工况，选用对应的模型。

2. 制定数值解法

控制生物质燃烧过程的基本守恒方程组是高度非线性的、相互耦合的，必须用数值方法求解，包括求解域的离散化、守恒方程的离散化以及离散方程的求解方法。

求解域的离散化是守恒方程离散化的基础。所构化网格对于几何形状规则的燃烧室，可采用直角坐标、圆柱坐标或者球坐标生成的网络；对于具有曲边的燃烧室，可采用曲线坐标系生成的网格；对于由多连通域的燃烧室，可采用由若干单连通域结构化网格组成的复合网格，在计算时，各子区交界处通过一定方式交换信息。在非结构网格中，节点的位置无法用一个固定的法则予以有序的命名。非结构网格几何适应能力很强，但计算时收敛速度较慢。

常用的离散化方法有有限差分法、有限元法、有限体积法。

有限差分法是数值解法中最经典的方法，是将求解区域划分为差分网格，用有限个网格节点代替连续的求解域，然后将偏微分方程（控制方程）的导数用差商代替，推导出含有离散点上有限个未知数的差分方程组。有限差分法发展比较早，比较成熟，较多用于求解双曲线和抛物线型问题。用有限差分法求解边界条件复杂尤其是椭圆型问题不如有限元法或有限体积法方便。

有限元法是将一个连续的求解域任意分成适当形状的许多微小单元，并于各小单元分片构造插值函数，然后根据极值原理（变分或加权余量法），将问题的控制方程转化为所有单元上的有限元方程，把总体的极值作为各单元极值之和其中的未知数十网格节点上的因变量。

子域法加离散，就是有限体积法的基本方法。就离散方法而言，有限体积法可视作有限元法和有限差分法的中间产物。对于燃烧过程数值模拟通常采用有限体积法。

守恒方程的离散化就是将微分方程离散为代数方程。离散格式很多，如迎风格式、中心差分格式、高阶差分格式、显式和隐式等。离散格式影响求解精度、收敛性和计算速度。

对边界条件进行离散化处理。对于一般性开口计算域，边界类型不外乎进口边界、固体边界、对称边界及出口边界四种，除出口边界外，其他三种边界的数值处理已有定论。

出口边界的处理方法尚不统一。

离散方程的求解方法包括算法和求解器。对于燃烧问题，算法有两大类：一是以压力为基础的算法，通过连续方程求压力，由状态方程求密度；另一类就是以密度为基础的算法，通过连续方程求密度，由状态方程求压力。

离散方程的求解器很多，对于燃烧问题有两大类：一是采用迭代法求解，通过逐次迭代减少误差；二是根据守恒建立方程求解。前者按顺序依次求解动量方程、压力修正方程、能量方程和组分方程及其他标量方程，如湍流方程等；后者同时求解连续性方程、动量方程、能量方程和组分方程，然后依次再求解标量方程。在非结构网格化网络上所形成的代数方程组的系数矩阵不像结构式网格那样有规则，代数方程求解一般采用点迭代法或共振梯度法。

3. 编写计算程序

计算程序包括主程序和各子程序及前后置处理程序。它是守恒方程、物理模型、初边界条件、数值方法的综合体现，是实施计算机模拟的直接手段。程序编写好以后，还需要进行调试。所谓调试程序，指的是消除程序编制中各种偶然的及系统的错误，包括算法上的错误，使程序进入正常运行，给出收敛而合理的结果。要求所编制的计算机程序具有可靠性、经济性、通用性和灵活性。

第三节 生物质燃烧过程数值模拟软件

随着计算机、并行计算、计算流体力学（CFD）和计算燃烧学（CCD）的发展，目前已出现许多有关计算流体力学和计算燃烧学的软件，其中有免费软件（free software）、商业软件（commercial software）以及个人或单位自行开发的软件，免费软件可以从网上下载或从公开发表的资料中获取。

（1）PER 程序可以用于计算等压或等容燃烧的绝热火焰温度、燃烧产物的组分，它采用平衡常数法。

（2）CEA 是美国 NASA-Lewis 研究中心 Cordon 和 McBride 研制的化学平衡计算软件，该软件基于最小自由能原理。它可以计算：

1）给定两个热力学状态参数（温度和压力，或焓和压力、熵和压力、温度和密度、内能和密度、熵和密度）时的平衡成分。

2）燃烧室面积为有限或无限时的火箭理论性能。

3）Chapman–Jouguet 爆振。

4）入射及反射激波的激波管参数。

此外，该软件还包含各种燃烧料（气体、液体、固体）的热力学性质和输送性质的计算程序。

（3）STANJAN 是一种化学成分平衡程序，由美国 Stanford 大学教授研制，可以计算燃烧产物的成分、火焰绝热温度以及爆裂参数。

（4）CHEMKIN 是求解复杂化学反应流体问题的软件，最初是由美国 Sandia 国家实验室开发的，现已成为美国反应设计公司（Reaction Design，Inc）商业软件，其初期版本可以从网上下载。

CHEMKIN 由若干功能模块组成：

1）PREMIX 模拟具有复杂化学反应机理的稳态、一维层流预混火焰。

2）SENKIN 计算封闭系统中均匀反应气体混合物随时间的变化，同时对反应速率进行敏感性分析。

3）PSR 计算搅拌反应器中稳态温度和混合物成分。

4）PLUG 对具有气相和表面反应的柱塞反应器进行分析。

AURORA 模拟具有气相和表面反应的等离子体和热反应器。

CRESLAF 模拟平面或圆柱通道中流层，化学反应边界层流动。

SURTHERM 分析具有气相和表面反应的激励的热化学和动力学数据。

（5）PERIC 是有关流体和传热数值计算的免费软件，非常适合初学者使用。它包括：

1）1D：一维对流—扩散方程（稳态或非稳态）求解程序。

2）2DC：二维直角坐标系中对流—扩散方程求解程序。

3）SOLVER：用于 Laplace 方程的求解器。包括 ILU（incomplete LU decomposition）、IP（strong implicit procedure）、ICCG、稳定的共轭梯度法 CGSTAB 及多重网格法等。

4）STAG：用有限体积法在二维直角坐标系结构化交错网格上求解二维 Navier-Stokes 方程。

5）2DGL：用有限体积法及非正交结构化同位网格，求解二维稳态和非稳态层流的 Navier-Stokes 方程。

6）2DGT：用有限体积法及非正交结构化同位网格，求解二维湍流 Reynolds 时均方程，含有两个子目录，1 KEPS 采用高阶 Reynolds 数 k-w 模型和壁面函数法程序。

7）3DC：采用有限体积法在三维直角坐标同位网格上求解三维稳态 Navier-Stokes 方程。

8）PARALLEL：在二维直角坐标同位网格上用并行算法求解稳态 Navier-Stokes 方程的程序。

（6）TTRRF 是三维湍流、回流反应流数值计算软件，采用直角坐标系或圆柱坐标系、k-w 湍流模型、有限速率化学反应模型和漩涡破裂湍流燃烧模型、6 通量热辐射模型、PSIC 两相流模型，是主要用于航空燃气轮机主燃烧室的专用计算软件。

（7）TTRRF-BCS 是三维贴体曲线坐标系下的湍流、回流反应流数值专用计算软件。采用 k-w 湍流模型、有限速率化学反应模型和漩涡破裂湍流燃烧模型、6 通量热辐射模型、PSIC 两相流模型，是主要用于航空燃气轮机主燃烧室的专用计算软件。

（8）PHOENICS 是英国帝国理工大学 Spalding 教授领导开发的模拟传热、流动、化学反应及燃烧等的大型通用软件，可以用来求解一维、二维、三维、稳态、非稳态、黏性、非黏性、可压、不可压、层流、湍流、单相、多相等各种流动、传热及燃烧问题。具有良好的前后置处理功能，并附带上千个例题供初学者使用。

（9）KIVA 是分析内燃机中复杂的流动、燃烧和传热的通用软件。国内许多单位都装有该软件。

（10）FLUENT 是 FLUENT 公司开发的用于模拟流动、传热、燃烧等问题的大型通用软件，在国内外使用比较广泛，具有先进的前后置处理功能，附带功能强大的网格生成软件 GAMBIT。国内很多单位都购买了这一商业软件。在现有的实际燃烧过程数值模拟中，FLUENT 软件应用较为广泛。

FLUENT 软件是目前用与数值模拟比较流行的 CFD 方法，适用于热传递、化学反应和流体相关的工业应用，在 FLUENT 软件包中包含着丰富的物理模型，先进的数值方法和强大的前后处理能力。

FLUENT 软件采用基于完全非结构化的有限体积法，具有基于节电网格和网格单元的梯度算法。其对网格有着广泛强大的支持能力，包括混合网格、不连续网格、变形及滑动网格等。FLUENT 拥有众多商业软件中最多的算法，如非耦合隐式算法、耦合显式算法、耦合隐式算法等。同时，FLUENT 软件包含丰富而先进的物理模型，使得用户能够精确地模拟无黏流、层流、湍流。湍流模型包含 Spalart-Allmaras 模型、k-ω 模型组、k-ε 模型组、雷诺应力模型（RSM）组、大涡模拟模型（LES）组以及最新的分离涡模拟（DES）和 V2F 模型等。此外，FLUENT 软件提供了友好的用户界面，并为用户提供了二次开发接口（UDF），用户可以定制或添加自己的湍流模型，从而更加接近真实情况。

FLUENT 的主要优点表现在如下几个方面：①适用面广，因为 FLUENT 软件各种优化物理模型的存在，如计算流体流动和热传导模型（包括自然对流、定常和非定常流动、层流、湍流、紊流、不可压缩和可压缩流动、周期流、旋转流及时间相关流等）、辐射模型、相变模型、离散相变模型、多相流模型及化学组分输运和反应流模型等。使得针对每一种物理问题的流动特点，都有与之相匹配的数值解法，用户可对显式或隐式差分格式进行选择，因此，在计算速度、稳定性和精度等方面可以完美地兼顾并达到最佳值。②计算效率高，FLUENT 软件采用统一的前处理、后处理工具，又将很多计算软件进行筛选、打包，成为 CFD 计算软件群，可以很大程度上避免研究者在前后处理方面的重复性工作；同时又可以采用并行计算方式，提供多种自动/手动分区算法，内置 MPI 并行机制大幅度提高并行效率，可以大大提高计算效率并缩短计算时间。③精度高，稳定性好，FLUENT 数值计算软件可以达到二级精度，其中的算例又经过考核和实验验证有着其他软件难以比拟的精度和稳定性。

因此，FLUENT 软件成为近些年来国内外使用最多，最流行的商业软件。

第四节　生物质燃烧过程数值模拟模型

一、连续性方程

气相的连续性方程

$$\frac{\partial}{\partial t}(\varepsilon_g \rho_g) + \nabla \cdot (\varepsilon_g \rho_g \overline{v}_g) = 0 \qquad (10\text{-}1)$$

固相的连续性方程

$$\frac{\partial}{\partial t}(\varepsilon_{sm} \rho_{sm}) + \nabla \cdot (\varepsilon_{sm} \rho_{sm} \vec{v}_{sm}) = 0 \qquad (10\text{-}2)$$

式中　　ε_g ——空隙率；

　　　　ρ_g ——气相密度；

　　　　$\vec{v}_g$ ——气相速度；

　　　　ε_{sm} ——固相 m 体积分数；

　　　　ρ_{sm} ——固相 m 密度；

　　　　$\vec{v}_{sm}$ —— m 相颗粒速度。

二、动量守恒方程

气相的动量守恒方程

$$\frac{\partial}{\partial t}(\varepsilon_g \rho_g \vec{v}_g) + \nabla \cdot (\varepsilon_g \rho_g \vec{v}_g \vec{v}_g) = -\varepsilon_g \nabla p_g + \nabla \overline{\tau}_g + \sum_{m=1}^{M} F_{gm}(\vec{v}_{sm} - \vec{v}_g) + f_g + \varepsilon_g \rho \tag{10-3}$$

固相的动量守恒方程

$$\frac{\partial}{\partial t}(\varepsilon_{sm} \rho_{sm} \vec{v}_{sm}) + \nabla \cdot (\varepsilon_{sm} \rho_{sm} \vec{v}_{sm} \vec{v}_{sm}) = -\varepsilon_{sm} \nabla p_g + \nabla \cdot \overline{\overline{S}}_{sm} - F_{gm}(\vec{v}_{sm} - \vec{v}_g)$$
$$+ \sum_{l=1}^{M} F_{slm}(\vec{v}_{sl} - \vec{v}_{gm}) + \varepsilon_{sm} \rho_{sm} \vec{g} \tag{10-4}$$

式中　　p_g ——气相压力；

　　　　$\overline{\overline{\tau}}_g$ ——气相应力张量；

　　　　F_{gm} ——气相 g 与固相 m 间作用力系数；

　　　　f_g ——气体在多孔介质模型中的流动阻力；

　　　　$\overline{\overline{S}}_{sm}$ ——固相 m 应力张量；

　　　　v_{sl} ——固相 l 的流速；

　　　　$\vec{g}$ ——重力加速度；

　　　　F_{slm} ——固相 l 与固相 m 间作用力系数。

在式（10-4）中，等式左边第一项为非稳态项、第二项为对流项，等式右边第一项为浮力项、第二项为黏性应力项、第三项为气固阻力项、第四项为多孔介质模型中气体流动的阻力、第五项为重力项；在式（10-4）中，等式左边第一项为非稳态项、第二项为对流项，等式右边第一项为浮力项、第二项为应力项、第三项为气固阻力项、第四项为固固阻力项，最后一项为重力项。

对流体中单颗粒进行动力学研究发现，气固之间的作用力有以下几种机制：①由速度梯度引起的阻力；②由流体压力梯度引起的浮力；③由气固间相对加速度引起的附加质量力；④由流体绕流固体颗粒所引起的速度梯度产生 Saffman 力；⑤由颗粒离子自旋引起的 Magnus 力；⑥与颗粒做加速运动的历史有关的 Basset 力；⑦Faxen 力，由于附加质量力和 Basset 力对流体速度梯度的修正；⑧由温度和密度梯度引起的力。该研究的计算模型，在气固作用力中只考虑由浮力和阻力，所以气固作用力为

$$\vec{I}_{gm} = -\varepsilon_{sm} \nabla p_g - F_{gm}(\vec{v}_{sm} - \vec{v}_g) \tag{10-5}$$

有两种类型的实验数据可以用来建立气固阻力方程。一种是根据固相体积分数和床层压降来表示气固阻力系数，如 Ergun（1952）方程，但是此方程当固体体积分数低的时候

需要修正（Gidaspow 1986）；另一种是根据流化床或沉降床中颗粒终端速度来表示气固阻力系数，颗粒终端速度根据床层空隙率和雷诺数来确定（Richardson and Zaki 1954）。Syamlal and O'Brien（1987）根据颗粒终端速度派生了气固阻力系数计算公式

$$F_{gm} = \frac{3\varepsilon_{sm}\varepsilon_g\rho_g}{4V_{rm}^2 d_{pm}}(0.63 + 4.8\sqrt{V_{rm}/Re_m})^2\,|\vec{v}_{sm} - \vec{v}_g| \tag{10-6}$$

其中　　　$V_{rm} = 0.5[A - 0.06Re_m + \sqrt{(0.06Re_m)^2 + 0.12Re_m(2B - A) + A^2}]$

A、B 代表以下两个方程，$A = \varepsilon_g^{4.14}$

$$B = \begin{cases} 0.8\varepsilon_g^{1.28} & \varepsilon_g \leqslant 0.85 \\ \varepsilon_g^{2.65} & \varepsilon_g > 0.85 \end{cases}$$

$$Re_m = \frac{d_{pm}\,|\vec{v}_{sm} - \vec{v}_g|}{\mu_g}$$

式中　V_{rm}——颗粒终端速度；

　　　d_{pm}——固相 m 颗粒对应的直径；

　　　Re_m——固相 m 对应的雷诺数；

　　　μ_g——气相流体的黏度；

　　A、B——为简化方程引入的量。

对比气固作用力项，对于固固作用力项的研究相对较少。影响固固作用力的主要因素是速度差，Arastoopour，Lin 和 Gidaspow（1980）研究出在气力输送系统中对于预测不同颗粒尺寸的分离现象是十分必要的，Arastoopour，Wang 和 Weil（1982）也做了实验研究。固固作用力方程还有其他研究人员进行修正，如 Soo（1967），Nakamura and Capes（1976），Syamlal（1985，1987b），Srinivasan 和 Doss（1985）。固固阻力系数为

$$F_{slm} = \frac{3(1 + e_{lm})\left(\dfrac{\pi}{2} + \dfrac{C_{flm}\pi^2}{8}\right)\varepsilon_{sl}\rho_{sl}\varepsilon_{sm}\rho_{sm}(d_{pl} + d_{pm})^2 g_{0lm}\,|\vec{v}_{sm} - \vec{v}_g|}{2\pi(\rho_{sl}d_{pl}^3 + \rho_{sm}d_{pm}^3)} \tag{10-7}$$

其中　　　$g_{0lm} = \dfrac{1}{\varepsilon_g} + \dfrac{3\left(\displaystyle\sum_{\lambda=1}^{M}\varepsilon_{s\lambda}/d_{p\lambda}\right)d_{pm}d_{pl}}{\varepsilon_g^2(d_{pm} + d_{pl})}$

式中　e_{lm}、C_{flm}——恢复系数和摩擦系数；

　　　d_{pl}——固相 l 的粒径；

　　　g_0——Lebowitz 针对球体推导出的径向分布函数。

气相黏性应力张量

$$\bar{\bar{\tau}}_g = 2\varepsilon_g\mu_g\overline{\overline{D}}_g - \frac{2}{3}\varepsilon_g\mu_g tr(\overline{\overline{D}}_g)\,\overline{\overline{I}} \tag{10-8}$$

其中　　　$\overline{\overline{D}}_g = \dfrac{1}{2}\left[\nabla\vec{v}_g + (\nabla\vec{v}_g)^T\right]$

式中　$\overline{\overline{I}}$——单位张量；

　　　tr——矩阵的迹；

$\overline{\overline{D}}_g$——变形率张量；

T——表示进行倒置计算。

固相黏性应力张量是由 Lun et al（1984）基于光滑无弹性球体的动力学理论衍生而来，颗粒间的动量转移被忽略，因为它使得稀相区气体分数为 1 时粒子温度趋于无限大（Syamlal 1987c）。此外，假定 Lun et al.（1984）理论能扩展到解释多相粒子间的应力，最终表达式如下

$$\overline{\overline{\tau}}_S = \begin{cases} -P_P^S \overline{\overline{I}} + \overline{\overline{\tau}}_S^P & \varepsilon_g \leqslant \varepsilon_g^* \\ -P_P^v \overline{\overline{I}} + \overline{\overline{\tau}}_S^v & \varepsilon_g > \varepsilon_g^* \end{cases} \tag{10-9}$$

式中　P——塑性；

　　　v——黏性；

　　　*——最小流速下工况。

三、颗粒相动力学理论

近几十年来，人们在气固两相流动模型方面做了很多工作，并提出了许多经验或机理的模型。目前，提升管的二维流动模型主要包括以下几种类型。

第一类是基于经典 Navier-Srokes 方程的非黏性模型，最初由 Gidaspow 于 1986 年提出。此模型虽然成功预测了流化床提升管的气固两相流动行为，但模型方程没有引入湍流机理，其中的固相黏度需要人为设定，由此导致难以从机理上解释炉内颗粒流动及其他很多物理现象。

第二类模型称为稀相离散模型或颗粒轨道模型。假设颗粒群沿着各自的轨道互不干扰的运动，此模型从本质上来讲也没有考虑湍流扩散，其中颗粒的运动及变化用 Lagrangian 方法描述，但是该模型难以完全模拟颗粒相的湍流运输过程，计算结果也难以同实验结果对照。

第三类模型是采用 Eulerian 方法的连续介质模型或双流体模型，双流体模型是把颗粒当作连续的流体处理，即颗粒与流体混合后还是流体。其基本假设是：①在流场中的任一点，虽然每相流体或颗粒都有各自的流动特性，但是当其相互渗透后，把两相当作具有相同的性质处理；②颗粒的性质是连续的；③每一颗粒相除与气体有质量、动量与能量的相互作用外，还具有自身的湍流脉动，造成颗粒的质量、动量及能量的湍流输运，且颗粒脉动取决于对流、扩散、产生及与气相湍流的相互作用；④用初始尺寸分布来区分颗粒组；⑤对于稠密颗粒悬浮体，颗粒碰撞会引起附加的颗粒黏性、扩散和热传导。由于颗粒相方程与气相方程组具有相同的形式，因此给求解带来了便利，且节省了计算机求解时间。

对双流体模型，如何封闭欧拉场的守恒方程组是模型成败的关键，最为突出的问题是如何描述颗粒相的应力项，包括颗粒黏度与颗粒压力。自 20 世纪 80 年代以来，一种类比于气体分子运动论的颗粒相动力学理论（kinetic theory of particular phase）在气固两相流的数值模拟中得到了广泛的应用。在颗粒相动力学理论中，颗粒相应力的描述是类比于稠密气体的分子运动论，即将气固流动中单个颗粒的运动类比于气体分子的热运动。类似于

气体分子，颗粒在整个流体流动上叠加一个随机运动，这一随机运动源于颗粒之间的碰撞，从而产生颗粒相的压力和黏度。颗粒相的压力和黏度依赖于颗粒速度脉动的程度。由此，颗粒的这一随机运动被定义为"拟温度"或"颗粒温度"，它正比于颗粒速度随机成分的均方

$$\frac{3}{2}\Theta = \frac{1}{2}\langle \vec{C}_{\mathrm{m}}^2 \rangle \tag{10-10}$$

式中　Θ——颗粒温度；

$\vec{C}_{\mathrm{m}}$——颗粒速度的随机成分。

则颗粒的瞬时速度为

$$\vec{c}_{\mathrm{m}} = \vec{v}_{\mathrm{sm}} + \vec{C}_{\mathrm{m}} \tag{10-11}$$

式中　$\vec{c}_{\mathrm{m}}$——颗粒的瞬时速度；

$\vec{v}_{\mathrm{sm}}$——颗粒流的平均速度。

与真实的热能不同，颗粒温度的耗散是通过非弹性颗粒碰撞和颗粒对壁的碰撞，因此，颗粒相除了具有质量和动量守恒关系外，必须引入颗粒温度守恒方程，该守恒方程通过从颗粒相总能量方程中减去颗粒相机械能和热能

$$\frac{3}{2}\frac{\partial}{\partial t}\varepsilon_{\mathrm{sm}}\rho_{\mathrm{sm}}\Theta_{\mathrm{m}} + \frac{3}{2}\ \nabla\bullet\ \varepsilon_{\mathrm{sm}}\rho_{\mathrm{sm}}\Theta_{\mathrm{m}} = \left[\overline{S}_{\mathrm{sm}}:\nabla\vec{v}_{\mathrm{sm}} - \nabla\bullet\ \vec{q}_{\Theta_{\mathrm{m}}} - \gamma_{\Theta_{\mathrm{m}}} + \phi_{\mathrm{gm}} + \sum_{\substack{l=1 \\ l\neq m}}^{M}\phi_{\mathrm{lm}}\right] \tag{10-12}$$

式中　$\vec{q}_{\Theta_{\mathrm{m}}}$——颗粒温度的流率；

$\gamma_{\Theta_{\mathrm{m}}}$——颗粒温度的耗散率。

颗粒温度中忽略了颗粒能对流和扩散的作用，只考虑获得和损失的能量，颗粒能量方程的最终形式为

$$\Theta_{\mathrm{m}} = \left\{\frac{-K_{1\mathrm{m}}\varepsilon_{\mathrm{sm}}tr(\overline{D}_{\mathrm{sm}}) + \sqrt{K_{1\mathrm{m}}^2 tr^2(\overline{D}_{\mathrm{sm}})\varepsilon_{\mathrm{sm}}^2 + 4K_{4\mathrm{m}}\varepsilon_{\mathrm{sm}}\left[K_{2\mathrm{m}}tr^2(\overline{D}_{\mathrm{sm}}) + 2K_{3\mathrm{m}}tr(\overline{D}_{\mathrm{sm}}^2)\right]}}{2\varepsilon_{\mathrm{sm}}K_{4\mathrm{m}}}\right\}^2 \tag{10-13}$$

其中

$$K_{4\mathrm{m}} = \frac{12(1-e_{\mathrm{mm}}^2)\rho_{\mathrm{sm}}g_{0_{\mathrm{mm}}}}{d_{\mathrm{pm}}\sqrt{\pi}} \tag{10-14}$$

式中　$K_{4\mathrm{m}}$——与固相性质有关的系数。

四、生物质挥发分释放模型

生物质挥发分析出过程的常见模型包括单方程模型、双方程模型、多方程模型和通用热解模型。两步竞争反应模型在实际的循环流化床模拟过程中应用较为广泛，计算简单又有着一定的准确性。在两步竞争反应模型中认为挥发分的析出过程由两个相互竞争的平行反应来控制，反应的活化能分高低两级进行分析，它对温度的适用范围较大，比较适合流化床燃烧。

该模型由 Kobayashi 在单方程模型的基础上进行的改进优化，提出挥发分的析出速度在不同的温度范围内采用不同的速度表达式，即

$$k_1 = B_1 \exp\left[-\frac{E_1}{RT}\right] \tag{10-15}$$

$$k_2 = B_2 \exp\left[-\frac{E_2}{RT}\right] \tag{10-16}$$

B_1 和 B_2 在不同的温度范围内控制着不同的挥发分析出速率，两个速率常数根据选择的生成率进行加权得出生物质燃料的挥发分总析出速率的表达式

$$V = \int_0^t \left\{ (\alpha_1 k_1 + \alpha_2 k_2) \cdot \exp\left[\int_0^t (k_1 + k_2) \mathrm{d}t\right] \right\} \mathrm{d}t \tag{10-17}$$

式中　k_1，k_2——竞争性析出速率常数，s^{-1}；

　　　B_1，B_2——指前因子，s^{-1}；

　　　E_1，E_2——活化能，$\mathrm{kJ/mol}$；

　　　α_1，α_2——挥发分析出比例因子。

1. 挥发分析出过程中体积的变化

生物质燃料颗粒在挥发分析出的过程中会发生变化，变化前后颗粒直径之间的比值为

$$d_\mathrm{p}/d_\mathrm{p0} = 1 + (C_\mathrm{sw} - 1)\frac{(1 - f_\mathrm{w,0})m_\mathrm{p,0} - m_\mathrm{p}}{f_\mathrm{v,0}m_\mathrm{p,0}} \tag{10-18}$$

式中　d_p0——颗粒的初始直径；

　　　C_sw——膨胀系数；

　　　$f_\mathrm{w,0}$——颗粒的可蒸发质量分数；

　　　$f_\mathrm{v,0}$——颗粒初始挥发分质量分数；

　　　$m_\mathrm{p,0}$——喷射源的初始颗粒质量。

2. 挥发分析出过程中传递给颗粒的热量

挥发分析出过程中传递给颗粒的热量包括对流热、辐射热以及挥发分析出过程中消耗的热量。解方程过程中假设在一个时间步长内，颗粒的质量与温度不发生变化，则

$$m_\mathrm{p}c_\mathrm{p}\frac{\mathrm{d}T_\mathrm{p}}{\mathrm{d}t} = hA_\mathrm{p}(T_\infty - T_\mathrm{p}) + A_\mathrm{p}\varepsilon_\mathrm{p}\sigma(\theta_R^4 - T_\mathrm{p}^4) \tag{10-19}$$

五、焦炭燃烧模型

生物质燃料中的挥发分析出以后剩余的固体产物即为焦炭，而焦炭的燃烧是一个复杂的化学反应过程，在该模型中假设氧化物与焦炭的燃烧只发生在焦炭表面，包括氧化物在焦炭颗粒表面的扩散过程和氧化物在焦炭颗粒表面同焦炭进行反应。

不同燃料的焦炭燃烧过程是类似的，而焦炭在流化床内的燃烧速率不同（生物质燃料的焦炭燃烧选择 kinetic/diffusion-limited 模型），假设颗粒表面的反应速率同时受到反应动力学和扩散控制的影响。Baumt 和 Partankar 对该模型的扩散速率进行研究并得出扩散速率常数如下

$$D_0 = C_1 \frac{\left[(T_\mathrm{p} + T_\infty)/2\right]^{0.75}}{d_\mathrm{p}} \tag{10-20}$$

化学反应速率为

$$R = C_2 \exp(-E/RT_\mathrm{p})$$ (10-21)

对扩散速率和化学反应速率取加权平均值得到的焦炭燃烧速率为

$$\frac{\mathrm{d}m_\mathrm{p}}{\mathrm{d}t} = -\pi d_\mathrm{p}^2 p_\mathrm{ox} \frac{D_0 R}{D_0 + R}$$ (10-22)

式中　D_0 ——扩散速率；

　　　C_1 ——扩散速率常数；

　　　T_p ——颗粒表面的温度，K；

　　　T_∞ ——周围介质的温度，K；

　　　d_p ——当前焦炭颗粒直径，m；

　　　R ——化学反应速率；

　　　C_2 ——指前因子，s^{-1}；

　　　E ——活化能，kJ/mol；

　　　m_p ——当前焦炭颗粒质量，kg；

　　　p_ox ——焦炭颗粒周围的气相氧化剂分压，%。

六、非预混燃烧模型

生物质燃料在循环流化床内属于湍流燃烧，湍流燃烧中包括湍流脉动、分子输运和化学反应间复杂的相互作用，这里选用湍流的非预混燃烧来模拟流化床内的湍流扩散火焰。生物质燃料和空气以相异流的形式进入炉膛，通过解一个或两个守恒标量的输运方程，从预测的混合分数分布推导出流场中任一点的每一个组分的每个组分摩尔分数、密度和温度。在守恒标量方法中，通过概率密度函数 PDF 来考虑湍流，使用 flame sheet 的方法对反应系统进行处理。该过程发生的热化学计算在 prePDF 模块中进行，湍流和化学反应之间的相互作用考虑为一个概率密度函数。

在非预混燃烧模拟过程中，在生物质燃料和氧化剂组成的二元系统，混合分数 f 的定义如下

$$f = \frac{Z_i - Z_{i,\mathrm{ox}}}{Z_{i,\mathrm{fuel}} - Z_{i,\mathrm{ox}}}$$ (10-23)

式中　Z_i ——组分 i 的质量分数；

　　　ox——氧化剂流在入口处的数值；

　　　fuel——燃料流在入口处的数值；

　　　f ——混合分数来源于燃料的元素质量分数，表示的是所有成分中已经燃烧和未燃烧的燃料流成分的质量分数。

假设扩散率相同的情况下，对于湍流的单混合分数模型的时间平均混合分数方程为

$$\frac{\partial}{\partial t}(\rho \overline{f}) + \nabla \cdot (\rho \overline{v} \overline{f}) = \nabla \cdot \left(\frac{\mu_t}{\sigma_t} \nabla \overline{f} \right) + S_\mathrm{m} + S_\mathrm{user}$$ (10-24)

式（10-31）中源项 S_m 仅指质量由液体燃料滴或反应颗粒传入气相中，S_user 为任何用

户定义源项。

除了解平均混合分数的输运方程外，还需要求解一个关于平均混合分数均方值的守恒方程 $\overline{f'^2}$，即

$$\frac{\partial}{\partial t}(\rho \overline{f'^2}) + \nabla \cdot (\rho \overline{v} \, \overline{f'^2}) = \nabla \cdot \left(\frac{\mu_t}{\sigma_t} \, \nabla \overline{f'^2} \right) + C_g \mu_t (\nabla^2 \overline{f}) - C_d \rho \frac{\varepsilon}{k} \, \overline{f'^2} + S_{user} \tag{10-25}$$

式（10-32）中，$f' = f - \overline{f}$，常数 σ_t、C_g 和 C_d 分别取 0.85、2.86 和 2.0。

用双混合分数模型模拟气相燃烧时，首先选用两个混合分数，即对燃料流和第二相流分别取混合分数 f_{fuel}、p_{sec}，用 $\overline{f_{fuel}}$、$\overline{p_{sec}}$ 和 $\overline{f'^2_{fuel}}$、$\overline{p'^2_{sec}}$ 分别代替方程中的 $\overline{f}$ 和 $\overline{f'^2}$ 来求解 $\overline{f_{fuel}}$、$\overline{p_{sec}}$、$\overline{f'^2_{fuel}}$ 和 $\overline{p'^2_{sec}}$。

湍流和化学反应之间的相互作用由概率密度函数表述。预测气相湍流反应关系的是这些脉动量的时平均值，它们与依赖于湍流—化学反应相互作用的瞬时值的相关性采用混合分数概率密度函数来封闭模型。β 函数概率密度函数为

$$p(f) = \frac{f^{\alpha-1}(1-f)^{\beta-1}}{\int f^{\alpha-1}(1-f)^{\beta-1} \mathrm{d}f} \tag{10-26}$$

其中

$$\alpha = \overline{f} \left[\frac{\overline{f}(1-\overline{f})}{\overline{f'^2}} - 1 \right]$$

$$\beta = (1-\overline{f}) \left[\frac{\overline{f}(1-\overline{f})}{\overline{f'^2}} - 1 \right]$$

对单混合分数概率密度函数，组分摩尔分数和温度的时间平均值表示为

$$\overline{\phi}_i = \int_0^1 p(f)\phi_i(f)\mathrm{d} \tag{10-27}$$

对双混合分数概率密度函数，组分摩尔分数和温度的时间平均值表示为

$$\overline{\phi}_i = \int_0^1 \int_0^1 p_1(f_{fuel})p_2(p_{sec})\phi_i(f_{fuel}, p_{sec})\mathrm{d}f_{fuel}\mathrm{d}p_{sec} \tag{10-28}$$

七、传热传质模型

生物质燃料锅炉炉膛内主要包括热传导、热对流和热辐射三种传热方式，炉膛内的火焰温度很高，火焰同水冷壁壁面之间以辐射换热为主。在生物质燃料燃烧反应中，模拟燃烧系统中辐射传输方程的求解精度在很大程度上取决于固相颗粒（生物质燃料颗粒、焦炭、灰粒、烟黑）和气相（主要是 CO_2 和 H_2O）的辐射性质。因此，为了准确计算辐射换热量，选择合适的数学模型是至关重要的。表 10-2 列出了常用辐射模型，并对其适用范围进行总结。这里对生物质锅炉燃烧的数值模拟中需要考虑气相与颗粒相之间的辐射换热，同时兼顾计算量的大小，选用 P-1 辐射模型。

P-1 模型是最简单的一种球谐函数法，它假定介质中的辐射强度沿空间角度呈正交球谐函数分布，并将含有微分、积分的辐射输运方程转化为一组偏微分方程，联立能量方程和相应的边界条件便可求出辐射强度和温度的空间分布。同其他辐射模型相比，考虑了气

相与颗粒相的辐射换热以及辐射散射的作用，对于光学厚度较大和几何形状比较复杂的燃烧设备，并且求解辐射能量传递方程所需时间较少，适合生物质燃料在炉膛内的燃烧模拟。

表 10-2
辐 射 换 热 模 型

名　　称	优　　点	缺　　点
P-1 模型	模型简单，计算量小，考虑了散射和颗粒的影响，可用于复杂几何体内的计算	仅适合于光学厚度大于 1 的灰体辐射，不适用于半透明介质和非灰体
DO 模型	适用范围广，可用于任何光学厚度的辐射换热、半透明介质和非灰体辐射换热，考虑了颗粒的影响	计算量较大，占用计算机内存较多
DTRM 模型	模型相对简单，适用范围广	未考虑散射，仅考虑灰体辐射，随着追踪光线增加计算量增大，未考虑颗粒的影响
Rosseland 模型	计算速度快，占用计算机内存小	仅适用于光学厚度大于 3 的灰体辐射，不适用于半透明介质
S2S 模型	适用于无介质参与的封闭系统内的辐射换热	不适用于介质参与的辐射换热系统，随着辐射换热面个数增加占用计算机内存剧增

P-1 方法通过式（10-29）来求解辐射热流量 q_r

$$q_r = -\frac{1}{3(a+\sigma_s)-C\sigma_s}\,\nabla G \qquad (10\text{-}29)$$

式中　a——吸收系数；

　　σ_s——扩散系数；

　　G——附带辐射；

　　C——线性各向异性阶段函数系数。

为了简化式（10-29），提出以下参数

$$\Gamma = \frac{1}{3(a+\sigma_s)-C\sigma_s}$$

因此式（10-29）可简化为

$$q_r = -\Gamma\,\nabla G \qquad (10\text{-}30)$$

G 的输运方程为

$$\nabla(\Gamma\,\nabla G) - aG + 4a\sigma T^4 = 0 \qquad (10\text{-}31)$$

式中　σ——史蒂芬—波尔兹曼常数。

联立式（10-29）～式（10-31），得到式（10-32）

$$-\nabla q_r = aG - 4a\sigma T^4 \qquad (10\text{-}32)$$

P-1 模型中包含了颗粒相的影响，对含有吸收、发散和散射颗粒的灰体媒介，入射辐射的输运方程可以表示为

$$\nabla(\Gamma\,\nabla G) + 4\pi\left[a\frac{\sigma T}{\pi} + E_p\right] - [a+a_p]G = 0 \qquad (10\text{-}33)$$

其中

$$E_p = \lim_{I'\to 0}\sum_{n=1}^{N}\varepsilon_{pn}A_{pn}\frac{\sigma T_{pn}^4}{\pi V} \qquad (10\text{-}34)$$

$$a_{\mathrm{p}} = \lim_{I' \to 0} \sum_{n=1}^{N} \varepsilon_{\mathrm{p}n} \frac{A_{\mathrm{p}n}}{V} \tag{10-35}$$

$$A_{\mathrm{p}n} = \frac{\pi D_{\mathrm{p}n}^{2}}{4}$$

式中 E_{p} —— 颗粒的等价辐射发射量；

   a_{p} —— 等价吸收系数；

   $\varepsilon_{\mathrm{p}n}$ —— 颗粒的发射率；

   $T_{\mathrm{p}n}$ —— 颗粒的投射温度；

   $A_{\mathrm{p}n}$ —— 颗粒的投射面积；

   V —— 控制体积；

   $D_{\mathrm{p}n}$ —— 第 n 个颗粒的直径。

P-1 模型对边界条件的处理如下：

热通量的计算方程式为

$$q_{\mathrm{r,w}} = -\frac{4\pi\varepsilon_{\mathrm{w}} \dfrac{\sigma T_{\mathrm{w}}^{4}}{\pi} - (1-\rho_{\mathrm{w}})G_{\mathrm{w}}}{2(1+\rho_{\mathrm{w}})} \tag{10-36}$$

假设墙为漫反射的灰色表面，则

$$\rho_{\mathrm{w}} = 1 - \varepsilon_{\mathrm{w}}$$

有 $$q_{\mathrm{r,w}} = -\frac{\varepsilon_{\mathrm{w}}}{2(2-\varepsilon_{\mathrm{w}})}(4\sigma T_{\mathrm{w}}^{4} - G_{\mathrm{w}}) \tag{10-37}$$

八、多孔介质模型

多孔介质模型在研究流体流动性质方面具有广泛的应用，其基本原理就是在动量方程的基础上考虑到由于碰撞引起动量的损失。所以多孔介质模型受到以下制约：

（1）流体的流动是均匀的，速度没有变化。

（2）介质对湍流的影响有近似的。

在多孔介质中，动量算是对于压力梯度有贡献，压力和流体速度呈比例。多孔介质中多孔介质附加的动量源项由两部分组成，一部分是黏性损失项（Darcy），另一部分是内部损失项

$$S_{\mathrm{momentum}} = \sum_{j=1}^{3} D_{ij}\mu v_{j} + \sum_{j=1}^{3} C_{ij} \frac{1}{2}\rho |v_{j}| v_{j} \tag{10-38}$$

对于简单的多孔介质

$$S_{\mathrm{momentum}} = \frac{\mu}{\alpha} v_{i} + C_{2} \frac{1}{2}\rho |v_{j}| v_{j}$$

式中 α —— 渗透性系数；

   C_{2} —— 内部阻力因子。

对于固定床来说，固定床上的固体颗粒假设为粒径相等的球状颗粒时

$$\nabla p = \frac{150\mu}{D_{\mathrm{P}}^{2}} \frac{(1-\phi)^{2}}{\phi^{3}} v + \frac{1.75\rho(1-\phi)}{D_{\mathrm{P}}\phi^{3}} v \tag{10-39}$$

其中
$$\alpha = \frac{D_\mathrm{p}^2}{150} \frac{\phi^3}{(1-\phi)^2}$$
$$C_2 = \frac{3.5}{D_\mathrm{p}} \frac{(1-\phi)}{\phi^3}$$

式中　μ——黏性系数；

$\quad\quad D_\mathrm{p}$——平均粒子直径；

$\quad\quad \phi$——空间所占分数；

$\quad\quad v$——速度；

$\quad\quad \alpha$——渗透性损失系数；

$\quad\quad C_2$——内部损失系数。

如果模拟的是穿孔板或者管道堆，有时可以消除渗透项只用内部损失项，从而得到多孔介质简化方程

$$\frac{\partial p}{\partial x_\mathrm{i}} = \sum_{j=1}^{3} C_{2\mathrm{ij}} \frac{1}{2} \rho v_j |v_j| \tag{10-40}$$

多孔介质模型求解的仍是标准的能量方程，只是对传热流量和过渡项做了修改。在多孔介质中，传导流量使用有效热传导系数，过渡项包括介质固体区域的热惯量，能量方程为

$$\frac{\partial}{\partial t} [\phi \rho_\mathrm{f} h_\mathrm{f} (1-\phi) \rho_\mathrm{s} h_\mathrm{s}] + \frac{\partial}{\partial x_\mathrm{i}} (\rho_\mathrm{f} u_\mathrm{i} h_\mathrm{f})$$
$$= \frac{\partial}{\partial x_\mathrm{i}} \left(k_\mathrm{eff} \frac{\partial T}{\partial x_\mathrm{i}} \right) - \phi \frac{\partial}{\partial x_\mathrm{i}} \sum_{j'} h_{j'} J_{j'} + \phi \frac{\mathrm{D}p}{\mathrm{D}t} + \phi \tau_\mathrm{ik} \frac{\partial u_\mathrm{i}}{\partial x_\mathrm{k}} + \phi S_\mathrm{f}^\mathrm{h} + (1-\phi) S_\mathrm{s}^\mathrm{h} \tag{10-41}$$

式中　T——平均温度；

$\quad\quad \mu$——分子热运动而引起的动力黏度系数；

$\quad\quad h_\mathrm{f}$——流体的焓；

$\quad\quad h_\mathrm{s}$——固体介质的焓；

$\quad\quad k_\mathrm{eff}$——介质的有效热传导系数；

$\quad\quad S_\mathrm{f}^\mathrm{h}$——流体的焓源项；

$\quad\quad S_\mathrm{s}^\mathrm{h}$——固体的焓源项。

多孔介质的有效热传导率 k_eff 是由流体的热传导率和固体的热传导率的体积平均值计算得到的

$$k_\mathrm{eff} = \phi k_\mathrm{f} + (1-\phi) k_\mathrm{s} \tag{10-42}$$

式中　k_f——流体热传导率；

$\quad\quad k_\mathrm{s}$——固体热传导率；

$\quad\quad \phi$——空隙率。

九、湍流模型

湍流数学模型的发展首先由 Boussinesq 针对二维边界层问题，把由湍流引起的脉动速度关联量湍流雷诺应力用模拟层流中时均速度的梯度来表达，即

$$\tau_{\mathrm{ij}} = -\rho \overline{u_\mathrm{i}' u_\mathrm{j}'} = \mu_\mathrm{t} \frac{\partial \bar{u}}{\partial y} = \rho v_\mathrm{t} \frac{\partial \bar{u}}{\partial y} \tag{10-43}$$

式中　τ_{ij}——雷诺应力；

　　　u——主流方向均流速度；

　　　μ_t——混合系数，即湍流黏性系数；

　　　y——与主流方向垂直的空间坐标。

将提出的二维关系式推广到三维情况，以张量形式表示

$$\tau_{ij} = \mu_t \left[\frac{\partial \bar{u_i}}{\partial x_j} + \frac{\partial \bar{u_j}}{\partial x_i} \right] - \frac{2}{3} \rho K \delta_{ij} \tag{10-44}$$

式中　K——湍流脉动动能；

　　　δ_{ij}——KRONECHER 函数。

即 $\delta_{ij} = 0, i \neq j; \delta_{ij} = 1, i = j$。

方程建立以后，关键的问题就变成了如何求解 μ_t 的值，由此引出了各种求解 μ_t 的数学模型。根据求解 μ_t 所用的方法不同，可以把模型分为代数方程模型和微分方程模型；而根据建模所需微分方程的数目，可以分为零方程模型（混合长度模型）、单方程模型（湍流动能方程模型）和双方程模型。另外，由各向异性的前提出发，直接对方程组封闭和求解输运方程，计算应力分量，称为雷诺应力方程模型（二阶封闭模型），还有大涡模拟模型等。各个模型的优缺点如下：

（1）普朗特混合长度模型的优点是直观、简单，无需附加湍流特性的微分方程，适用于简单流动，如射流、边界层、管流、喷管流动等；但单方程模型在 $\left| \frac{\partial \bar{u}}{\partial y} \right| = 0$ 处必然是湍流黏性为零，与实际流动不符，同时，对复杂流动如拐弯、射流或台阶后方有回流的流动，这一理论也不能解释实验现象。

（2）单方程模型考虑了湍动能的经历效应（对流）及混合效应（扩散），比零方程模型合理，但是要用单方程模型封闭，必须给定混合长度 l 的表达式，对简单流动，用零方程模型即可解决，对复杂流动，l 需要用复杂的表达式给出，无通用性，目前已很少使用。

（3）双方程模型目前得到广泛应用。双方程模型基本可以成功地用于以下情况：①无浮力平面射流；②平壁边界层；③管流、通道流或喷管内流动；④无旋及弱旋的二维及三维回流流动（尚有缺陷）。但用于以下情况时并不太成功：①强旋流（旋流数大于1）；②浮力流；③重力分层流；④曲壁边界层；⑤低 Re 数流动；⑥圆射流。

（4）雷诺应力方程模型从理论的角度看是最简单的，由工程的角度看，对于复杂湍流流动的模拟也是最复杂的模型。

综合比较，这里采用 RNG $k-\varepsilon$ 双方程模型模拟湍流流动。

$k-\varepsilon$ 模型将影响湍流黏性系数的两个特征量 K 和 ε 处理成各自的微分控制方程因变量，其中 $\varepsilon = C_D K^{3/2} L^{-1}$，$k-\varepsilon$ 双方程模型中最常用的 K 方程形式

$$\frac{\partial (\rho K)}{\partial t} + \frac{\partial (\rho \bar{u_i} K)}{\partial x_i} = \frac{\partial}{\partial x_i} \left[\frac{\mu_t}{\sigma_t} \frac{\partial K}{\partial x_i} \right] + \frac{\mu}{\delta} \left[\frac{\partial \bar{u_i}}{\partial x_j} + \frac{\partial \bar{u_j}}{\partial x_i} \right] \frac{\partial u_i}{\partial x_j} - \rho \varepsilon \tag{10-45}$$

类似的，可得到 ε 方程为

$$\frac{\partial(\rho\varepsilon)}{\partial t}+\bar{u}_i\frac{\partial(\rho\varepsilon)}{\partial x_i}=\frac{\partial}{\partial x_i}\Big[\frac{\mu_t}{\sigma_t}\Big]+C_{g1}\mu_t\frac{\varepsilon}{K}\Big[\frac{\partial u_i}{\partial x_j}+\frac{\partial u_j}{\partial x_i}\Big]\frac{\partial u_i}{\partial x_j}-C_{\varepsilon 2}\frac{\rho\varepsilon^2}{K} \tag{10-46}$$

由于其普遍适用性，$k-\varepsilon$ 模型在实际流体动力学问题中应用得非常广泛，但对于标准 $k-\varepsilon$ 方程，湍动能 K 和特性尺度 L 都是标量，它们导出的湍流黏性系数无法体现出湍流输运的各向异性即所有垂直应力相等。这样，二维的影响就不能准确预测，这在高强度旋流中尤为突出。针对研究的炉内流场，虽然存在旋流，但其旋度不高，不至于对计算产生很大影响。

标准 $k-\varepsilon$ 模型的另一个缺点是不能用于低雷诺数的层流条件。$k-\varepsilon$ 模型适用于高雷诺数、充分发展的湍流流动区域。因此，模拟层流与湍流之间的过渡区需采取补充模型。

对模拟层流与湍流的过渡区主要有两种方法，即改进的适用于近壁低雷诺数的 $k-\varepsilon$ 方程和壁函数。对于低雷诺数法，湍流模型必须包括考虑充分发展湍流至层流的转变项。在 $k-\varepsilon$ 模型中，在 k 的偏微分方程中要包括新项或 k，或是方程中都包括衰减函数，即与壁距离、分子黏度和 k 或局部值的函数。

在壁函数方法中，采用一个普朗特提出的分析表达式来模拟从壁至计算区域中的最近点的速度和温度分布。

针对标准 $k-\varepsilon$ 模型在强旋流动中存在的问题，采用 RNG $k-\varepsilon$ 模型。

RNG $k-\varepsilon$ 模型正是通过引入尺度 $\eta=\dfrac{SK}{\varepsilon}$ 参量，使之可以用来处理各向异性的湍流流动。而且 RNG $k-\varepsilon$ 模型对于低 Re 数区域，可直接积分到壁面，无需像标准 $k-\varepsilon$ 模型那样有相应的处理。下面简要给出它的表达式

$$u_j\frac{\partial K}{\partial x_j}=G_k-\varepsilon+\frac{\partial}{\partial x_j}\Big[\Big(\mu+\frac{\mu_t}{\sigma_k}\Big)\frac{\partial K}{\partial x_j}\Big] \tag{10-47}$$

$$u_j\frac{\partial\varepsilon}{\partial x_j}=C_1\frac{\varepsilon}{k}p_k-C_2\frac{\varepsilon^2}{k}+\frac{\partial}{\partial x_j}\Big[\Big(\mu+\frac{\mu_t}{\sigma_\varepsilon}\Big)\frac{\partial\varepsilon}{\partial x_j}\Big] \tag{10-48}$$

其中

$$k=\overline{u_iu_j}\big/2$$

$$\varepsilon=\mu\overline{\frac{\partial u_i}{\partial x_j}\frac{\partial u_i}{\partial x_j}}$$

$$\mu_t=C_\mu\frac{k^2}{\varepsilon}$$

$$G_k=2\mu_t\overline{S_{ij}S_{ij}}$$

$$\overline{S_{ij}}=\frac{1}{2}\Big(\frac{\partial u_i}{\partial x_j}+\frac{\partial u_j}{\partial x_i}\Big)$$

式中　G_k——湍流动能产生项；

　　　S_{ij}——平均应变力张量。

十、污染物生成模型

对燃烧设备所产生的有害污染物的模拟和测量，是燃烧模型最重要的任务和内容之一。

目前，在燃烧设备上模拟和预测污染物的方法也分成两大类：

（1）经验—分析法。建立湍流模型，并结合实际情况，把模拟区域分层，每个区间内取平均值，再利用实际经验对组分进行估计。

（2）数值模拟的方法。对不同的污染物由于具有不同的燃烧特性，所以要建立不同的模型。

1. 氧化氮的模型

生成的NO多情况是一种非平衡现象，如热力型NO的生成取决于已燃气体中的温度梯度。烃在高温高压条件下，会很快发生反应，所以把其当作平衡态处理。因为NO在燃烧过程中，生成率减慢且远远比燃烧速度小，所以处于非平衡态。

目前可以准确地预测NO生成率就是根据人们所熟知的经扩展的Zeleovich机理

$$N_2 + O \Longleftrightarrow NO + N$$

$$N + O_2 \Longleftrightarrow NO + O$$

$$N + OH \Longleftrightarrow NO + H$$

经推导，最后得到的NO生成方程

$$\frac{d[NO]}{dt} = \frac{2R_1\{1 - [NO]^2/[NO]_e^2\}}{1 + \{R_1[NO]/(R_2 + R_3)[NO]_e\}}$$

根据化学平衡计算得到有关组分的平衡浓度值，然后便可以算出反应速率 R_1、R_2 和 R_3，于是微分方程中只剩下一个变量 $[NO]$。可以对时间积分求得，积分范围从燃烧温度到冻结温度。

当 $[NO]$ 的浓度远低于其平衡值时，可得

$$\frac{d[NO]}{dt} = 6 \times 10^{16} T^{-1/2}[O_2]^{1/2}[N_2]_e \exp\left(-\frac{69090}{T}\right)$$

NO形成的特征时间可用 τ_{NO} 表示，定义为

$$\tau_{NO}^{-1} = \frac{1}{[NO]_e}\frac{d[NO]}{dt}$$

其中

$$[NO]_e = (k[O_2]_e[N_2]_e)^{1/2}$$

$$k = 20.3\exp\left(\frac{21650}{T}\right)$$

则

$$\tau_{NO} = 8 \times 10^{-16} T_p^{-1/2} \exp(58300/T)$$

2. 一氧化碳的生成模型

CO的生成机理十分复杂，目前的研究还不够十分透彻。有实验表明，CO生成主要受到燃空当量比影响，而且受到化学动力学机理控制。一般CO的生成率可以按照两步反

应来考虑，面对丙烷火焰

$$C_3H_8 + \frac{7}{2}O_2 \longrightarrow 3CO + 4H_2O$$

$$CO + \frac{1}{2}O_2 \longrightarrow CO_2$$

其反应速率为

$$RCO = \frac{d[CO]}{dt} = 1.35 \times 10^{14}[CO][O_2]^{1/2}[H_2O]^{1/2}\exp(-30000/RT)$$

作为源相带入 CO 的微分方程进行求解

$$\frac{\partial}{\partial x_j}(\rho u_j m_{CO}) = \frac{\partial}{\partial x_j}\left(\frac{\mu_e}{\delta_{CO}}\frac{\partial m_{CO}}{\partial x_j}\right) - R_{CO}$$

生物质电厂目前未采用脱硝装置，大部分学者对生物质燃烧过程的研究也未将重点放在氮氧化物排放问题上来。本书针对生物质炉排炉燃烧和 CFB 锅炉燃烧过程的生成物浓度分析时，未考虑氮氧化物的分布。随着能源和环保问题的日益重视，生物质氮氧化物排放问题也会引起越来越多人的关注。

十一、冷态模化理论

运用相似理论进行模型实验研究时，必须基于相似准则。用方程分析和因次分析建立模型，再通过实验导出关系，进而用于对实际锅炉运行的数值模拟。

所谓冷态模化，是指采用冷态模型或冷炉试验方法模拟没有燃烧升温状态下的炉内流动情况，采用的多是流动过程的近似模化、局部模化。

冷态模化主要是对气流流动状态的模化，对流动过程起主要作用的是雷诺准则数 $Re = \omega D/\upsilon$，它表示惯性力与黏性力的比值，这两种力的比值不同则炉内气体速度场也随之变化。通常以欧拉准则来表示压力与惯性力的比值，即 $Eu = \Delta P/\rho\omega^2 = f(Re)$，在等温流动时，它决定了气体流动的阻力特性。假设炉内气流为等温、稳态、不可压缩的冷态流动，对于单相模化主要考虑 Eu 准则和 Re 准则，Eu 准则数取决于 Re 准则数，但是当气流运动状态进入自模化区时，欧拉数不再与雷诺数有关而保持一个定值。

所谓进入自模化区，就是当雷诺数大于某一定值后欧拉数不再与雷诺数有关而是保持一定值，即 $Eu \neq f(Re)$，此时惯性力起主要作用，流体质点的流动状态主要受惯性力的影响而可以忽略黏性力的影响，即不再受 Re 值影响。此时，Re 不管怎么变化气流的速度场总是不变的，关于锅炉冷态试验中进入自模化区的最低雷诺数的选取，对于一般炉膛临时雷诺数 $Re_L \approx 5 \times 10^4$，在缺乏实验数据情况下，设计锅炉冷态模型时一般取 $Re_L = 10^5$，当 $Re \geq 10^5$ 时就认为模型进入自模化区。

影响炉内流动工况最主要的参数是动量，因此保持模型和实物之间的动量比相等是十分必要的。

以角标 O、M 分别代表实物和模型，角标 1、2、3 分别代表一、二、三次风，j、w、ρ、m 分别代表喷口面积、平均流速、密度及喷出质量流量，则模型和实物一、二次风的

动量比可写成

$$m_{1M}\omega_{1M}/(m_{2M}\omega_{2M}) = (m_{1O} + m_P)\omega_{1O}/(m_{2O}\omega_{2O}) \tag{10-49}$$

式中　m、ω——质量、速度；

　　　　P——代表固体颗粒，这里 $m_P = 0$。

实物一次风动量是由一次风和燃料动量两部分组成

$$(m_{1O} + m_P)\omega_{1O} = (\rho_{1O} f_{1O}\omega_{1O} + m_P)\omega_{1O} = \rho_{1O} f_{1O}\omega_{1O}^2/\left(1 + \frac{m_P}{\rho_{1O} f_{1O}\omega_{1O}}\right)$$

$$= (1 + k\mu)\rho_{1O} f_{1O}\omega_{1O}^2 \tag{10-50}$$

式中　f——喷口截面积；

　　　　ω——平均流速；

　　　　ρ——气流浓度；

　　　　m——质量流量；

　　　　μ——一次风燃料质量浓度；

　　　　k——固体颗粒流速与风速不同的修正系数。

所以，为了保证动量比相等，模型的一、二次风比为

$$\frac{\omega_{1M}}{\omega_{1M}} = \frac{\omega_{1O}}{\omega_{2O}}\sqrt{\frac{\rho_2 \rho_{1O} f_{2M} f_{1O}(1 + kv)}{\rho_1 \rho_{2O} f_{2M} f_{2O}}} \tag{10-51}$$

原型与模型几何相似，即 $f_{1M}/f_{2M} = f_{1O}/f_{2O}$，冷态时 $t_{1M} = t_{2M}$。

故有

$$\frac{\omega_{1m}}{\omega_{2m}} = \frac{\omega_{1O}}{\omega_{2O}}\sqrt{\frac{t_{2O} + 273}{t_{1O} + 273}} \tag{10-52}$$

式中　t——一、二次风温度。

在模拟过程中，根据相似原理，冷态模化应满足三个要求：

（1）模型与实物需几何相似；

（2）保持气流运动状态进入（第二）自模化区（$Re > Re_L$）；

（3）边界条件相似。

满足上述三个条件后，选择合适的比例尺，在把模型的实验结果推广到原型上去，即可完成。

第五节　生物质燃烧数值模拟

一、炉排炉数值模拟

炉排炉锅炉燃料的燃烧可分为燃料在床层上的转换及可燃气体在自由空间内的燃烧两个部分。炉排炉锅炉燃料在床层上的转化过程可视为有辐射换热的气固反应系统，系统中包含气相和固相。对床层上燃料的燃烧过程主要基于以下几点假设：

（1）床层上燃料颗粒的毕渥数 $Bi<0.1$，故颗粒内部的可以近似为绝热等温。由秸秆组成的床层近似为孔隙率相同的多孔介质。

（2）假设燃料由水分、挥发分、固定碳和灰分组成。

（3）假设燃料燃烧经过干燥、挥发分挥发、气体燃烧、焦炭氧化四个过程。所产生的可燃性气体由 CH_4、CO、CO_2、H_2 组成。

床层中的气相与固相采用不同的连续性方程、动量方程、能量方程进行求解，由秸秆组成的固定床可以看作连续的多孔介质，采用 Ergun 方程进行求解，模拟过程中的气体均被当作理想气体处理。

（一）模拟对象的描述

根据某生物发电集团有限公司提供的双炉排生物质锅炉图纸，采用 Gambit 对模型进行 $1：1$ 建模，运用空气作为流动介质，采用 RNG k-ξ 模型（紊动能—紊动能耗散率）双方程模型，应用 SIMPLEC 算法求解守恒方程，研究炉内燃烧特性。

实际炉排炉炉膛结构比较复杂，二次风喷口较多且尺寸较小，很难用结构化网格来模拟。因此对炉排炉锅炉采用非结构化网格进行划分且在二次风及一次风布风板处进行局部加密，提高计算精度。图 10-1 所示为冷态模拟网格分布示意图，网格总数为 884183。

为了节约模拟的计算时间，提高计算速度，可以根据炉膛的结构特点将炉膛的计算区域分段模拟。图 10-2 所示为整个炉膛网格分布图。

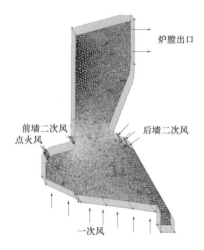

图 10-1　冷态模拟网格分布

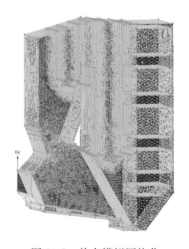

图 10-2　热态模拟网格化

数值计算使用大型数值计算软件 FLUENT6.3 进行，采用非耦合求解，压力对速度的修正选用 SIMPLE 半隐格式压力关联方程算法，气相的湍流流动选择 RNG k-ε 模型，气相湍流反应使用涡耗散模型，挥发分析出采用多孔介质中添加源项，辐射传热选用 DO 模型，气体辐射采用灰体加权平均模型。表 10-3 为采用 AspenPlus 根据元素工业分析和元素分析计算得到的可燃气体的组成。

表 10-3 AspenPlus 计算得出的挥发分组成

名 称	符 号	单 位	结 果	名 称	符 号	单 位	结 果
水分	H_2O	kg/s	0.24	二氧化碳	CO_2	kg/s	0.28
氢气	H_2	kg/s	0.04	甲烷	CH_4	kg/s	0.40
一氧化碳	CO	kg/s	1.47				

（二）配风优化

炉排炉锅炉由于其良好的燃料适应性在国内已经得到了广泛的应用，但仍存在很多问题，导致大规模应用受到限制，因此如何优化炉型减少污染物的排放需要进一步的研究。

为使颗粒有足够的停留时间，保证燃料在炉膛内的完全燃烧，在额定配风比的条件下，从一次风、二次风、点火风风量比（$R_{PA} : P_{SA} : R_{IA}$）、前后墙二次风风量比（$R_f : R_r$）及后墙二次风配风角度等方面对流场进行优化和模拟，计算工况见表 10-4。

表 10-4 计 算 工 况

工 况 \ 参 数		$R_{PA} : P_{SA} : R_{IA}$	$R_f : R_r$	后墙二次风上排	后墙二次风下排
第 1 组	工况 1	40：40：20	38：52	30°	45°
	工况 2	50：40：10	38：52	30°	45°
	工况 3	60：30：10	38：52	30°	45°
第 2 组	工况 4	40：40：20	38：52	60°	45°
	工况 5	50：40：10	38：52	60°	45°
	工况 6	60：30：10	38：52	60°	45°
第 3 组	工况 7	40：40：20	30：70	30°	45°
	工况 8	40：40：20	40：60	30°	45°
	工况 9	40：40：20	50：50	30°	45°
第 4 组	工况 10	40：40：20	30：70	60°	45°
	工况 11	40：40：20	40：60	60°	45°
	工况 12	40：40：20	50：50	60°	45°

图 10-3 所示为改变一次风、二次风、点火风的湍动能分布，从图 10-3 中可以得到湍动能在二次风喷口附近达到最大值，这有利于可燃气体的燃烧。第 1 组的三个工况中，平均湍动能分别为 3.52、2.08、2.35；工况 1 中湍动能达到最大值，且二次风喷口扰动的范围较大，有利于可燃气体和氧气的混合，能够保证可燃气体在流出炉膛以前得到充分燃烧，减少燃料的不完全燃烧损失。第 2 组中平均湍动能最大的工况为 4，且在二次风喷口附近湍动能较大，二次风的混合扰动作用显著；第三组工况中工况 9 的平均湍动能最大值为 4.09，湍动能扰动不但出现在二次风喷口附近，在炉膛出口也有较强的湍流扰动，有利于未燃尽碳的完全燃烧；同理可得第 4 组中平均湍动能最大的为工况 11，此时的湍流扰动主要集中在前拱下方，后拱下方的混合扰动稍显不足。

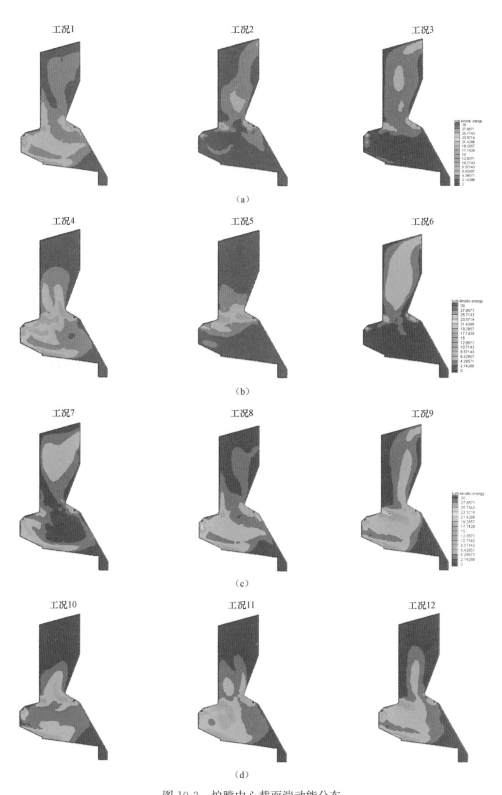

图 10-3　炉膛中心截面湍动能分布

(a) $z=2.16m$，第 1 组；(b) $z=2.16m$，第 2 组；(c) $z=2.16m$，第 3 组；(d) $z=2.16m$，第 4 组

（三）结构优化

为使生物质在炉内能够充分燃烧，提高生物质在炉内的停留时间，确保生物质燃料的燃尽，减少燃烧损失，提高锅炉效率，通过炉排炉内流场特性的实验研究及数值模拟建议降低后拱高度及角度或抬高前拱，使后墙二次风能在卷吸烟气期间不受前墙影响，起到前后墙气流的混合与卷吸作用。采用数值模拟的方法对进一步改造优化燃烧进行模拟，提出进一步改造的可行方法。

1. 后拱下移炉内流动特性

主要模拟了将后拱下移与前拱平齐、低于前拱 0.5m、低于前拱 1m，一次风:二次风:点火风=4:4:2，前墙二次风风量:后墙二次风风量=3:7，后墙二次风上排喷射角度为 60°的流场分布。图 10-4 所示为数值模型网格化，图 10-5 所示为炉膛中心截面湍动能分布，其中图 10-5（a）中的湍动能分布均匀且扰动强烈，可燃气体与氧气能得到较好的混合，可燃气体能在流出炉膛前充分燃烧。

（a）　　　　　　　　　（b）　　　　　　　　　（c）

图 10-4　数值模型网格化

（a）后拱下移与前拱平齐；（b）后拱下移低于前拱 1m；（c）后拱下移低于前拱 1.8m

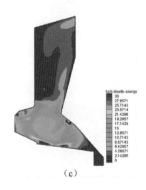

（a）　　　　　　　　　（b）　　　　　　　　　（c）

图 10-5　中心截面（$z=2.16$m）湍动能分布

（a）后拱下移与前拱平齐；（b）后拱下移低于前拱 1m；（c）后拱下移低于前拱 1.8m

2. 前拱上移炉内流动特性

将前拱上移与后拱平齐，高于后拱 0.5m，高于后拱 0.1m。一次风:二次风:点火风=4:4:2，前墙二次风风量:后墙二次风风量=3:7，后墙二次风上排喷射角度为 60°的流场分布。图 10-6 所示为数值模型网格化，图 10-7 所示为炉膛中心截面湍动能分布，其中图 10-7（a）

中的湍动能分布均匀且扰动强烈可燃气体与氧气能得到较好的混合，可燃气体能在流出炉膛前充分燃烧。

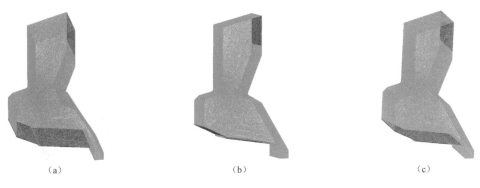

图 10-6　数值模型网格化

(a) 前拱上移与后拱平齐；(b) 前拱上移高于后拱 0.1m；(c) 前拱上移高于后拱 0.5m

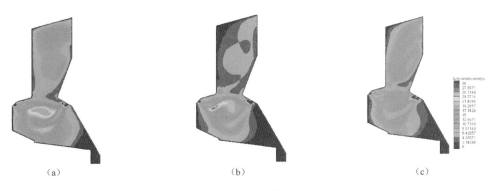

图 10-7　炉膛中心截面湍动能分布（$z=2.16$）

(a) 前拱上移与后拱平齐；(b) 前拱上移高于后拱 0.1m；(c) 前拱上移高于后拱 0.5m

（四）颗粒速度分布

图 10-8 所示为炉膛中心截面速度向量分布图，由图可知从床层方向来的大量一次风气流及可燃气体在炉膛内上升流动，前后墙及火上风提供的空气保证可燃气体的燃烧，炉膛前墙仅有少部分气流流动并形成一个较大的回流区，大部分气流流出炉膛并进入布置有四级过热器的第二烟气通道，进入第二烟气通道的大部分气流贴后壁流动，并在第二烟气通道内形成回流区，气流在进入第三烟气通道内气流继续偏斜，高速气流冲刷受热面右侧，并在第三通道拐角处形成漩涡区。由于二次风进入炉膛后迅速与未燃尽的可燃气体反应，因此二次燃烧区域与其他区域有明显界限。图 10-9 所示为炉膛中心截面流线分布，炉膛出口的前墙侧形成逆时针漩涡区，这是由于未燃尽可燃气在火上风的作用下燃烧形成高温烟气，而近壁面烟气由于与水冷壁的换热温度降低形成了高温烟气反向流动，因此形成明显的逆时针漩涡；由于炉膛出口气流偏斜导致高温烟气在第二烟气通道内也形成大的逆时针漩涡，随着烟气流动前墙烟气与水冷壁及过热器间的换热，烟气温度逐渐降低，因此随着烟气流动方向出现两个漩涡中心；由于气流流动方向突变在第三烟气通道转角处漩涡。可知炉膛内的气流沿炉膛宽度方向分布不均匀，二次风及火上风气流对流动产生较大

影响，炉膛内流动分布不均不利于受热面的换热。

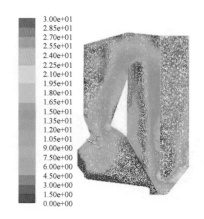

图 10-8　炉膛中心截面（$z=2.16$m）速度分布　　图 10-9　炉膛中心截面流线分布图（$z=2.16$m）
矢量图（单位：m/s）

（五）炉内温度分布

图 10-10 所示为炉膛中心截面温度场，燃料进入炉膛后由于在干燥段水分蒸发，所以干燥段温度较低（为 653K）因为干燥段大量的水分蒸发需要吸收一定的热量，导致干燥段上方及干燥段温度较低，随着挥发分的析出及焦炭的燃烧，料层温度逐渐升高，当燃料逐渐燃烧，并随着炉排运动逐渐进入灰斗，料层由于与炉排上水冷壁的换热温度逐渐降低，在燃尽段温度降低为 583K，干燥段、预然段、燃烧段、燃尽段温度显现出明显分界；从炉排上析出的挥发分及其他可燃气体进入主燃区，在前后墙二次风的共同扰动下剧烈燃烧，火焰中心最高温度局部为 2116K，可燃气体在炉膛中在火上风的作用下继续燃烧并流出炉膛，由于与水冷壁间的传热温度逐渐降低，炉膛出口温度为 1352K，靠前墙区域不是主要燃烧区故温度较低，炉膛出口烟气平均温度为 1256K，由于气流偏斜导致第二烟气通道，靠前

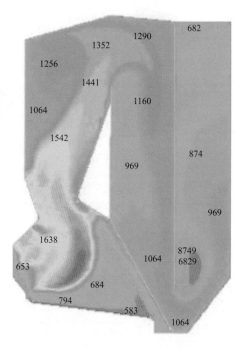

图 10-10　炉堂中心截面（$z=2.16$m）
温度分布（单位：K）

墙侧温度为 969K，后墙侧温度为 1160K，烟气在转角处温度为 1064K，烟气沿烟道流出与换热器发生热量交换，温度逐渐降低，在进入第三烟道的拐角处由形成漩涡，造成受热面温度分布不均，局部低温为 682K，后墙侧温度为 969K，烟气在第三通道出口处温度为 682K。

（六）生成物浓度分布

对于生物质燃料而言，燃烧过程产生的 NO_x 浓度较低，其产生气体主要考虑 CO_2、

CO、CH$_4$、H$_2$ 等组分的浓度分布，根据网格划分图对炉排炉生物质燃烧过程进行数值模拟，其炉膛中心截面各组分气体浓度分布如图 10-11～图 10-14 所示。

图 10-11 所示为炉膛中心截面二氧化碳浓度分布，在床层预燃段上方由于 CH$_4$ 等挥发分气体的大量挥发及快速燃烧，形成了比较高的 CO$_2$ 浓度（达到 0.272kmol/m^3），燃料的主燃烧区域 CO$_2$ 的浓度也较高（0.08～0.01kmol/m^3），可燃气体在二次风的作用下燃烧在炉膛出口处也形成较高的 CO$_2$ 浓度，由于气流偏斜后墙侧浓度较低，随着烟气流动 CO$_2$ 流出炉膛。图 10-12 所示为炉膛中心截面氧气浓度分布图，由图可知燃料入炉后，沿炉排长度方向，一次风所供给的氧气随着挥发分及焦炭的氧化被消耗，由于燃料逐渐燃尽，在燃尽段氧气浓度较预燃段和燃烧段高，在主燃区，二次风供给的氧气被床层上挥发出的可燃气体消耗，出现缺氧区域，而靠后墙区域则由于氧气浓度较高呈现富氧区，火上风中的氧气未得到充分利用，在炉膛前墙侧火上风气流流动区域呈现了较高的氧浓度。

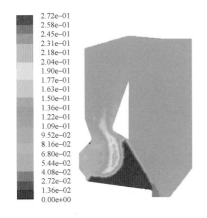

图 10-11　炉膛中心截面二氧化碳（CO$_2$）
浓度分布（单位：kmol/m^3）

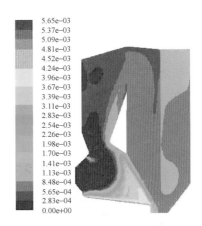

图 10-12　炉膛中心截面氧气（O$_2$）浓度
分布（单位：kmol/m^3）

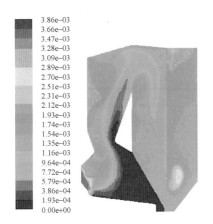

图 10-13　炉膛中心截面水（H$_2$O）浓度分布
（单位：kmol/m^3）

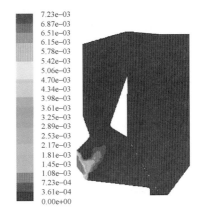

图 10-14　炉膛中心截面甲烷（CH$_4$）浓度分布
（单位：kmol/m^3）

图 10-13 所示为炉膛中心截面 H_2O 分布云图，如图所示，燃料入炉后在前拱辐射热的作用下，水分在预燃段大量蒸发，在干燥段形成较高的水蒸气浓度分布，这也造成干燥段由于水分蒸发温度偏低，水分逐渐从料层中脱离出来在点火风的作用下，与可燃气体一起向炉膛上方运动，在炉膛出口靠前墙侧出现较高的水分分布，由于炉膛出口处形成了漩涡区域，导致水分被带入漩涡内，其余水蒸气随烟气流出炉膛，在第三烟气通道转角所形成的漩涡区域也形成了比较高的水分浓度。图 10-14 所示为炉膛中心截面 CH_4 分布云图，燃料在入炉后由于受到前拱辐射热，CH_4 在干燥段形成了比较高的浓度分布，进入炉膛后在二次风的作用下，CH_4 气体迅速燃烧，因此在炉膛上部及烟道内的浓度较低。

图 10-15 所示为 CO 浓度分布云图，从图可得，燃料入炉后，随着炉排的振动，在预燃段开始，有 CO 生成，随着炉排运动方向 CO 浓度逐渐升高，这是由于预然段只有少量的焦炭转化成 CO 气体，随着燃烧过程的进行，大量焦炭在燃烧段燃烧生成 CO 气体，在燃尽段焦炭逐渐燃尽，故 CO 气体浓度逐渐降低，在一次风作用下，CO 进入炉膛主燃烧区域，在前后墙二次风及火上风的作用下迅速燃烧，生成了 CO_2 气体，因此炉膛上部及烟道内的 CO 气体浓度较低。图 10-16 所示为 H_2 浓度分布图，燃料入炉后在前拱辐射热的作用下 H_2 大量挥发，在干燥段形成较高的 H_2 浓度，预燃段也有部分 H_2，这是由于 H_2 密度较低，料层间存在一定的空隙，干燥段挥发出的 H_2 在点火风的作用下吹到了预燃段，因此在预然段有一定的 H_2 浓度分布，H_2 挥发后进入炉膛内在二次风的作用下燃烧，消耗殆尽，因此在炉膛出口及第二、第三烟气通道内氢气浓度分布很低。

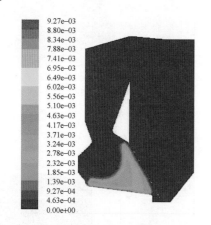

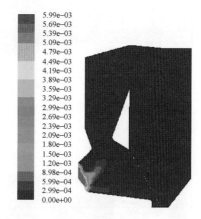

图 10-15　炉膛中心截面一氧化碳（CO）浓度分布　　图 10-16　炉膛中心截面氢气（H_2）浓度分布
（单位：$kmol/m^3$）　　　　　　　　　　　　（单位：$kmol/m^3$）

二、CFB 锅炉数值模拟

循环流化床 CFB 锅炉技术是基于流态化基本原理的一种集气固两相流动、燃烧、传热、传质、脱硫等复杂过程于一体的生物质锅炉燃烧技术。

（一）模拟对象的描述

对某生物质发电有限公司的 HX220/9.8-IV1 型生物质循环流化床锅炉进行建模，并在此基础上对炉膛内的气—固流动特性进行模拟。锅炉的外形尺寸及相关参数见表 10-5。

表 10-5 **锅炉外形尺寸**

序 号	项 目	数 值
1	锅炉炉膛高度	29200mm
2	锅炉炉膛宽度	5500mm
3	布风板标高	6500mm
4	一次风速度	9.8m/s
5	二次风速度	9.2m/s
6	炉膛燃烧室内最小流化速度	1.2m
7	一次风温度	163℃
8	一次风压力	14kPa

在流化气速（表观流化风速）为 4m/s，一、二次风量比为 1.2:1 的工况下对模型进行模拟，模拟所用其他参数见表 10-6。

表 10-6 **数值模拟的基本参数**

基本参数	数 值	基本参数	数 值
气体密度	$1.20\times10^{-3}kg/cm^3$	空隙率	0.50
气体黏度	$1.80\times10^{-4}cm^2/s$	颗粒堆积密度	$2.00g/cm^3$
弹性恢复系数	0.90	颗粒直径	0.04cm
滑动摩擦角	30°	初始风速	400cm/s

炉膛被划分为密相区和稀相区，在下部布风板处，入口边界条件为给定入口气流速度，出口处的边界条件设置为定压力出口，壁面和流体之间为无滑移的边界条件，床层处颗粒相的空隙率设置为 0.5，床层处的气相和颗粒相的初始速度设置为 0，在运算过程中采用非稳态的迭代，根据 Ernst-Ulrich Hartge 满足迭代收敛的时间步长选取条件，时间步长选定为 1×10^{-4}。

图 10-17 所示为炉膛上部存在水冷蒸发屏时其截面处的示意图，在二维模拟中考虑上层的受热面管路对流场的影响，将受热面中的管路假设为墙单元看待，如图 10-17 中炉膛内的左上部区域。图 10-18 所示是二维网格视图，进行模拟并观察对流场的影响。布风板到炉顶中心的高度为 3m，炉膛的截面尺寸为 0.57m×1.5m，炉膛的密相区采用收缩形的题型结构，炉膛出口设置在后墙处。流化空气分成两部分，一部分经过布风板从炉膛底部通入，另一部分由炉膛前后墙的上下两层布风板共 17 个二次风喷口喷入，如图 10-19 所示。

生物质循环流化床锅炉可以利用各种木质、农作物和加工废料，以及其他可能的当地农业生产废弃物。同时，因为燃料可收集量不同，并且燃料的收集具有一定的季节性，生物质燃料的含水率有变化较大。为了控制燃料入炉燃烧的品质，保证机组安全稳定的运行，锅炉的设计原料组合为50%的甘蔗叶（12%水分）+20%树皮（25%水分）+30%其他（25%水分），各种燃料折算后的品质分析情况见表10-7，燃料的粒径分布范围见表10-8。

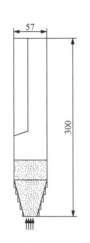

图 10-17　炉膛二维
示意图

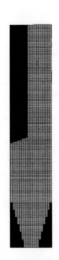

图 10-18　二维网格视图

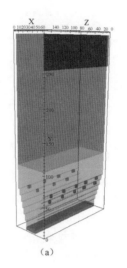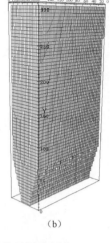

图 10-19　炉膛结构及网格划分
（a）模型结构图；（b）网格图

表 10-7　　　　　　　　燃料元素分析表

序号	名称	符号	单位	设计值
1	收到基碳	C_{ar}	%	38.05
2	收到基氢	H_{ar}	%	4.66
3	收到基氧	O_{ar}	%	34.69
4	收到基氮	N_{ar}	%	1.37
5	收到基硫	S_{ar}	%	0.09
6	收到基灰分	A_{ar}	%	2.64
7	收到基水分	M_{ar}	%	18.5
8	收到基挥发分	V_{ar}	%	64.95
9	固定碳	FC_{ar}	%	13.90
10	收到基低位发热量	$Q_{net,ar}$	%	12587

表 10-8　　　　　　　　粒　径　大　小

范围（目）	<6	6～10	10～20	20～30	30～40	40～60	60～80	>80
质量百分比	1.14	8.50	13.21	35.17	18.50	15.00	4.33	4.15

据表 10-8 计算平均粒径的分布范围为 0.6~1mm。

如图 10-20 所示，对循环流化床锅炉炉膛进行简化并建立二维几何模型进行燃烧数值模拟，在 X 方向上深 5500mm，在 Y 方向上高 29200mm，二次风入口位于炉膛两侧炉高 4.6m 和 5.6m 处，一次风从炉膛底部布风板进入，炉膛出口处于炉膛后墙右上侧。为了对炉膛进行计算，网格划分采用分块的方法，炉膛被分成两部分，下部炉膛的密相区为一个区，炉膛的其他部分为一个区，对每个区采用不同的网格划分方法，从而提高网格质量。

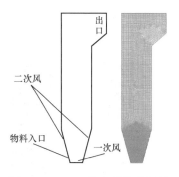

图 10-20　CFB 热态数值模拟的结构及网格划分

假设一次风从布风板底部均匀进入炉膛，风量为 111510m³/h（标况），温度为 163℃，在计算过程中为了使得结果尽快收敛，初始条件的设置过程时选择一次风的温度和进入炉膛后的一次风温度相等；二次风从炉膛前后墙两侧进入炉膛，风量为 91236m³/h（标况），温度为 180℃；燃料消耗量 48118.043kg/h。

（二）炉膛内空隙率分布

当生物质燃烧锅炉采用循环流化床锅炉时，炉膛内空隙率分布规律对生物质燃烧效果影响很大。锅炉启动前，炉膛顶部没有固相颗粒，空隙率取值为 1，密相区固相颗粒的空隙率取值范围一般为 0.3~0.6。当生物质燃烧时，炉膛内沿炉膛高度空隙率随时间变化非常快。

空隙率是描述流态化的重要状态参数，是指流化床中的空隙所占的体积比率，其范围为 0~1，表达式为

$$\varepsilon = \frac{V_H - V_S}{V_H} = 1 - \frac{V_S}{V_H}$$

式中　ε——流化床的空隙率；

　　V_H——流化床的体积，等于床高 H 与截面积 A 的成积；

　　V_S——固体颗粒所占体积。

因为固体颗粒所占的体积不变，所以有

$$H_0 A (1 - \varepsilon_0) = HA(1 - \varepsilon)$$

则

$$\varepsilon = 1 - \frac{H_0}{H}(1 - \varepsilon_0)$$

式中　H_0——固定床高度。

因此，可以通过测量得到流化床的空隙率 ε，而固定床空隙率 ε_0 与固体颗粒的粒度及粒度组成、颗粒形状等因素有关。在流化起诉的操作范围内，随着气流速度 U 等增加，流化床高度 H 也将有一定的升高，所以空隙率会有所增大，但是在一定的气速操作范围内可以控制这种变化在很小的范围内。

如图 10-21 所示为 0~2s 内带有水冷蒸发屏的二维流化床炉膛空隙率分布随时间变化示意图，从图中可以直观地看到夹带着固体的气流遇到挡板后发生偏斜，以及炉膛内的气

固两相随时间的变化情况。图 10-22 所示为炉膛侧墙壁面空隙率分布，随着炉膛高度的变化，空隙率的分布规律基本不变，墙体中部空隙率高而两侧（即炉膛四角处）空隙率明显降低，颗粒浓度较高。

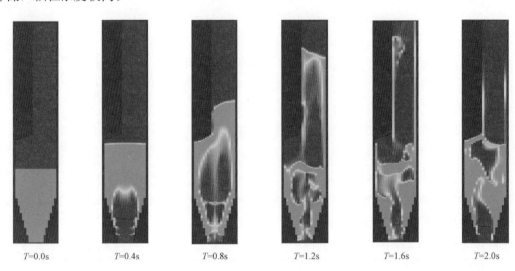

图 10-21　随时间变化炉膛内的空隙率分布

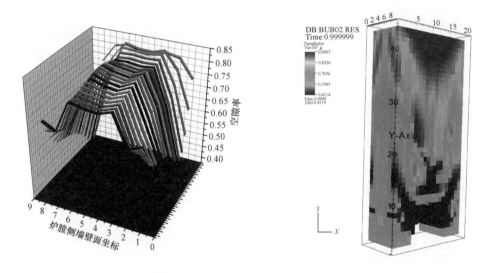

图 10-22　炉膛侧墙壁面空隙率分布

（三）炉膛内压降分布

维持相对稳定的床高或炉膛压降是运行过程中非常重要的方面，通常在循环流化床中的某处作为压力控制点并对此处的压力进行监测。从设计角度考虑，布风板压降一般占总压降的 20%～25%，这是对流化质量的保证。在运行过程中，压降过高和过低都会影响流化质量从而引起结焦。底渣的排放是稳定床高的常用方法，在连续排放底渣的情况下，放渣速度是由燃料给料速度、燃料灰分和底渣份额确定的，并要与排渣机构和冷渣器本身的工作条件相协调。定期排渣时，通常的做法是设定床层压降或控制点的压力上限作为开始放渣的基准，

而设定的压力下限作为停止放渣的基准。如
图 10-23 所示为双支腿型循环流化床炉膛内左
右一次风速对两腿压差的影响情况。当左右
一次风相等（左一次风 120cm/s，右一次风
120cm/s）时，炉膛密相区左右两边有一定的
压差，随着炉膛高度的增加（7～12cm），压
差逐渐减小，而 12cm 以上炉内左右两侧压差
几乎为零；当左一次风速减小为 80cm/s 时，
两支腿压差明显变大，随着炉膛高度的变化，
压差逐渐减小，至 17cm 以上趋于稳定，但始
终存在 2000Pa 的压力差。

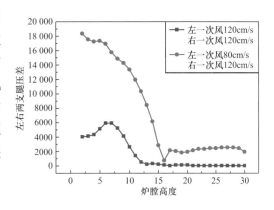

图 10-23　左右一次风速对两腿压差的影响

（四）固相颗粒体积分布

在循环流化床中，按气流中固相颗粒含量可以分为稀相输送和密相输送。每立方米气
体中所含固体颗粒的体积量成为固相颗粒的体积分数。当颗粒的体积分数在 0.05m³/m³
以下，即气固混合系统的空隙率大于 95% 时，称为稀相输送，广泛应用于工业上。当颗粒
的体积分数在 0.2m³/m³ 以上，即气固混合系统的空隙率小于 80% 时，称为密相输送，也
称浓相输送，常见于流化床反应器中。

针对炉膛模型和网格划分模型，矩形流化床前后墙壁面位置在不同截面处的固相颗粒
体积分数分布如图 10-24 所示，呈现出上稀下浓的两相共存的拐点居中的接近 S 形的分
布，图 10-24（a）中可以看出在前墙壁面附近的不同截面处的颗粒体积分数的分布趋势大
体一致，并且都接近前墙整个壁面轴向分布的平均值。比较图 10-24（a）、（b），后墙的固
相颗粒的体积分数的分布与前墙几乎一致。

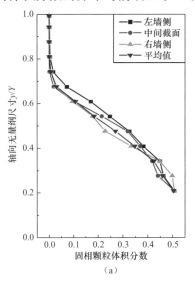

（a）

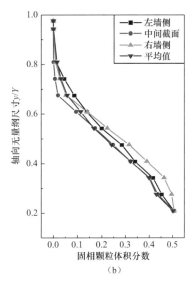

（b）

图 10-24　矩形炉膛前后墙固相颗粒体积分数的分布

（a）前墙；（b）后墙

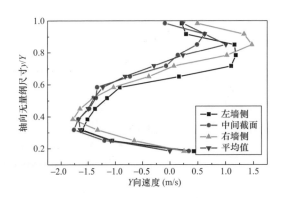

图 10-25　前后墙 Y 向速度随轴向高度方向的分布

（五）固相颗粒速度分布

针对炉膛模型和网格划分模型，前后墙壁面附近不同截面位置的 Y 向速度（轴向速度）沿轴向尺寸的分布如图 10-25 所示，可以看出前墙附近的颗粒沿轴向的分布在出口以下区域主要为下降颗粒流，其速度呈现先增大后减小的趋势，在 $y/Y=0.3$ 即 $y=0.9m$ 附近下降颗粒流的速度达到最大值；在出口区域到炉膛顶部区域，固相颗粒流运动方向转为向上，其大小呈现先增加后减小的趋势。对比后墙，分布趋势和前墙几乎一致。三维炉膛内固相颗粒在不同时刻的速度矢量分布图如图 10-26 所示，贴近前墙位置两侧的固相颗粒大多呈现向下运动趋势，在炉膛的拐角和夹角处多出现涡流。

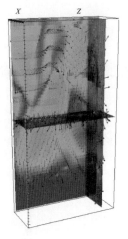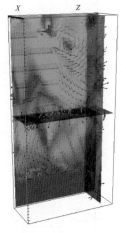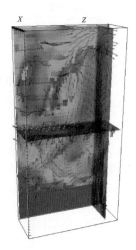

图 10-26　炉膛固相颗粒速度矢量分布示意图

（六）固相颗粒磨损量分布

循环流化床锅炉受热面的磨损是由冲刷磨损、黏着磨损、腐蚀磨损和疲劳磨损等多种形式的磨损共同作用的结果，但主要表现为冲蚀磨损和撞击磨损的作用，从微观上来讲仍然属于气固两相流动对管壁的冲击、碰撞和磨损，可以沿用含灰气流冲击管壁的计算模型。

1. 颗粒与管壁的碰撞—反弹模型和冲蚀模型

颗粒与气相相比惯性比较大，所以当混合气流通过管外壁时，颗粒会有一定的能量损失。Tabakoff 等人由实验得到的碰撞—反弹恢复比经验公式为

$$\alpha_2 = \cot^{-1}\left[\left(\frac{0.95 + 0.00055\alpha_1}{1.0 - 0.02108\alpha_1 + 0.0001417\alpha_1^2}\right)\cot\alpha_1\right] \tag{10-53}$$

$$\frac{v_{p2}}{v_{p1}} = (1.0 - 0.02108\alpha_1 + 0.0001417\alpha_1^2)\frac{\sqrt{1+\cot^2\alpha_2}}{1+\cot^2\alpha_1} \tag{10-54}$$

式中　v_{p1}、v_{p2}——颗粒碰撞前和碰撞后的速度;

　　　α_1、α_2——碰撞角和反弹角。

2. 冲蚀模型

Tabakoff 等人曾对碳钢受冲蚀磨损进行了大量的实验研究,并回归总结出磨损量 E 的经验公式

$$E = K_1 f(\alpha_1) v_{p1}^2 (\cos\alpha_1)^2 (1-R_T) + f(v_{in}) \tag{10-55}$$

其中　　　　　　　　　$R_T = 1 - 0.0016 v_{p1}\sin\alpha_1$

$$f(\alpha_1) = \{1 + C_k [K_2 \sin(90/\alpha_0)\alpha_1]\}$$

$$f(v_{in}) = K_3 (v_{p1}\sin\alpha_1)^4$$

当 $\alpha_1 \leqslant 3\alpha_0$ 时,$C_k = 1$,否则,$C_k = 0$,$K_1 = 1.505101\times10^{-6}$,$K_2 = 0.2960$,$K_3 = 5.0\times10^{-12}$,而 $\alpha_0 = 20°$。

炉膛内受热面的磨损是多因素共同作用的结果,根据马志刚、岑可法等人对磨损量与各因素的磨损关系的简化式 $\sigma = \alpha\mu^2 W^3 \tau$($\sigma$ 为 α 磨损相关系数,与灰粒、炉膛的材料特性、流速的不均匀性等因素有关;μ 为飞灰质量浓度,g/m^3;W 为烟气流速,m/s;τ 为运行时间,h。计算过程中假设 α 和 τ 都为 1),定性的分析炉内不同位置受到磨损的影响。

3. 数值计算步骤

含灰气流冲击对流受热面的磨损计算步骤如下:

(1) 首先由软件求出气—固流中颗粒运动的速度分布。

(2) 当颗粒和壁面碰撞时,记录下颗粒碰撞壁面的冲击速度和冲击角。

(3) 冲蚀磨损计算。根据记录下的颗粒冲击壁面的速度和冲击角,用给定的冲蚀模型就可得到颗粒对金属表面的冲蚀量。

针对炉膛模型和网格划分模型,根据相对磨损量的简化计算公式得到如图 10-27 所示的曲线图,可以清晰地看出前后墙因为轴向下降颗粒流而受到最大磨损的部位几乎完全一致,集中在 $y/Y = 0.32$ 即 $Y = 0.95m$ 左右的位置,且前墙所受的磨损要大于后墙。可能是因为在炉膛下部贴近壁面的下降流在抵达梯形台处运动方向发生改变,并与靠近炉膛中心处的上升流形成局部的涡流,从而对前后墙壁面处发生冲刷。

如图 10-28 所示,壁面加速下滑的颗粒在遇到缓冲台时改变运动方向,使得缓冲台上局部区域下滑的速度大大减小,从而使磨损严重部位发生上移;朝着炉膛中部运动的颗粒流阻挡了两支腿上部上升的颗粒流,使得其速度大大降低,与壁面下降的颗粒之间的摩擦也减小,下降流受到的阻力减小,因此有缓冲台时壁面颗粒下降速度比无缓冲台时要大,即磨损部位严重程度较大。

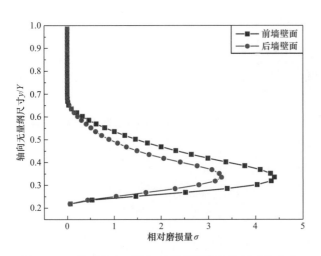

图 10-27 前后墙壁面处相对磨损量随轴向尺寸的分布

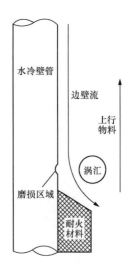

图 10-28 水冷壁管磨损机理示意

（七）炉膛内温度分布

图 10-29（a）所示为炉膛温度沿高度方向分布曲线，可以明显看出在炉膛 4m 左右的位置温度分布出现了最大值，这是因为在炉膛的这一位置生物质燃料的浓度很高，生物质燃料中含量比较高的挥发分迅速析出并和一次风剧烈的混合、燃烧，从而达到了较高的温度。随后炉膛的温度因为氧气含量不足开始下降。直到 $y=5.6m$ 处二次风开始通入炉膛，未燃尽的固相颗粒在充足的氧气作用下开始燃烧，炉膛温度逐渐升高。随着炉膛高度的增加，炉膛其他部分温度水平比较均匀，总体上随着炉膛高度的增加而有所下降，原因在于炉膛水冷壁吸收沿途烟气的温度而至。图 10-29（b）所示为生物质循环流化床锅炉在 53MW 运行时炉膛内部的 4 个测点温度，从 4 个测点的相对位置可以看出和对应高度的模拟结果有着良好的一致性。

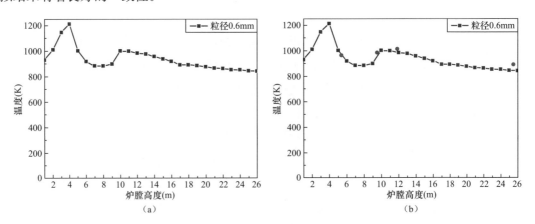

图 10-29 炉膛温度沿高度方向分布曲线及测点
（a）曲线；（b）测点

（八）炉膛内组分浓度分布

炉膛内的氧气和二氧化碳的含量是反映生物质流化床内燃烧状况的重要参考依据。图

10-30 和图 10-31 所示分别为不同的炉膛高度截面处 O_2 和 CO_2 的质量份额分布图。

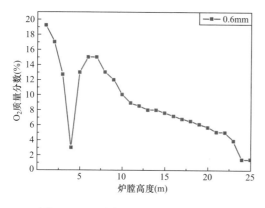

图 10-30　不同的炉膛高度截面处 O_2
质量份额分布图

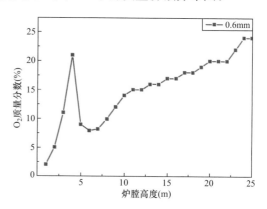

图 10-31　不同的炉膛高度截面处 CO_2
质量份额分布图

由图 10-30 可以看出，当颗粒粒径为 0.6mm 时，生物质燃料颗粒进入炉膛后所含有的挥发分与炉膛内的氧气迅速发生燃烧反应，炉膛下部 4m 左右高度处为燃烧反应最剧烈的位置，氧气浓度变化范围较大，该位置的氧气被大量消耗使得浓度出现极小值，约 2%左右。而二次风口以上的位置随着氧气在二次风口得到补充，未燃尽的燃料继续燃烧，随着炉膛高度的增加氧气浓度逐渐减小。

相应的，从图 10-31 中可以看出，生物质燃料颗粒与氧气发生剧烈燃烧反应的区域，也是 CO_2 生成量达到极大值的区域。而在二次风口以上，随着二次风的通入，CO_2 的浓度在一定程度上被稀释，使得二次风口上面的一定高度范围内 CO_2 的浓度呈现将趋势。随着二次风被加热而逐渐接近燃烧温度，燃烧反应逐渐展开，炉膛内的 CO_2 质量份额又逐渐开始增加，直到炉膛出口位置，CO_2 的浓度逐渐生成积累，在炉膛出口位置处积累到最大值，相应氧气的质量份额减小到最小值。

图 10-32 和图 10-33 所示分别为不同粒径生物质固相颗粒在炉膛内燃烧过程中的 O_2 消耗量和 CO_2 生成量的质量份额分布图。

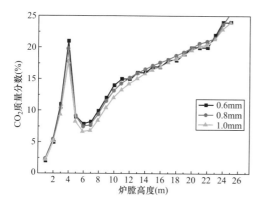

图 10-32　不同粒径生物质固相颗粒燃烧
中 O_2 消耗量

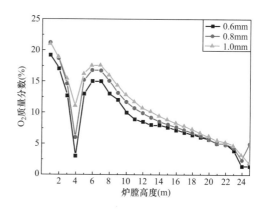

图 10-33　不同粒径生物质固相颗粒燃烧
中 CO_2 生成量

如图 10-32 所示，当生物燃料颗粒较小时，CO_2 生成量的质量份额比较高，相比于较小颗粒的粒径，随着颗粒粒径的增大，炉膛中 CO_2 的浓度逐渐降低。因为在炉膛底部，颗粒粒径越大，水分析出时间越长，越不容易燃烧，燃烧过程中生成的 CO_2 浓度将小于较小粒径的颗粒。随着炉膛高度的增加，在相同的流化风速下，颗粒粒径越大，进入炉膛上部的颗粒数目越少，也在一定程度上导致燃烧份额的相对降低。

如图 10-33 所示，当生物质燃料颗粒较小时，生物质燃料颗粒进入炉膛后其挥发分便迅速与空气发生燃烧反应，在炉膛高度为 4m 左右的位置，0.6mm 的颗粒在反应过程消耗的氧气比粒径为 1mm 的生物质燃烧颗粒高 5% 左右，从炉膛不同高度截面处的氧气消耗量可以看出，小粒径的颗粒相比于大粒径的颗粒将消耗更多，原因在于大粒径的颗粒在燃烧过程中生成时可能会包裹在颗粒表面，从而在一定程度上抑制燃烧反应的进一步发生。小粒径的颗粒则更容易燃烧和燃尽。

第十一章

大型生物质直燃循环流化床锅炉调试

第一节　大型生物质直燃循环流化床锅炉概述

一、锅炉简介

广东湛江生物质电厂 1、2 号锅炉采用 HX220/9.81-Ⅳ1 型 CFB 锅炉，配套 50MW 等级汽轮发电机。该锅炉机组高温高压参数、自然循环、单炉膛、平衡通风、露天布置、钢架双排柱悬吊结构、固态排渣循环流化床锅炉，是目前全世界最大的生物质发电锅炉机组之一。

锅炉技术规范见表 11-1。生物质燃料、生物质燃料灰及锅炉入炉燃料品质资料见表 11-2～表 11-4。

表 11-1　　　　　　　　　　锅炉技术规范

项　目	单位	数值	项　目	单位	数值
过热蒸汽流量	t/h	220	锅炉实际燃料量/ 锅炉计算燃料量	t/h	49.30/48.71
过热蒸汽出口压力	MPa（g）	9.80	空气预热器一、 二次风进风温度	℃	35
过热蒸汽出口温度	℃	540	空气预热器一、 二次风出口温度	℃	163/180
给水温度	℃	224	锅炉保证效率	%	90.67
排烟温度	℃	140			

表 11-2　　　　　　　　　　生物质燃料的品质分析资料

名　称	符　号	单位	树　根	树　干	树　皮	树　枝	甘蔗叶
碳	C_{ar}	%	42.88	39.57	13.66	29.83	39.80
氢	H_{ar}	%	5.55	5.10	1.53	3.11	4.87
氧	O_{ar}	%	35.07	32.75	12.00	24.09	38.71
氮	N_{ar}	%	0.30	0.22	0.18	0.44	2.46
硫	S_{ar}	%	0.07	0.04	0.02	0.11	0.13

名　称	符　号	单　位	树　根	树　干	树　皮	树　枝	甘蔗叶
水分	M_{ar}	%	15.32	21.85	70.76	40.28	10.86
灰分	A_{ar}	%	0.80	0.48	1.84	2.15	3.16
挥发分	V_{ar}	%	67.43	65.15	21.54	44.89	71.20
固定碳	FC_{ar}	%	16.45	12.52	5.85	12.69	14.78
低位发热量	$Q_{ar,net}$	kJ/kg	15835	14488	2964	9939	12472

注　燃料品质分析按 GB 211—2007《煤中全水分的测定方法》、GB 212—2008《煤的工业分析方法》、GB 213—2008《煤的发热量测定方法》、GB 214—2008《煤中全硫的测定方法》等标准进行。

表 11-3　　　　　　　　　　　生物质燃料灰品质分析资料

成分	树根	树干	树皮	树枝	甘蔗叶
CaO	10.57	27.33	42.34	25.31	8.73
MgO	0.94	6.04	6.95	5.75	5.00
Al_2O_3	1.04	0.70	0.64	6.08	10.99
Fe_2O_3	2.74	0.25	0.12	0.61	0.63
SiO_2	37.65	3.34	0.71	7.12	53.29
K_2O	16.55	22.45	7.41	29	18.14
Na_2O	10.44	5.89	6.37	0.6	0.25

表 11-4　　　　　　　　　　　锅炉入炉燃料品质资料

序号	名　称	符号	单位	设计	校核1	校核2
1	收到基碳	C_{ar}	%	38.05	38.46	33.76
2	收到基氢	H_{ar}	%	4.66	4.69	4.12
3	收到基氧	O_{ar}	%	34.69	36.08	31.78
4	收到基氮	N_{ar}	%	1.37	1.80	1.63
5	收到基硫	S_{ar}	%	0.09	0.10	0.09
6	收到基灰分	A_{ar}	%	2.64	2.96	2.61
7	收到基水分	M_{ar}	%	18.50	15.90	26.00
8	收到基挥发分	V_{ar}	%	64.95	66.87	58.86
9	固定碳	FC_{ar}	%	13.90	14.27	12.53
10	收到基低位发热量	$Q_{ar,net}$	kJ/kg	12587	12396	10544
11	燃料粒度		mm	软质燃料：最大长度<150mm 硬质秸秆：最大长度<150mm 最大宽度<80mm 最大厚度<50mm		

二、锅炉主要流程及系统

湛江生物质电厂锅炉为单汽包、自然循环、循环流化床燃烧方式，半露天布置。

锅炉由一个膜式水冷壁炉膛、两个上排气涡壳式绝热旋风分离器和一个由汽冷包墙包覆的尾部竖井（HRA）三部分组成。

炉膛内布置有屏式受热面，后墙水冷壁上部向炉外突出 50°与顶棚、两侧包墙管形成出口水平烟道，在水平烟道内布置有高温过热器。锅炉共设有四台给料装置，全部置于炉前，在前墙水冷壁下部收缩段沿宽度方向均匀布置。炉膛底部是由水冷壁管弯制围成的水冷风室，水冷风室后布置风道点火器，风道点火器一共有两台，其中各布置有一个高能点火油燃烧器。风室底部布置有 2 根排渣管，前墙水冷壁靠布风板的根部布置有 2 根紧急排渣管。

炉膛与尾部竖井之间布置有两台上排气涡壳式绝热旋风分离器，其下部各布置一台 LOOPSEAL 型返料装置。在尾部竖井中从上到下依次布置有低温过热器、省煤器和卧式空气预热器。过热器系统中设有两级喷水减温器。

锅炉整体呈左右对称布置，支吊在锅炉钢架上。

锅炉钢架为两侧带副柱的空间桁架。

1. 风烟系统

循环流化床锅炉内物料的循环是依靠送风机和引风机提供的动能来启动和维持的。

从一次风机出来的空气分成三路送入炉膛：第一路，经一次风空气预热器加热后的热风进入炉膛底部的水冷等压风室，通过布置在布风板上的风帽使床料流化，并形成向上通过炉膛的气固两相流；第二路，经一次风空气预热器加热后的热风用于水平烟道吹扫风；第三路，在进入空气预热器之前引出一股风到回料器的床料系统管路作为密封风。从二次风机鼓出的燃烧空气二次风经预热后直接经炉膛上部的二次风箱分级送入炉膛。

烟气及其携带的固体粒子离开炉膛，通过布置在水冷壁后墙上的分离器进口烟道进入旋风分离器，在分离器里绝大部分物料颗粒从烟气流中分离出来，另一部分烟气流则通过旋风分离器中心筒引出，由分离器出口烟道引至尾部竖井烟道，从前包墙上部的烟窗进入并向下流动，冲刷布置其中的水平对流受热面管组，将热量传递给受热面，而后烟气流经管式空气预热器进入除尘器，最后，由引风机抽进烟囱，排入大气。

返料装置前配备了高压头的罗茨风机。

2. 汽水流程

锅炉汽水系统回路包括尾部省煤器、汽包、水冷系统、水平烟道、HRA 包墙过热器、低温过热器、屏式过热器、高温过热器及连接管道。

锅炉给水首先被引至尾部烟道省煤器进口联箱，逆流向上经过水平布置的省煤器管组进入省煤器出口联箱，通过省煤器引出管从汽包封头进入汽包。在启动阶段没有给水流入汽包时，省煤器再循环系统可以将锅水从汽包引至省煤器进口联箱，防止省煤器管子内的水静滞汽化。

HX220/9.8-ⅣV1 型循环流化床锅炉为自然循环锅炉。锅炉的水循环采用集中供水，分散引入、引出的方式。给水引入汽包水空间，并通过集中下降管和下水连接管进入水冷壁和水冷蒸发屏进口联箱。锅水在向上流经炉膛水冷壁、水冷蒸发屏的过程中被加热成为汽水混合物，经各自的上部出口联箱通过汽水引出管引入汽包进行汽水分离。水冷蒸发屏与单独的分散下水管和汽水引出管组成独立的回路，确保水循环的安全与可靠。被分离出来的水重新进入汽包水空间，并进行再循环，被分离出来的饱和蒸汽从汽包顶部的蒸汽连接管引出。

饱和蒸汽从汽包引出后，由饱和蒸汽连接管引入水平烟道顶棚联箱，通过顶棚管进入水平烟道两侧上联箱，下行进入水平烟道下联箱，由连接管引入尾部竖井左右包墙上联箱，依次流经包墙两侧墙、前墙、后墙后汇集到低过进口联箱并经低温过热器管组进行加热，然后从锅炉两侧引到布置在炉膛内的屏式过热器，经连接管引到布置在水平烟道内的高温过热器，最后合格的过热蒸汽由集汽联箱单侧引出。

过热器系统采取调节灵活的喷水减温作为汽温调节和保护各级受热面管子的手段，整个过热器系统共布置有两级喷水，一级减温器（左右各一台）布置在低温过热器出口至屏式过热器入口管道上；二级减温器（前后各一台）位于屏式过热器与高温过热器之间的连接管道上。以上两级喷水减温器均可通过调节左右侧的喷水量，以达到消除左右两侧汽温偏差的目的。

3. 物料循环系统

锅炉冷态启动时，在流化床内加装启动物料后，首先启动风道点火器，在点火风道中将燃烧空气加热至 800～900℃后，通过水冷式布风板送入流化床，启动物料被加热。床温上升到 500℃以上后，物料分别由四台给料装置从前墙送入炉膛下部的密相区内。

燃烧空气分为一、二次风，分别由炉底和前后墙送入。BMCR 工况下正常运行时，占总风量 55% 的一次风作为一次燃烧用风和床内物料的流化介质送入燃烧室，二次风在炉高方向上分两层布置，以保证提供给物料足够的燃烧用空气并参与燃烧调整；同时，分级布置的二次风在炉内能够营造出局部的还原性气氛，从而抑制燃料的氮氧化，降低氮氧化物 NO_x 的生成。

在 700℃左右的床温下，空气与燃料在炉膛密相区充分混合，并释放出部分热量；未燃尽的物料被烟气携带进入炉膛上部稀相区内进一步燃烧。

燃烧产生的烟气携带大量床料经炉顶转向，通过位于后墙水冷壁外弯与包墙管形成的水平烟道烟气出口，分别进入两个上排气涡壳式绝热旋风分离器进行气—固分离。分离后含少量飞灰的干净烟气由分离器中心筒引出通过前包墙拉稀管进入尾部竖井，对布置在其中的低温过热器、省煤器及空气预热器放热，到锅炉尾部出口时，烟温已降至 140℃左右。被分离器捕集下来的灰，通过分离器下部的立管和返料装置送回炉膛实现循环燃烧。

水冷风室底部设有 2 个排渣口，通过排渣量大小的控制，使床层压降维持在合理范围以内，以保证锅炉良好的运行状态。

4. 燃料的供给及排渣系统

锅炉给料系统采用前墙集中布置，炉前配备有四台给料装置。

另外，在返料装置上布置有启动用床料补充入口和惰性物料添加口。其中床料添加口为锅炉正常运行时需补充物料的接口；惰性物料添加口为锅炉启动前需补充物料的接口，此两路添加口均由床料添加系统来实现。

锅炉的排渣采用固定式排渣（底排渣），锅炉除灰系统与本体连接接口底排渣口和空气预热器下部灰斗。

三、生物质燃料

1. 生物质简述

生物质是指有机物中除化石燃料外的所有来源于动、植物能再生的物质。

生物质能是指直接或间接地通过绿色植物的光合作用，把太阳能转化为化学能后固定和储藏在生物体内的能量。

生物质主要分类如下：

（1）林业生物质。薪柴、落叶、树皮、树根及林业加工废弃物等。

（2）农业生物质。秸秆、果壳、果核、玉米芯等。

（3）工业、生活和商业垃圾等。

（4）工业废水和生活污水等。

（5）禽畜粪便。

2. 典型生物质燃料

以湛江生物质电厂为例，简要介绍主要生物质燃料种类。该工程采用厂址周边 60km 半径区域内的农林生产和木材加工废弃物作为燃料，主要包括桉树的枝叶、树皮、树头、树干、加工后的边角料及甘蔗叶、甘蔗渣、水稻、玉米杆等，如图 11-1 所示。

图 11-1　湛江生物质电厂主要生物质燃料

入炉燃料按以下原则组合：

（1）设计燃料。50％甘蔗叶（12％水分）＋20％树皮（25％水分）＋30％其他（25％水分）。

（2）校核燃料 1。70％甘蔗叶（12％水分）＋15％树皮（25％水分）＋15％其他（25％水分）。

（3）校核燃料 2。70％甘蔗叶（20％水分）＋15％树皮（40％水分）＋15％其他（40％水分）。

燃料耗能表见表 11-5。

表 11-5 燃 料 耗 量 表

序号	项目名称	单位	设计燃料		校核燃料 1		校核燃料 2	
1	运行工况		BMCR					
2	锅炉台数	台	1	2	1	2	1	2
3	时消耗量	t/h	48.5	97	49.3	98.6	57.9	115.8
4	日消料耗量	t/d	1067	2134	1084.6	2169.2	1273.8	2547.6
5	年消料耗量	10^4 t/年	29.1	58.2	29.58	59.16	34.74	69.48

注 日耗煤量按 22h 计，年耗煤量按 6000h 计。

3. 燃料运输及储存

由于生物质燃料普遍具有形状散乱、自然堆积密度低的特点，存放和运输需要占用很大的空间，在其自然状态下不利于大规模储存和组织运输。因此在燃料储存和运输之前需对燃料进行处理，如燃料压缩打包、燃料破碎后储存和运输等。根据湛江生物质电厂实际燃料情况，树枝、树头加工边角料等硬质燃料，部分采用厂外收购点破碎处理后运输进厂，部分采用厂内破碎的方式；甘蔗叶、秸秆等软质燃料，可在地头或者临时收购点进行打包处理后再运输进厂，采用厂内破碎的方式。

根据燃料的储存方式的不同，不同特性的燃料确定不同的运输方式。充分利用厂内燃料库和厂外燃料场，生物质燃料采用分散收集、集中存储的运行模式。符合燃用要求的生物质燃料可以直接送往厂内燃料库或厂外燃料场，不符合燃用要求的生物质燃料先经破碎或者打捆后再送往厂内燃料库或厂外燃料场进行储存。所需燃料的厂外运输，全部采用汽车运输。

根据初步计算，两台 50MW 机组每天满负荷发电约需燃料 2134t，日计算燃料来量约为 2560t，根据进厂车辆的尺寸（长 13m，宽 2.4m，高 3m。）平均每车装载约 25t，每天需进 103 车·次左右，每天按工作 10h 计算，每时需 10.3 车·次。按货运距离平均 50km 算，装、运、卸、返一车货大概 3h，一辆车每天大概可来回 3 趟，每天至少需要 35 辆车运输。

4. 燃料输送系统

根据燃料的特性，厂内燃料输送系统根据不同的燃料特性设置采用可靠性较高的 2 套上料系统方案，厂内破碎料和厂外破碎成品料对应不同的上料系统共 3 路上料线。

由于燃料的特性不一样，对应不同的燃料应采用不同的上料方式。

（1）对于整包料，主要采用桥式抓斗起重机对破碎机料斗进行给料，也可以采用轮胎式抓斗给料机、秸秆抓草机、装载机等对破碎机料斗进行给料。

（2）对于成品料，有两种给料方式，一种是通过装载机和秸秆抓草机向汽车卸车沟进行给料，另一种是可以通过轮胎式抓斗起重机向汽车卸料沟进行给料。

根据燃料的特性，厂内燃料输送系统根据不同的燃料特性设置 2 套上料系统，其中一套上料系统用来输送没有经过破碎的燃料，为主上料系统，该上料系统带式输送带采用挡边带式输送机，输送带采用花纹带，带式输送机采用双路布置，两路同时运行，带式输送机规格为带宽 2200mm、带速 1.0m/s、额定出力 75t/h，采用变频调速，以方便满足不同燃料上料出力要求。上料系统流程为：需要破碎的燃料→桥式式抓斗起重机等→破碎机→C1AB 带式输送机→C2AB 带式输送机→炉前料仓。

另外一套上料线为成品料上料线，主要用来输送厂外已经破碎好的成品燃料。成品料上料系统 C3 号和 C4 号带式输送带采用挡边带式输送机，且全部单路布置，带式输送机规格为带宽 1800mm、带速 1.0m/s、额定出力 75t/h。成品料上料系统带式输送机采用变频调速，最大出力可达 150t/h，可以满足一、二期工程燃料系统公共备用的要求。

四、调试主要节点

以湛江生物质电厂 1 号锅炉机组为例，简要介绍生物质燃料循环流化床锅炉的调试概况，详见表 11-6。

表 11-6　　　　　　　　　　湛江生物质电厂 1 号锅炉机组调试主要节点

序　号	时　　间	节点名称	主　要　内　容	备　注
1	2011 年 3 月 17 日	完成低温烘炉	利用烘炉机对浇注料进行烘烤，使浇注料缓慢均匀地加热，析出水分，保证浇注料在锅炉机组运行过程中的安全性	
2	2011 年 3 月 30 日	完成化学清洗	清洗工艺符合锅炉实际情况的要求，清洗过程及清洗效果达到 DL/T 794—2001《火力发电厂锅炉化学清洗导则》规定的优良要求	清洗质量评为优良等级
3	2011 年 4 月 16 日	完成锅炉冷态通风及空气动力场试验	锅炉主要部件静态检查，锅炉风烟系统辅机试运转，二次风挡板调节特性及调平，风量测量装置的流量系数标定，炉膛布风装置阻力特性测试，布风装置的布风均匀性检查，料层阻力特性测试，临界流化风量的测量，回料器冷态试验	
4	2011 年 5 月 27 日	完成锅炉吹管	采用蓄能降压方法分别对锅炉各受热面管束及其联络管道，主蒸汽管道，1、2 号机组蒸汽联络母管进行了吹扫，轴封蒸汽管道、吹灰蒸汽管道、减温水管道也进行了吹扫。5 月 27 日采用降压打靶检验靶板，冲管系数（压降比）均大于 1.4，主蒸汽管道（第 112、113 次）及联络母管连续二次更换靶板检查，靶板光洁，无明显冲击斑痕，靶板光亮，冲管圆满结束	吹管过程进行了生物质燃料试烧，吹管结果评定为优良
5	2011 年 7 月 7 日	首次整套启动	锅炉点火，逐步试烧生物质燃料	整套启动开始
6	2011 年 7 月 8 日	汽轮机冲转	主蒸汽压力 2.5MPa，主蒸汽温度 323℃，汽轮机首次冲转，完成电气试验，机组首次并网，进行了汽轮机相关试验	汽轮机超速试验不成功，停机停炉

序 号	时 间	节点名称	主 要 内 容	备 注
7	2011年7月22日	第二次整套启动	锅炉再次点火，第二次并网成功。进行汽轮机超速试验，进行锅炉蒸汽严密性试验及安全门校验。锅炉机组进行升负荷试验，并于7月23日18:30，油枪全退，全烧生物质燃料，投入布袋除尘器运行。7月25日17:51机组最高负荷达到45.6MW	因燃烧氧量不足无法进一步升负荷，停炉改造
8	2011年8月12日	第三次整套启动	8月13日18:00，机组首次满负荷运行，最高负荷至53.1MW。配合热工投入各个系统"自动控制"；完成机组一次调频试验以及汽轮机调速系统参数实测。在带负荷过程中，逐步完成了吹灰系统的热态调试、锅炉初步的燃烧调整试验	首次满负荷
9	2011年8月16日	72h+24h满负荷试运开始	72h＋24h试运期间，机组平均负荷率93.2%，锅炉断油全烧生物质，布袋除尘、高低压加热器、除灰全部投入，汽水品质优良；主要参数达到国家有关规程规范和设计值	2011年8月20日，72h＋24h满负荷试运行结束，移交试生产

第二节 大型生物质直燃循环流化床锅炉烘炉

一、循环流化床锅炉烘炉概述

1. 烘炉的作用

循环流化床锅炉炉内床料在烟气携带下沿炉膛上升，经炉膛上部出口进入分离器进行气固两相分离，被分离后的烟气经旋风分离器上部出口进入尾部烟道，分离出来的固体粒子经回料器返回炉膛下部。初始床料、燃料、燃料灰渣等固体粒子在"炉膛—分离器—回料器—炉膛"这一封闭回路不停地进行高温循环，这就是循环流化床锅炉的外循环流程；另外，相对粒径较大的初始床料、燃料、燃料灰渣等固体粒子在重力的作用下不能进入分离器而停留在炉膛内进行高温循环，这就是循环流化床锅炉的内循环流程。在这两种循环流程中，不可避免的是固体粒子对受热面的磨损，是循环流化床锅炉机组运行过程中一个重要的安全隐患。为减少循环流化床锅炉循环过程中的热冲击及高温固体粒子流对受热面的损害，需要在某些区域采用耐磨、绝热材料组成的浇注料。在还原性条件下，耐磨、绝热材料比钢耐磨，安装这些浇注料的主要目的是防止高温烟气及固体粒子流对金属构件的高温氧化腐蚀和磨损，并兼顾隔热保温的作用，以保障循环流化床锅炉机组运行的安全性和可靠性。浇注料的主要布置区域包括风道燃烧器四周及出口烟道、水冷风室及相关管道、水冷壁布风板、炉膛水冷壁表面、炉膛内布置的水冷屏过热器等下端表面及其穿墙处周围的水冷壁表面、旋风分离器整个内表面、回料器及料腿内表面、旋风分离器出口烟道内表面、尾部对流烟道入口内表面等。

由于循环流化床锅炉主体结构复杂，炉墙面积较大，首次安装的浇注料水分含量较多，施工结束后应严格根据材料的特性进行烘炉，若不按程序进行烘炉或缩短烘炉时间，在锅炉启动时必然会使材料内部蒸汽膨胀产生热应力，造成材料结构的剥落或材料内部的损伤，严重影响锅炉本体的安全运行及材料的使用寿命。因此，循环流化床锅炉在正式投运前，烘炉是至关重要的一个环节。烘炉过程大致分低温烘炉阶段、中温烘炉阶段、高温烘炉阶段三个阶段。低温烘炉阶段一般是常温升温至 $350℃±50℃$，主要是为了排出物理水（游离水）及结晶水，并在 $300℃$ 以上消除施工应力，增强固化强度。中、高温烘炉阶段通常结合锅炉吹管、投料进行，控制一定温升速度并保温一定时间，中温烘炉温度至 $550℃±50℃$，高温烘炉升温至工作温度。高温烘炉可以加速材料的物理化学变化，使其性能稳定，强度、抗折性增强，以便在高温下长期工作。

2. 浇注料情况介绍

以湛江生物质电厂为例，介绍生物质燃料循环流化床锅炉浇注料布置情况，见表11-7。

表 11-7　　　　　　　　　　　湛江生物质电厂各部位浇注料分布

序　号	区　域	使用部位	材料名称	厚度（mm）	备　注
1	一次风道	—	耐火浇注料	60	
			保温浇注料	140	
2	点火风道	—	耐火浇注料	80	
			绝热浇注料	80	
			保温浇注料	100	
3	炉膛下部	布风板	耐磨可塑料	59	
		布风板下部	耐磨可塑料	58	
		风室底部	耐火浇注料	55	
		风室侧面	耐火浇注料	55	
		前墙	耐磨可塑料	55	
		后墙	耐磨可塑料	55	
		侧墙	耐磨可塑料	55	
4	炉膛前墙中部	穿屏周围	硅酸铝耐火纤维散棉	—	
5	炉膛内部	水冷蒸发屏	耐磨可塑料	—	
		过热屏	耐磨可塑料	—	
6	炉膛出口	水冷壁顶部	耐磨可塑料	51	
7	水平烟道	水平烟道侧墙	耐磨可塑料	55	
		水平烟道顶部	耐磨可塑料	55	
		水平烟道底部	耐磨可塑料	55	

续表

序 号	区 域	使用部位	材料名称	厚度（mm）	备 注
8	分离器进口烟道	顶面	钢纤维耐磨浇注料	100	
			绝热浇注料	70	
			硅酸铝纤维毯	130	
		侧面	耐磨砖	113	
			绝热浇注料	57	
			硅酸铝纤维毯	130	
		底面	钢纤维耐磨浇注料	100	
			绝热浇注料	70	
			硅酸铝纤维毯	130	
9	分离器出口烟道	顶面	钢纤维耐磨浇注料	100	
			绝热浇注料	128	
		侧面	钢纤维耐磨浇注料	100	
			绝热浇注料	128	
		底面	钢纤维耐磨浇注料	100	
			绝热浇注料	128	
10	分离器	分离器顶部	钢纤维耐磨浇注料	100	
			绝热浇注料	70	
			硅酸铝纤维毯	130	
		分离器筒体	耐磨砖	113	
			绝热浇注料	57	
			硅酸铝纤维毯	130	
		锥体部分	钢纤维耐磨浇注料	100	
			绝热浇注料	70	
			硅酸铝纤维毯	130	
11	回料器	—	钢纤维耐磨浇注料	125	
			绝热浇注料	155	

二、烘炉具备条件

（1）厂用电系统必须完备，必须满足烘炉相关系统的用电负荷，并且保证厂用电系统的可靠性，烘炉期间不得出现断电现象。

（2）化学制水系统已调试完成，可连续制水，保证在烘炉期间除盐水的充足供应。

（3）燃油系统、点火油系统已调试；炉前燃油循环建立完成，可满足烘炉临时燃油系统要求；各种压力仪表、管道阀门投入使用；炉前临时供油系统已连接至烘炉机，满足烘炉要求。

（4）仪用压缩空气系统建立完善，供气正常，保证在烘炉期间仪用压缩空气的供应正常。

（5）锅炉本体照明系统完善，每一层步道都应有照明，保证夜间施工安全。

（6）锅炉的上水系统应达到运行条件，烘炉期间需要上水和排污，锅炉下联箱的各排污分门，排污总门，定排扩容器及排地沟系统投入正常使用。

（7）烘炉期间就是锅炉的第一次启动，当压力达到0.3MPa时，由安装单位热紧螺栓，防止压力再升高时，阀门垫子出现泄漏。

（8）锅炉的疏水系统建立完善，能保证当锅炉压力升高时，各疏水管和疏水阀门能够及时投入使用。

（9）烘炉前消防系统能够投入使用，消防水管道、消防栓、消防带、灭火器材等备足，并能够随时投入使用。

（10）烘炉前应保证汽包、过热器联箱上面的对空排气门能够随时打开，防止压力升高导致受热面损坏。

（11）烘炉前DCS控制系统应能投入使用，风烟系统相关测点监视正常，如风室、炉膛、返料器、分离器、混合室、竖井烟道等温度等。

（12）烘炉前锅炉本体保温应全部结束，特别是汽包保温的完善，汽水系统相关测点投入正常，如汽包壁上下温差、受热面壁温等。

（13）锅炉汽包水位计安装完毕具备投运条件，汽包水位监视系统具备投运条件，在烘炉过程中，汽包要起压，运行人员应按照规程要求进行操作，并注意控制汽包压力不超过7MPa。

（14）炉墙内衬材料外观检查无异常，锅炉通道及炉内垃圾清理完毕并验收合格。

（15）烘炉前应检查临时烟气隔板正常，尤其是尾部烟道隔板密封优良，并保证引风机挡板完全关闭，防止烟气直接进入袋式除尘器，影响烘炉效果及以后的除尘效果。

（16）烘炉前烟风道系统建立完善，所有烟风入口关闭，临时烟气隔板安装完成，具备使用条件，保证风烟系统漏风试验合格。

（17）锅炉各部分膨胀指示器安装齐全，支撑吊杆安装齐全。锅炉安装结束，所有膨胀节打开，膨胀指示归零。

（18）烘炉前需对锅炉本体支吊架进行检查，弹吊及时拔掉定位销子，并检查所有限制锅炉膨胀的障碍及时消除。

三、低温烘炉过程

湛江生物质电厂1号锅炉机组烘炉从2011年3月10日21:40开始进行；3月11日8:30温度到达150℃并保持该温度进行烘炉；3月13日10:00开始由150℃缓慢往250℃升温，3月13日22:00温度到达250℃并保持该温度进行烘炉；3月15日22:00开始由250℃缓慢往350℃升温，3月16日10:00温度到达350℃并保持该温度进行烘炉；3月17日22:00停烘炉机进行自然冷却。图11-2所示为湛江生物质电厂中低温烘炉升温曲线。

烘炉过程中，正式系统的运行操作均按锅炉规程进行。为节省燃油，烘炉过程中如汽包压力不超限应尽量少进行对空排汽。

烘炉热烟气的流向如下：

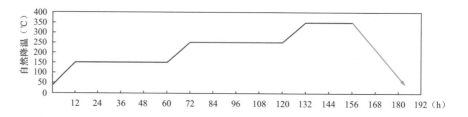

图 11-2 湛江生物质电厂中低温烘炉升温曲线

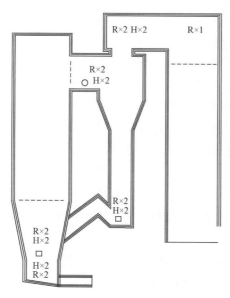

图 11-3 湛江生物质电厂烘炉机布置情况
------隔墙；R—热电偶；H—烘炉机

（1）水冷风室→炉膛密相区→返料器斜腿→返料器→旋风分离器→分离器出口烟道→尾部临时烟囱。

（2）水冷风室→炉膛密相区→屏式过热器→炉膛出口→分离器出口烟道→尾部临时烟囱。

湛江生物质电厂烘炉机布置情况如图 11-3所示。

风道燃烧器由风室烘炉机通过辐射进行烘烤。实际运行过程中，发现风道燃烧器烘炉效果不佳，2 号炉在风道燃烧器加装了两台烘炉机（见图 11-4），2 号炉风道燃烘器烘炉效果良好。

四、低温烘炉结果

根据国内常规的验收方法，按低温烘炉取样分析结果进行验收，浇注料的水分小于 2.5%，并且浇注料无贯穿性裂纹和其他异常迹象，即认为低温烘炉合格。湛江生物质电厂低温烘炉的检验标准如下：

图 11-4 烘炉机

（1）采用各部位相同的材料预制试块，在烘炉前放在相应部位，待烘炉保温结束后取出，由建设方负责送检，含水率小于 1.5%。

（2）低温烘炉完成后，各种浇注料的施工部位，除正常的毛细收缩裂纹和施工面结合伸缩缝外，没有拱起和开裂脱落现象；砖墙无明显的凸起和扯拉开裂现象。

（3）试块制作：为检验烘炉效果和耐火材料的性能，分别在风室、炉膛、返料器、分离器、分离器出口等部位制作试块，规格为 40mm×40mm×160mm。

（4）检验方法：按照国家试块含水率检测办法检测。

2011 年 3 月 20 日，对预先放进炉内各个部位的试块进行检验，试块含水量均小于 1.5%；并对炉内烘炉效果进行检查，未发现大的裂纹及开裂脱落现象，相关单位及人员判定低温烘炉合格。

五、中、高温烘炉

中、高温烘炉利用锅炉缓慢的升温进一步烘干炉墙内衬材料内的残余水分及其耐磨耐火材料内部结构的结晶水，同时使耐磨、耐火材料形成陶瓷结合耐磨层。中、高温烘炉一般会分两个阶段进行，中温烘炉在锅炉吹管期间可以完成；高温烘炉则在锅炉机组整套启动投生物质燃料过程中进行，在高温烘炉前应进行 8～10h 中低温烘炉过程，防止因停炉时间过长浇注料表面水分增加而在高温烘炉期间出现异常。图 11-5 所示为湛江生物质电厂中高温烘炉升温曲线。

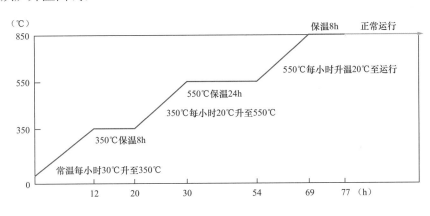

图 11-5　湛江生物质电厂中高温烘炉升温曲线

第三节　大型生物质直燃循环流化床锅炉冷态试验

一、CFB 锅炉冷态试验简述

（一）CFB 锅炉冷态试验目的

CFB 锅炉冷态试验对锅炉的烟风系统（包括测压装置、风门挡板、给料口及油枪）进行全面检查，并对系统内测速装置进行标定；另外，通过布风阻力特性试验、布风均匀性试验、料层阻力特性试验、回料器相关冷态试验等，一方面可及早检查锅炉的制造、安装情况，了解锅炉主要部件和配套辅机的冷态工作特性，确保锅炉顺利点火启动；另一方面可为锅炉热态运行调整提供参考。

（二）CFB 锅炉冷态试验内容及方法

1. 锅炉主要部件静态检查

（1）锅炉本体的检查确认。

1）检查风道、烟道内有碍试验的脚手架已拆除，并已将烟风道清扫干净。

2）检查水冷风室已清理干净，无杂物。

3）检查布风板风帽安装正确、牢固，风帽高低一致，布风板上无杂物，风帽小孔畅通，必要时需逐个清通。

4）炉膛内相关孔洞正常，包括二次风口、落煤口、回料口等。

5）锅炉本体浇注料完好、平整、光洁，无脱落现象，经烘炉并验收合格，包括风道燃烧器、水冷风室、炉膛、旋风分离器、回料器等。

6）风道燃烧器油枪、点火枪相对位置检查，确认位置正确；燃烧器观火孔正常可用。

7）锅炉落渣管内流畅，回料器放灰管清洁通畅。

8）旋风分离器进出口、回料器内部清理干净；回料器风帽安装正确、牢固，回料器布风板上无杂物，风帽小孔畅通，必要时逐个清通。

9）烟风系统相关人孔门已封闭。

10）除尘器检查完成，内部清洁、无杂物。

（2）锅炉辅机的检查确认。

1）烟风系统所有风机、挡板及阀门等安装结束。各风门、挡板的执行器连接良好，风门、挡板操作正常，开关灵活，动作正确，远程操作一一对应。

2）辅机机械内部与连接系统等清洁、完好，各轴承注入规定的润滑油，轴承油位正常。

3）相关的工业水、闭式冷却水、仪用压缩空气等系统安装调试完，可以投入运行。

4）裸露的转动部分应有保护罩或围栏，辅机相关地脚螺栓和连接螺栓不得有松动现象。

5）烟风系统附属设备，包括润滑油系统、密封风系统、冷却风系统等满足试运条件。

（3）锅炉仪表检查确认。

1）与各风量相关的差压变送器、压力表、温度计等经校验合格，已投入运行，风量计厂家所提供的公式确认正确无误，DCS 逻辑中计算公式检查正确，计算风量显示正常。

2）风烟系统相关风压、烟压、风温、烟温、风机及其附属设备本体测点一一对应，且已投运正常。

3）炉膛内特别是密相区温度测点与操作员站上显示的数据点要一一对应地确认，并投运正常，包括风室风压、炉膛床压、炉膛负压、炉膛差压、温度测点等。

2. 锅炉风烟系统辅机试运转

在检查结束后进行锅炉风烟系统各风机的分部试运和通风试验。分部试运中根据风机显示的数据初步判断各辅机的出力情况，如风量、风压等是否能达到设计要求；检查机械各部位的温度、振动的情况，电流指示不得超过额定值，并注意做好记录。风烟系统启动后还应进行风压试验。

3. 二次风挡板调节特性及调平

二次风分为上下二层送入炉膛，上二次风各分风无风门控制，在炉内上二次风口处测量风速，判断上二次风是否分布均匀。

下二次风分风由手动风门控制，维持一定的二次风箱风压，调整各二次风分风门，风门挡板特性试验完成后，调平各二次风口风速，将分风门设置在某一位置。

4. 风量测量装置的流量系数标定

标定时启动锅炉风机（返料风机、引风机、二次风机、一次风机），一般在 3 个不同的风量下进行，采用标准皮托管和微压计按网格法对每个风量测量装置进行标定。在标定前，要求对流量测量装置进行吹扫和查漏，保证风道上流量装置的严密性。

5. 炉膛布风装置阻力特性测试

炉膛布风装置阻力是指布风板上不铺设床料时空气通过布风板时的阻力，风帽进口端的局部阻力、风帽通道的摩擦阻力及风帽小孔处的出口阻力组成。由于前两项阻力之和占布风板阻力的比率很小，因而布风板阻力主要由风帽小孔的出口阻力决定。因此，布风板阻力的近似计算公式为

$$\Delta p = \xi \frac{\rho u^2}{2}$$

式中　Δp——布风板阻力，Pa；

　　　u——风帽小孔风速，根据总风量和风帽小孔面积计算，m/s；

　　　ρ——空气密度，kg/m³；

　　　ξ——风帽阻力系数，由锅炉制造厂或风帽制造厂家提供。

冷态情况下，通过测量不同风量下布风板的阻力，可以得出布风板阻力特性。风板阻力特性不仅可以作为冷态添加床料后料层阻力特性试验的基础，更重要的是可以推导出热态情况下布风板的阻力特性，为锅炉机组正常运行时床压的判断提供判据。为便于冷态、热态对比，风量应转换为标态风量，经公式推导，可得出以下公式

$$\Delta p_1 = \Delta p_0 \frac{273.15 + t_1}{273.15 + t_0}$$

式中　Δp_1、Δp_0——风温为 t_1 和 t_0 时布风板阻力，Pa；

　　　t_1、t_0——热态及冷态情况下的风温，℃。

试验步骤如下：启动引风机、一次风机，控制炉膛负压正常，缓慢均匀地加大一次风机出力，同时调整引风机出力，维持炉膛负压在正常范围内，控制调节频率，并记录总风量、风室压力、炉膛下部床压、炉膛负压等参数，一直调节到一次风至最大风量，作为上行数据。然后将一次风量逐步减小，控制调节频率，并记录总风量、风室压力、炉膛下部床压、炉膛负压等参数，一直调节到一次风至最小风量，作为下行数据。风室压力和炉下部床压的差值即为布风板阻力，用上行、下行的平均值作为布风板阻力试验的最终数据，并绘制风量与布风板阻力曲线。

6. 布风装置的布风均匀性检查

布风均匀性试验主要是通过实地观察流化状态下锅炉整个床面的流化布风均匀性情况。试验前事先在布风板上铺设约 800mm 高度的合格床料，启动依次引风机、一次风机，缓慢调节风机处理，逐渐增加风量，直到床料良好流化后，稳定运行一段时间后，直接停所有引风机，联跳所有一次风机。进入炉膛对床面进行检查，看床面是否平整，如果料层基本平整，说明布风均匀；如果料层表面高低不平，说明布风不均匀，应进一步检查造成不均匀的原因。

7. 料层阻力特性测试

料层阻力是指气体通过布风板上料层时的压力损失。当布风板阻力特性试验完成后，在布风板上铺上一定厚度的合格床料作料层，其厚度可根据具体要求而定。一般需要做 2～3 个不同料层厚度的试验，试验可从低料层做到高料层，也可以反方向进行。试验用的床料要干燥，不能潮湿，否则会给试验结果带来很大的误差。床料铺好后，将表面整平，用标尺量出其准确厚度，开始试验。

料层阻力特性试验方法与布风板阻力特性试验方法一致，逐步调整一次风机风量，维持炉膛负压正常，测定并记录总风量、风室压力、炉膛下部床压、炉膛负压等参数。用测得的风室压力减去同一风量下的布风板阻力就可得到该料层阻力。然后逐渐改变料层厚度，重复测量风量与风室压力的关系。绘制一次风量与料层阻力的关系曲线，即是料层阻力特性曲线。

8. 临界流化风量的测量

临界流化风量是指床料从固定状态到流化状态所需的最小风量，是循环流化床锅炉运行时最低一次风量。它对锅炉正常运行，特别是点火及低负荷阶段有十分重要的意义。根据理论公式分析，临界流化风量与料层高度无关，在实际试验中也能很好地反映这一特点。临界流化风量与床料的粒径有关，床料越细，越容易流化，临界流化风量也就越小，因此冷态试验中所使用的床料应尽量与实际运行床料一致。试验床料与运行床料差别较大时，试验所得的临界风量应根据实际运行床料进行修正。

临界流化风量试验与料层阻力试验同步进行，根据料层阻力曲线可得出临界流化风量。

9. 回料器冷态试验

该试验与料层阻力特性测试一起进行，测试前清空回料器，启动风组进行通风，进行炉膛布风板均匀性检查时，打开各回料器人孔门，一并进行回料器内返料情况检查，检查各个回料器返料量是否一致。

（三）CFB 锅炉冷态试验注意事项

1. 安全注意事项

（1）参加试运的所有工作人员应严格执行《安规》及现场有关安全规定，确保试验工作安全可靠地进行。

（2）试验过程中，应派人专人值班，并保持通信畅通，发现异常情况时，及时联系炉内工作人员，保障人身及设备的安全。

（3）高空作业必须系安全带，炉内工作必须带好劳动防护用品，如风镜、安全帽、口罩等。

（4）进行炉膛内相关测试时，炉外必须设置专人进行监护，炉外挂上"禁止非工作人员进入"的告示牌。

（5）试验前一定要检查临时措施的可靠性，确认其牢固可靠，栏杆齐全。冷态试验用临时棚架应符合相关标准要求，并经验收合格。

（6）进行测量工作前，一定要对风道进行充分的吹扫，调整工况时，一定要缓慢。进行炉内二次风风速测量时，需要调节工况时，应通知测量人员撤出炉膛，待调整稳定后在进入炉膛测量。进行测量时，人员应尽量避开风口。

（7）试验照明要充分，并应有防止触电的措施，炉内及烟风道内的照明一定要用安全电压。

（8）冷态试验过程中，相关转动辅机运行时要有专人监护，所有转动辅机及其辅助设备（润滑油系统、冷却水系统等）出现异常情况时，应通知有关人员进行处理，如发生危及设备安全运行的异常情况时，应按紧急事故发生进行停机处理。

（9）试验期间，必须对其他无关设备进行有效隔离。

（10）现场的道路应畅通，地面要平整，环境清洁，无妨碍试转的障碍物等。

（11）试转现场应消防设备齐全，注意防火，发现火种应及时处理。

（12）冷态试验过程中，相关单位应做好协调工作，分工明确、详细。

2. 技术注意事项

（1）冷态试验前，应确保烟风系统相关测点测量的准确性，风量、风压取样管应进行仔细查漏，所有变送器均需进行零位校对，如有问题及时处理。

（2）试验前，应对可能造成试验误差的因素进行分析，对已定系统误差根据原因予以清除，必要时可采用多次测量，从不同角度进行对比。

（3）进行烟风系统通风试验时，尽量调整大风量运行，目的是判断相关风机的最大出力，为以后正常运行时风机控制参数提供参考依据。

（4）冷态通风试验尽量启动双侧风机运行，一是保证试验状况与热态运行状况更加接近，二是保证两侧风量的均匀性，尤其是做料层阻力及布风均匀性试验时需启动两台一次风机。

（5）试验过程中，运行人员应加强监盘，调整运行工况，维持风机稳定出力。

（6）风量标定时，试验人员应严格按照测量标准进行试验，以便获得精确和真实的数据，所有的试验记录均需要测量、记录人员签名。

（7）布风板阻力特性试验过程中，从最低风量开始，多点记录相关参数，尤其是从小流量到正常流量之间，需要保证有足够的试验数据，保证测量数据更加接近实际数据。

（8）料层阻力试验所用床料，需严格按照设计要求进行粒度选择，并对床料进行筛分，以便对应正常运行过程中的床料粒径，更加接近热态运行工况。

（9）做带床料的冷态试验时，需要启动二次风机，确保二次风箱压力，防止二次风风压低导致床料进入床上油枪喷口、二次风口等。

（10）如有条件，在料层阻力特性试验过程中，可采用 U 形管压力计对床压进行实际测量，测量数据与 DCS 相关数据对比，确认试验的准确性。

（11）除尘器布风均布试验一般与锅炉冷态试验同时进行，尽量安排在加床料前完全。

二、生物质燃料 CFB 锅炉现场冷态试验

（一）试验过程概述

开始冷态试验前，先对风道燃烧器及其与点火枪的相对位置、各二次风口、回料口、炉膛风帽、回料器风帽、风室、各风烟道挡板、风机进出口挡板及调节门进行静态检查，各相关单位再次全面检查后，封闭炉膛、风烟道及其他相关人孔。2011 年 4 月 10 日，启动引风机、二次风机、一次风机进行风组试运行。

在启动风机试运过程中，发现一次风机入口挡板较小时（约 15%），风室压力已到达 11kPa，现场实测风量较小（约 3 万～4 万 m³/h，标况），布风板阻力过大。经检查分析，布风板阻力过大的原因是风帽管与风帽盖之间的间隙小，造成流通面积不足。将风帽罩拧下，重新定位安装，留足风帽管与风帽盖间隙，进行如此安装处理后，基本正常。

另外，返料器布风板阻力也存在阻力过大的问题，经检查分析，其原因是部分风帽小孔被浇注料堵塞，造成流通面积不足。对堵塞的风帽小孔进行清堵后，基本正常。

2011 年 4 月 13 日，动力场试验正式开始，首先进行二次风各风量测量装置标定、一次风及相关风量标定。然后，进行二次风挡板调节特性试验。2011 年 4 月 14 日，进行布风板空床阻力特性试验。试验完毕后，停运风组，炉膛添加床料（床料为业主外购）。床料添加完毕后，2011 年 4 月 15 日，启动风组开始进行带床料的冷态流化试验，包括不同料层的布风均匀性检查、料层阻力特性试验。2011 年 4 月 17 日 3:00，冷态通风试验结束。

（二）试验结果分析

1. 静态检查结果

炉膛、风烟道、风道燃烧器、风室、回料器、分离器、各风门挡板静态检查正常。风组试运结果表明大部分风机轴承振动、轴承温度正常，各风机电动机轴承振动、线圈温度、轴承温度正常。各风机出力正常，各调节挡板调节特性良好。检查油枪及系统正常。

2. 二次风风门挡板特性试验

维持空气预热器出口二次风风压不变，二次手动风门开度为 100%，进行风口流速测量。表 11-8 是炉膛二次风喷口进行风速测量。

表 11-8　　　　　　　　炉膛二次风喷口风速测量结果

风门开度	二次风喷口风速（炉右至炉左）					平均
	1	2	3	4	5	
前墙上层	45.28m/s	47.73m/s	41.34m/s	42.69m/s		44.26 m/s
前墙上层偏差	2.305%	7.840%	−6.597%	−3.547%		
前墙下层	45.27m/s	45.27m/s	42.68m/s			44.40m/s
前墙下层偏差	1.959%	1.959%	−3.874%			
后墙上层	47.68m/s	47.68m/s	45.23m/s	50.00m/s	50.00m/s	48.12m/s

风门开度	二次风喷口风速（炉右至炉左）					平均
	1	2	3	4	5	
后墙上层偏差	−0.914%	-0.914%	−6.006%	3.907%	3.907%	
后墙下层	49.98m/s	47.66m/s	—	42.63m/s	42.63m/s	45.72m/s
后墙下层偏差	9.318%	4.243%	—	−6.759%	−6.759%	

测量结果表明，沿炉膛宽度方向，二次风分配均匀，所有二次风门全开时偏差最大不超过10%。后墙下层第三个二次风口未测出风速，检查发现该手动门为关状态。所有二次风手动风门关闭状态时，基本无风速。

3. 各风量测量装置标定结果

主要进行了热一次风量标定、热二次风量标定、热二次风支管风量标定、播料风风量标定。

风量标定的主要结果见表11-9，所有标定系数均已经在DCS进行修改。

表 11-9　　　　　　　　　　　　主要风量测点标定结果

测点		实测风量（m³/h，标况）	DCS风量（m³/h，标况）	标定系数	平均系数
热一次风量标定（流化风量）	A 侧	61499.31	37250	1.651	1.640
		76191.94	46800	1.628	
	B 侧	60138.61	32400	1.856	1.824
		76516.45	42700	1.792	
热二次风量标定	A 侧	46592.63	38932.73	1.197	1.282
		34403.53	25154.52	1.368	
	B 侧	46399.89	38059.31	1.219	1.267
		34884.04	26530.16	1.315	
二次风支管量标定	A 侧	24093.55	13538.02	1.780	1.780
	B 侧	23523.2	18341.84	1.282	1.282
播料风标定	A 侧	13403.15	12511.75	1.071	1.071
	B 侧	107583.21	100133.3	1.075	1.075

4. 布风板阻力特性试验

布风板阻力特性试验即空床阻力特性试验，是在布风板不铺床料的情况下，启动引风机、一次风机，维持炉膛出口负压不变，调整一次风量，记录各工况下风室风压、布风板压力（床压）、炉膛负压，风室风压及布风板压力（床压）的差值即为布风板阻力。

因空气密度随温度升高而变小，热态下布风板阻力关系特性与冷态不同，通过温度修正，可相应得出热态工况下的一次风量与布风板阻力关系曲线，温度修正时选取实际运行工况下热一次风温度进行修正。图11-6所示为1号炉冷态布风板阻力特性曲线。通过查冷态试验空床阻力特性曲线及温度修正，实际设计额定运行工况，布风板阻力应该在3.8kPa左右。

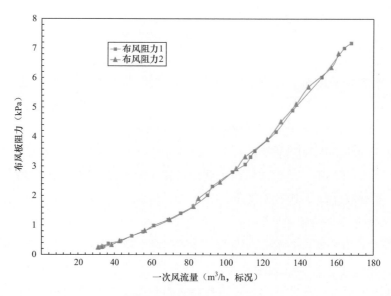

图 11-6　布风阻力特性曲线

5. 布风装置布风均匀性试验

布风板的均匀性与否是流化床锅炉能否正常运行的关键。布风板不均匀会造成床料的不均匀，热运行时会出现局部死区，引起温度不均匀，以致引起结渣。在试验时先在布风板上铺设 400mm 厚度的床料，启动引风机、一次风机，逐渐增大一次风量。在床料流化状态下，突然停止送风，进入炉内检查床料的平整程度，若床料表面平整，表明风帽布风均匀，流化质量良好；若发现床面极不平整，有凸凹不平的现象，表明布风不均匀，流化质量不好，则应查找原因，并采取相应措施及时处理。对 1 号炉进行检查，发现床料表面平整，粗细颗粒分层明显，表明风帽布风均匀，流化良好，能够达到热态运行的要求。值得注意的是，炉膛四个角部有明显的较多细颗粒堆积，但是拔开细颗粒后，在其下面较粗颗粒并没有同样形成堆积，由此分析，在角部堆积的细颗粒主要应该来源于风机停运后沿壁面滑落下来的床料。

6. 临界流化风量测量及料层阻力特性试验

临界流化风量是指床料从固定状态到流化状态所需的最小风量，它是锅炉运行时最低的一次风量。测量临界流化风量的方法是在布风板上铺上一定厚度的床料，启动风机，逐渐增加一次风量，初始阶段随着一次风量增加，床压逐渐增大，当风量超过某一数值时，继续增大一次风量，床压将不再增加，该风量值即为临界流化风量。另外，也可用逐渐降低一次风量的方法，测出临界流化风量。试验时记录不同风量下的风室风压，此风室风压所代表的风阻是料层阻力与布风板阻力之和，用测得的风室压力减去同一风量下的布风板阻力就得到了该料层阻力。把一次风量和料层阻力绘制在同一坐标系中即得到料层阻力特性曲线，根据该曲线可以得出临界流化风量。同样，更为简单的方法是直接将流化风量和床压关系绘制成一曲线，也可得出临界流化风量。

试验前，预先加好约 400mm 床料，试验时，先逐步加大流化风量至完全流化后，逐步减小流化风量至最小（只启动引风机和一次风机），绘制的流化风量与料层阻力特性曲线如图 11-7 所示，从图 11-7 中可以看出，临界流化风量约为 5.5 万 m³/h（标况）。需要指出的是该临界流化风量都是指在当时试验时风量测点指示值。当风烟道挡板等出现改变时，其对风量测点测量结果影响较大，因此，每次锅炉启动前，都应该进行相应流化试验。为确保机组运行时床料流化良好，目前流化风量低保护定值建议暂定为 5.5 万 m³/h（标况），实际运行中建议控制流化风量不低于 6.0 万 m³/h（标况）。

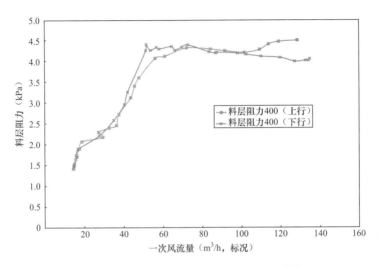

图 11-7　料层阻力特性试验（临界流化风量）

流化风量试验结束后，停运风机检查料层厚度约为 400mm，因此，充分流化后，通过阻力特性试验，400mm 床料料层阻力约为 4.3kPa；第二个料层试验，停运风机检查料层厚度约 570mm，床料流化后约为 6.1kPa。由此，试验时用到床料充分流化后，每100mm 料层对应料层阻力约为 1.07kPa。

7. 回料器冷态试验

试验过程中，发现返料器风室布风板阻力也存在阻力过大的问题，经检查分析，回料器布风板阻力过大的原因是部分风帽小孔被浇注料堵塞，造成流通面积不足。对堵塞的风帽小孔进行清堵后，基本正常。回料器布风板阻力约为 2.5kPa。

回料器返料特性检查试验，同时在一次风机、引风机运行较长时间后，打开回料器人孔门进行检查，2 个分离器分离下来，回到回料器床料量较为均匀，偏差不大。

第四节　大型生物质直燃循环流化床锅炉吹管

一、吹管目的

锅炉过热器及其蒸汽管道系统的吹扫（吹管）是新建机组投运前的重要工序，其目的是清除在制造、运输、储存、安装过程中留在过热器系统及蒸汽管道中的各种杂物（如砂粒、石块、旋屑、氧化铁皮等），防止机组运行中过热器、再热器爆管和汽轮机通流部分损伤，提高机组的安全性和经济性，并改善运行期间的蒸汽品质。应强调指出，首先应从制造安装工艺上消除杂物的积存，吹管只能作为进一步清除的手段。

二、吹管范围及工艺流程

1. 吹管方法

蒸汽吹管的基本方法有稳压吹洗和降压吹洗两种。

(1) 稳压吹管。即吹管过程维持锅炉蒸发系统压力基本不变。吹管时，锅炉升压至吹管压力，逐渐开启吹管控制门。当再热器无足够蒸汽冷却时，应控制锅炉炉膛出口烟温不超过 500℃ 或按制造厂规定。在开启吹管控制门的过程中，尽可能控制燃料量与蒸汽量保持平衡，控制门全开后保持吹管压力，吹洗一定时间后，逐步减少燃料量，关小控制门直至全关，一次吹管结束。每次吹管控制门全开持续时间主要取决于补水量，一般为 30~60min。一次吹管结束后，应降压冷却，相邻两次吹管宜停留 12h 间隔，以使管子冷却而使其内表面的氧化物脱落，更好地提高吹管效果。

(2) 降压吹管。即点火升压到吹管压力，并迅速开启控制门，利用锅炉的蓄热量，凭借锅炉快速降压过程产生的附加蒸发量，短时获得较大蒸汽流量，依靠有效吹管时间（吹管过程中吹管系数大于 1 的时间）和积累来达到吹管目的。一次吹扫结束后锅炉重新升压，进行下次吹扫，如此反复，直至锅炉吹扫干净。降压吹管每小时吹洗不宜超过 4 次。在吹洗时，应避免过早地大量补水。每次吹管时因压力、温度变动剧烈，有利于提高吹洗效果。但对于高参数大容量锅炉采用蓄能降压吹管方式时，不仅要控制锅炉饱和温度的下降幅度，也应注意控制锅炉过热汽温及再热汽温的下降幅度在厚壁承压部件允许的范围内。《电力建设施工及验收技术规范》中规定："汽包锅炉吹管时的压力下降值应控制在饱和温度的下降值不超过 42℃ 的范围内。"这一规定是将汽包这个厚壁承压部件在降压吹管过程中的降温幅度要求作为整个锅炉的降压降温幅度限制条件，以此来保证锅炉的安全。每段吹管过程中，至少应有一次停炉冷却（时间 12h 以上），冷却过热器、再热器及其管道，以提高吹管效果。吹管过程中，应按要求控制水质。在停炉冷却期间，可进行全炉换水。

湛江生物质电厂两台 50MW 生物质燃料循环流化床锅炉机组吹管均采用降压吹管，锅炉点火采用床下油枪点火，根据运行参数投运生物质燃料。

2. 吹管范围及系统流程

(1) 过热蒸汽系统吹管流程。

1) 汽包→导汽管道→水平烟道过热器→包墙过热器→低温过热器→一级减温器→屏式过热器→二级减温器→高温过热器→主蒸汽管→临时管→临冲门→临时管→靶板→消声器→排大气。

2) 汽包→导汽管道→水平烟道过热器→包墙过热器→低温过热器→一级减温器→屏式过热器→二级减温器→高温过热器→主蒸汽管→联络母管→临时管→靶板→排大气。

(2) 过热器减温水管。过热器减温水汽侧采用在系统第一阶段吹管结束后停炉前，左、右侧逐一管道进行稳压反冲洗，压力为 4MPa 左右，其流程是：

1) 过热器二级减温水喷口→减温水管道→二级减温水调门后手动门→临时管→排大气。

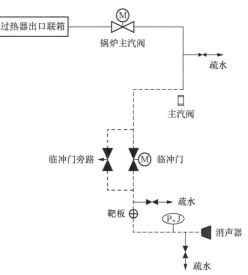 用于在正文右侧插图

2）过热器一级减温水喷口→减温水管道→一级减温水调门后手动门→临时管→排大气。

过热器减温水管水侧直接由水进行冲洗。从给水泵出口到过热器减温水总联箱之间的管道采用水侧冲洗。

1）给水管道→减温水母管→二级减温水调门前电动门→临时管→排地沟。

2）给水管道→减温水母管→一级减温水调门前电动门→临时管→排地沟。

为了保护过热器减温水调节门以及流量孔板，过热器减温水调节门以及流量孔板、止回阀在该系统冲管结束后再安装。

（3）吹灰系统的管道冲洗。本体汽源的管道在各吹灰器接入口处开口，吹本体汽源管道，减压站不装，用临时管连接。炉本体吹灰系统冲管应用自身蒸汽，调节门不装，用短管短接，排放口在各吹灰器的蒸汽进口法兰处断开排放。

（4）汽轮机轴封管道冲洗。汽封系统管道的吹扫将主蒸汽供轴封管道与汽平衡管供轴封管道连接，用主蒸汽汽源分别吹扫汽平衡管到连排管道、汽平衡管到除氧器管道。排汽分别从轴封汽进口手动门、连排出口、除氧器与汽平衡管连接处接管排出，分别由各自的阀门控制。

3. 吹管参数

吹管参数选择：吹管开始时汽包压力约 5.2MPa，汽包压力降至 4.0MPa 时关临冲门。

吹管时过热蒸汽温度约为 250～340℃。

每次吹管时间 2～4min，即临时排汽门始开到全关后的整段时间。

湛江生物质电厂吹管系统如图 11-8 所示。

三、吹管质量标准

锅炉吹管采用锅炉点火自身产生的蒸汽作为吹洗介质对受热面管道进行冲洗，因而吹管时蒸汽对杂物的作用力必须大于正常运行时最大蒸汽流量（通常指额定工况时的蒸汽流量）下蒸汽对杂物的作用力，这两个作用力之比就是吹管系数 K，毫无疑问，理论上锅炉吹管时 K 必须大于 1 才能将正常运行时能被蒸汽带起的杂物冲掉。吹管系数 K 为

图 11-8　湛江生物质电厂吹管系统图

$$K = 吹管时蒸汽流量^2 \times 吹管时蒸汽比体积 / 额定负荷时蒸汽流量^2$$
$$\times 额定负荷时蒸汽比体积 \tag{11-1}$$

为了保护蒸汽流量孔板不被杂物打坏，吹管时要将流量孔板拆下，因而实际吹管时锅炉蒸汽流量是无法测量的，吹管系数 K 无法根据式（11-1）计算得到。不过对某一管段，

该管段的吹管系数 $\overline{K}$ 可简化为蒸汽压降来计算

$$\overline{K} = \frac{\Delta p_c}{\Delta p} \tag{11-2}$$

式中 Δp_c ——吹管时蒸汽的流动阻力；

Δp ——额定工况下蒸汽的流动阻力。

由式（11-2）可见，在吹管时只需测量某一管段的压差值，再与额定工况时该管段的压差值相比，即可得到该管段的吹管系数。但在实际吹管过程中，不可能将系统分成许多小区段并测量其压差，一般只能测量过热器和再热器入出口压差，这与小区段有很大差异。吹洗过程是蒸汽膨胀流动过程，从汽包开始蒸汽压力逐渐下降，蒸汽比体积增大，流速增加，在排汽口达到临界条件，因此按小区段理论直接引用到过热器或再热器有较大误差，主要反映在吹洗系统入口段吹洗动量不足。如能保证入口段压差比不小于 1 即成为符合吹洗标准的基本条件，经过理论验算及试验，当吹洗时过热器压差与额定工况时过热器压差之比值不小于 1.4 时，即可保证吹管系数 K 大于 1 的要求。额定工况时过热器、再热器的压差值可按锅炉厂提供的设计值或同类机组额定工况下的实际压差值。

《火电工程调整试运质量检验及评定标准》（1996 年版）对吹管质量检验栏目的规定见表 11-10。

表 11-10 吹管质量检验标准

检 验 项 目		性 质	质 量 标 准
靶板制作	材质	主要	铜板或铝板抛光
	宽度（mm）		≥25
	长度（mm）		≥临时管直径
冲管方式		主要	连续吹两次，第二次靶板斑痕点数应少于第一次
靶板斑痕粒度（mm）		主要	≤0.2～0.5
靶板斑痕数量（个）		主要	≤5
冲动系数		主要	>1

注 每次冲管停炉冷却时间≥8h。

DL/T 5190.2—2011《电力建设施工技术规范》（第二部分：锅炉机组）规定："过热器、再热器及其管道各段的吹管系数大于 1；在被吹管洗管束端的临时排汽管内（或排汽口处）装设靶板，靶板可用铝板制成，其宽度约为排汽管内径的 8%、长度纵贯管子内径；在保证吹管系数的前提下，连续两次更换靶板检查。靶板上冲击斑痕粒度不大于 0.8 mm，且斑痕不多于 8 点即认为吹洗合格。"

湛江生物质电厂各部分吹管的具体质量标准见表 11-11。

表 11-11 湛江生物质电厂吹管的质量标准

序 号	系统名称	控制参数	验收标准（合格）	备 注
1	过热蒸汽系统	汽包 p=5.0MPa 过热器 T=350℃	临时系统膨胀、支撑良好	1～2 次

续表

序　号	系统名称	控制参数	验收标准（合格）	备　注
2	过热蒸汽系统降压吹管（第一阶段）	汽包 $p=5.0$ MPa 过热器 $T=360\sim400℃$	连续两次检查，靶板斑痕粒度≤0.8mm；靶板肉眼可见斑痕数量≤8个；吹管系数>1	靶板基本合格
3	过热蒸汽系统降压吹管（第二阶段）	汽包 $p=5.0$ MPa 过热器 $T=360\sim400℃$		靶板合格
4	过热汽减温水汽侧	汽包 $p=4.0$ MPa 过热器 $T=350℃$	目测排汽清晰	4～6次
5	过热汽减温水水侧	一次汽 $p=5.0$ MPa	排水口水质目测澄清	4～6次
6	轴封管道	汽包 $p=4.0$ MPa 过热器 $T=350℃$	目测排汽清晰	4～6次

四、生物质燃料 CFB 锅炉吹管过程

（一）吹管前准备工作

（1）锅炉系统及临时管道水压试验合格，系统恢复正常。

（2）锅炉风烟系统辅机分系统试转、冷态通风试验结束，并经验收合格，系统恢复正常。

（3）锅炉酸洗工作结束，测试管经验收合格，系统恢复正常。

（4）吹管临时管路安装结束，并且靶板器前临时管道的焊接用亚弧焊打底，焊缝应进行探伤，临时系统保温完整、支撑稳固、膨胀自由，并经验收合格。

（5）吹管相关系统的阀门经验收合格。其中临冲门控制开关接至控制室，启闭时间符合吹管要求不大于60s（临冲门及靶板装置布置于汽机房运转层）。

（6）排汽口（消声器）周围用红围带设警戒区，落实保卫部门专人看守（排汽口布置要求排汽不对周围建筑、设备造成影响，若有影响应该采取相应措施）。

（7）蒸汽吹管用铝质抛光靶板备齐，并经过验收单位确认。靶板长度纵贯管道内径，靶板宽度不小于管子内径的8%。

（8）给水系统及锅炉水冲洗合格。

（9）减温水管道上流量孔板及调节阀、止回阀不装并接临时排放口。

（10）燃油系统验收合格，油循环正常，油枪经试点火后具备点火投运条件。

（11）吹管系统疏放水畅通。

（12）吹管系统命名挂牌结束（包括临时系统）。

（13）电视水位计调试完好具备投运条件。

（14）凝结水泵试转结束，经验收合格，凝结水系统具备投用条件；补水系统具备投用条件。

（15）电动给泵试转结束，经验收合格，除氧给水系统具备投用条件。

（16）化学加药、取样、制水系统具备投用条件。

（17）汽包就地水位计、DCS水位计具备投用条件，但汽包水位高、低保护经批准后解除。

（18）吹管用测点、表计安装调试结束，能投入使用。

（19）吹管期间运行的辅机及系统可在 DCS 系统内操作。

（20）锅炉机组吹管相关系统的保护投入。

（21）锅炉 PCV 阀可正常投用。

（22）DCS 系统具备冲管系统数据采集，打印机可正常工作。

（23）公用系统投入运行（包括仪用压缩空气系统、工业水系统、循环水系统、消防水系统）。

（24）准备足够的燃料，包括柴油以及生物质燃料。

（25）布袋除尘系统调试结束。

（26）锅炉进水前，安装单位要将锅炉各膨胀指示器归零，上水和升压过程中，由施工单位、运行人员定期检查记录锅炉膨胀指器的指示值。

（27）事故保安电源具备投用条件。

（28）上料系统、给料系统、除灰系统、除渣系统、吹灰系统、燃油系统的试运转及系统的保护试验工作结束，并经验收合格，具备投用条件。

以湛江生物质电厂 2 号锅炉为例，整个吹管过程由调试人员指挥，调试人员根据实际情况调整吹管参数，设备检修工作由安装公司人员负责，吹管时临时电动门、排汽门的操作由运行人员负责，锅炉的启、停、升压的操作由运行人员负责，吹管期间的汽水品质由调试及电厂化学值班人员负责取样、分析。

8 月 29 日 23：45，锅炉正式点火，油枪点火较为顺利。

1. 准备性吹管

8 月 30 日 15：32，汽包压力升至 0.92MPa，主蒸汽温度 212℃，开临冲门，进行第一次试吹管，汽包压力降至 0.85MPa 时，关临冲门。主要检验临时蒸汽管道系统及临冲门的工作可靠性。20：38 汽包压力升至 1.96MPa，主蒸汽温度 298℃，进行第二次试吹。21：10 汽包压力升至 2.91MPa，主蒸汽温度 292℃，进行第三次试吹。检查临时蒸汽管道系统、临冲门无异常。

2. 第一阶段吹管

8 月 30 日 21：43，汽包压力升至 4.46MPa 时，主蒸汽温度 291℃，进行正式吹管，当汽包压力降至约 3.96MPa 时，关临冲门，完成一次吹管。22：00，汽包压力升至 4.80MPa 时，进行第二次正式吹管，当汽包压力降至 4.01MPa 时，关临冲门，完成吹管。从这次吹管开始，这一阶段的吹管汽包起始压力一般在 5.0MPa 附近。8 月 31 日 11：03，第 23 次吹管，试放靶板，发现靶板比较干净，符合验收标准，结束本阶段吹管。这一阶段吹管，还进行了减温水汽侧管道吹扫，过热器减温水管道利用吹管后系统余汽进行吹扫，吹扫时的压力为 4.0MPa，并对空排汽管道、PCV 阀及管道进行了吹扫。汽轮机侧进行了轴封蒸汽管道吹扫，8 月 31 日 11：11，锅炉停炉冷却。第一阶段吹管时床温、风量等的调整和典型汽包压力变化如图 11-9 和图 11-10 所示。

3. 第二阶段吹管

9 月 1 日 06：30，锅炉再次点火。10：54，开始第二阶段首次吹管，汽包压力 2.30MPa，主蒸汽压力 2.32MPa，主蒸汽温度 280℃，当汽包压力降至 1.84MPa 时，关临冲门。11：40，汽包压力 4.28MPa，主蒸汽温度 341℃，开始第二阶段正式吹管。从这次吹管开始，这一阶段的吹管汽包起始压力一般在 5.0MPa 附近。在第 39 次吹管开始安

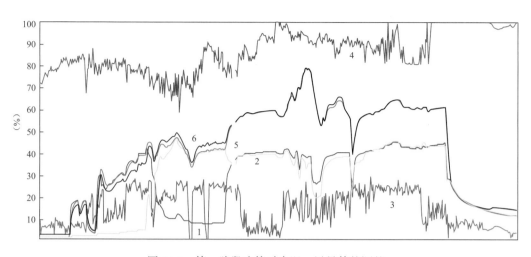

图 11-9　第一阶段吹管时床温、风量等的调整

1—右侧风室温度（0～1500℃）；2—左侧风室温度（0～1500℃）；3——次风总风量（0～150m³/h，标况）；
4—二次风总风量（0～150m³/h，标况）；5—前墙平均床温（0～1000℃）；6—后墙平均床温（0～1000℃）

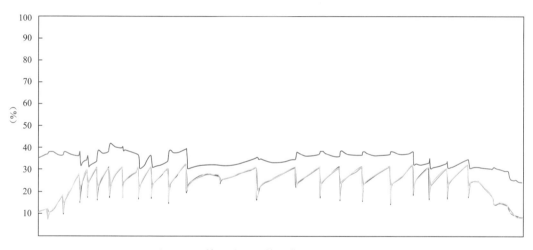

图 11-10　第一阶段吹管时典型汽包压力变化

装了靶板，检查吹管效果。在 119、120 次连续两次安装了靶板，结果靶板上无大点，斑痕粒度皆不大于 0.2mm，且肉眼可见斑痕不多于 5 点，靶板颜色呈铝的银白色。第二阶段吹管，还进行了锅炉侧吹灰蒸汽管道、汽轮机侧主蒸汽联络母管、汽轮机侧轴封蒸汽管道吹扫。第二阶段吹管时床温、风量等的调整及典型汽包压力变化如图 11-11 和图 11-12 所示。

经质量验收组验证，吹管合格，吹管评定优良。

各次吹管的压降曲线基本相同，在临冲门打开以后 30～60s 时，汽包与过热器压差达到最大（在 2.28MPa 左右），之后慢慢压差减少，完全满足吹管的有关规定。

锅炉共吹管 121 次，除 4 次试吹（第 1、2、3、24 次）外，第一阶段正式吹管 20 次，第二阶段正式吹管 97 次，在正式吹管第 115、116 次连续安装靶板检验合格。

图 11-13 和图 11-14 所示是吹管期间典型画面。

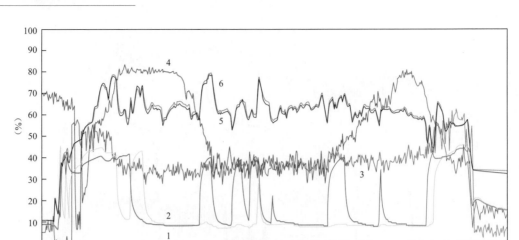

图 11-11　第二阶段吹管时床温、风量等的调整

1—右侧风室温度（0～1500℃）；2—左侧风室温度（0～1500℃）；3——次风总风量（0～150m³/h，标况）；
4—二次风总风量（0～150m³/h，标况）；5—前墙平均床温（0～1000℃）；6—后墙平均床温（0～1000℃）

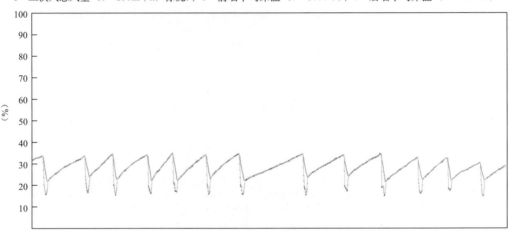

图 11-12　第二阶段吹管时典型汽包压力变化

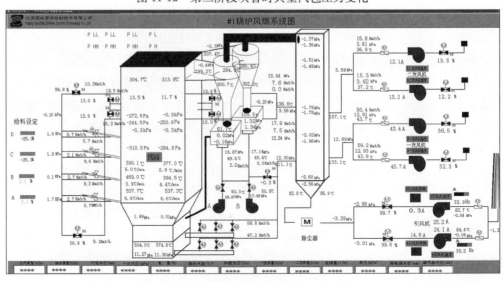

图 11-13　吹管期间风烟系统典型画面

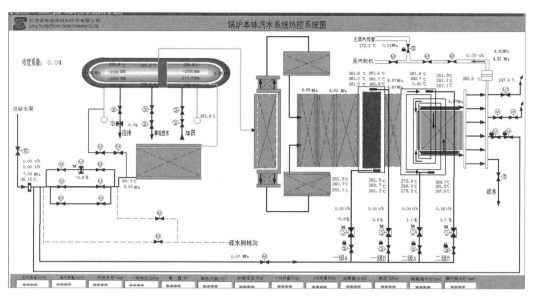

图 11-14　吹管期间汽水系统典型画面

第五节　大型生物质直燃循环流化床锅炉整套启动

一、整套启动准备工作

新建机组整套启动试运阶段是从炉、机、电等第一次联合启动时锅炉点火开始，到完成满负荷试运移交生产为止。整套启动试运包括空负荷试运、带负荷试运、满负荷试运三个阶段。

空负荷试运一般包括以下内容：

（1）锅炉点火，按启动曲线进行升温、升压，投入汽轮机旁路系统。

（2）系统热态冲洗，直至水质合格。

（3）按启动曲线进行汽轮机启动。

（4）完成汽轮机空负荷试验。机组并网前，完成汽轮机 OPC 及电超速保护通道校验。

（5）完成电气并网前试验，包括短路试验、空载试验、励磁系统动态试验、假同期试验等。

（6）机组并网，带初始负荷和暖机负荷运行，达到汽轮机要求的暖机参数和暖机时间。

（7）暖机结束后，发电机解列，进行汽轮机阀门严密性试验和超速试验。

（8）完成锅炉蒸汽严密性试验、锅炉安全门校验（对超临界及以上机组，主蒸汽系统安全门校验再带负荷阶段进行）。

带负荷试运一般应包括下列内容：

（1）机组分阶段带负荷直至慢负荷运行（根据汽水品质进行洗硅等项目）。

（2）完成规定的调试项目和电网要求的涉网特殊试验项目。

（3）按要求进行机组甩负荷试验，测取相关参数。

（4）在条件允许的情况下，完成机组性能试验项目中最低稳燃试验等。

在满足相关条件后，机组进行 168h 满负荷试运（湛江生物质电厂为 200MW 以下机组，进行 72h＋24h 满负荷试运），完成后机组移交电厂进行商业运行。

下面以湛江生物质电厂 1 号机组为例，介绍 50MW 生物质燃料循环流化床锅炉整套启动及满负荷连续运行的调试过程。

二、整套启动过程

1. 整套启动准备阶段

湛江生物质电厂 1 号机组整套启动前相关条件确认表见表 11-12 和表 11-13，实际调试过程中，根据表 11-12 中相关条件逐条进行检查确认，满足条件后进行锅炉机组整套启动。

表 11-12　　　　　　　　　锅炉机组整套启动总体条件确认表

序号	项　目　名　称
1	整套启动组织机构已成立，启动验收委员（简称启委会）会议已召开，并做出准备进入整套试运阶段的决定。启委会对整组启动的准备工作、安全要求、质量要求已审议通过
2	投入使用的土建工程和生产区域的设施，已按设计施工完成并通过验收签证，生产区域的场地平整、道路畅通，照明、通信良好，平台栏杆和沟道盖板齐全，脚手架、障碍物、易燃物、建筑垃圾已清除干净，满足试运要求
3	调试、运行及安装人员均已分值配齐，运行人员已经培训并考试合格
4	生产单位已将运行所需的规程、制度、系统图表、记录表格、连锁、保护定值准备齐全
5	运行必需的操作票、工作票、专用工具、安全工器具和值班用具、备品配件等已备齐全
6	参加试运的设备和系统与尚在施工或已投入生产运行中的气、汽、水管道、电气系统及其他系统已做好必需的隔离
7	机组润滑油、变压器油的油质及 SF_6 气体的化验结果合格
8	消防设备和系统已按要求投用
9	设备系统命名、挂牌结束，各管道系统经保温后色环、流向指示已标明
10	必须在整套启动试运前完成的单体及分系统试运、调试和整定的项目均已全部完成，并已验收签证，单体及分系统试运技术资料齐全
11	电力建设质量监督中心站已按有关规定对机组整套启动试运前进行了监检，提出的必须整改的项目已经整改完毕，确认同意进入整套启动试运阶段
12	机组整套启动的组织和职责策划、主要工作程序及启动曲线张贴现场
13	试运现场的通风、照明设施已能投运，所有控制室和电子间温度可控，满足试运需求
14	启动试运需要的燃料（煤、油、气）、化学药品、检测仪器及其他生产必需品已备足和配齐
15	并网协议、并网调度协议和购售电合同已签订，发电量计划已批准
16	电气启动试验方案已报调度审查、讨论、批准，调度启动方案已正式下发
17	配套送出的输变电工程满足机组满发送出的要求，满足电网调度提出的各项并网要求

表 11-13　　　　　　　　　　　锅炉机组整套启动系统条件确认表

序号	项目名称	要　　求
1	工业水系统	系统完整，连锁、保护正常，设备经试运行合格
2	压缩空气系统	调试合格，连锁、保护正常。系统干净、压力正常、备用可靠
3	引风系统	系统完整，连锁、保护正常，设备经试运行合格
4	一次风系统	系统完整，连锁、保护正常，设备经试运行合格
5	二次风系统	系统完整，连锁、保护正常，设备经试运行合格
6	返料风系统	系统完整，连锁、保护正常，设备经试运行合格
7	除渣系统	系统完整，连锁、保护正常，设备经试运行合格
8	床料添加系统	系统完整，设备经试运行合格；炉内已添加好足够的床料
9	布袋除尘系统	布袋除尘器系统调试结束，相关程控正常，满足运行要求；布袋除尘系统预涂灰完成，满足运行要求
10	除灰系统	设备安装完毕，试运行合格，具备输灰条件
11	卸料系统	系统完整，连锁、保护正常，具备卸煤条件
12	输料系统	系统完整，连锁、保护正常，破碎装置正常可用，具备上料条件
13	炉前给料系统	系统完整，设备经试运行合格，签证完毕
14	燃油系统	系统吹扫干净，检漏试验合格，快关阀功能可靠；燃油循环完毕，燃油压力合适
15	疏水排污及减温水系统	系统冲洗合格，电动门不泄漏；调节门开关灵活，线性良好
16	吹灰系统	吹灰器冷态调试完毕，程序功能试验正常
17	水位电视	调试完毕，能清晰监视相关画面
18	锅炉及管道膨胀系统	经联合检查符合设计要求，膨胀间隙正确，滑动支点无卡涩，烟、风、煤管道伸缩节上的临时限制件应去除；膨胀指示器在冷态调至零位；签证完毕
19	燃烧器	油枪、点火枪定位正确，伸缩自如；风门调整正确
20	定排系统	阀门调整完毕、无泄漏，程控功能试验正常，排水系统完善
21	工作压力水压试验	水压试验结束合格，结果符合要求
22	汽水及烟风系统各支吊架	经过各方联合检查合格
23	连排系统	系统完整，扩容器安全阀调整好，水位计、压力表完整
24	锅炉保护、信号	功能试验正常、完整，签证完毕
25	锅炉安装	锅炉本体安装、保温工作结束，炉内脚手架拆除，烟风道内部经彻底清理。锅炉本体的平台、扶梯、栏杆、护板完好，道路通畅，临时设施及脚手架均已拆除，并清理干净
26	汽轮机顶轴油盘车系统	顶轴油各瓦分配油压调试正常，顶轴间隙调整完毕，连锁、保护正常，能满足运行需要
27	主机调节保安系统	汽轮机主保护完整，DEH、ETS、TSI 静态试验完成
28	主机润滑油系统	润滑油系统完整，各项连锁、保护试验实做完成，系统经试运行合格
29	抽汽回热系统	高、低压回热系统完整，各项连锁、保护试验完成
30	除氧器系统	除氧器系统完整，各项连锁、保护试验完成，系统经试运行合格
31	电动给水泵系统	系统完整，连锁、保护正常，设备经试运行合格
32	凝结水系统	系统完整，设备经试运行合格，签证完毕

序号	项目名称	要　　求
33	真空系统	系统完整，各项连锁、保护试验完成，设备经试运行合格
34	轴封系统	系统完整，各项连锁、保护试验完成，设备经试运行合格
35	循环水系统	系统完整，连锁、保护正常，设备经试运行合格。签证完毕
36	主蒸汽系统	系统完整，疏水电动门不泄漏
37	发电机空冷系统	发电机空冷系统调试完毕，满足运行要求
38	主蒸汽管道膨胀系统	经联合检查符合设计要求，膨胀间隙正确，滑动支点无卡涩；管道的临时限制件应去除；膨胀指示器在冷态调至零位；经各方联合检查合格
39	汽轮机疏放水系统	汽轮机防进水保护调试完毕，疏水扩容器系统减温水保护完整
40	汽轮机安装	汽轮机本体安装、保温工作结束，凝汽器、除氧器内部经彻底清理后封闭；相关运行平台、扶梯、栏杆、护板完好，道路通畅，临时设施及脚手架均已拆除，并清理干净；厂房照明充足，事故照明完好
41	机组数据采集系统	信号传动确认正常
42	机组事故追忆系统	确认设计的SOE点都接入相应的SOE卡，软件SOE正常
43	锅炉炉膛安全监控系统	连锁保护试验完成，确认逻辑正确
44	集控室大屏幕	确认设备能正常投入
45	热工信号逻辑报警系统	对于报警信号画面能及时的反应
46	汽轮机监视仪表系统	卡件校验，监视仪表静态调试完成
47	机组主要辅机监视仪表系统	卡件校验，监视仪表静态调试完成
48	凝汽器胶球清洗程控系统	系统程控逻辑正确
49	除灰系统程控系统	系统程控逻辑正确
50	汽轮机盘车控制系统	系统信号正常，逻辑正确
51	烟气分析仪表	确认设备能正常投入并能准确的监视信号
52	辅网控制系统	包括净水站控制、化水控制、工业水控制、燃料输送控制、输灰控制等调试完成，满足运行要求
53	化学制水系统	化学除盐系统调试完毕，并储备足够除盐水
54	厂外补给水系统	系统调试完毕，具备投用条件；一体化净水处理，具备投用条件
55	加药系统	化学加药系统调试完毕，并储备足够药品；循环水加药系统调试完毕，循环水水质合格
56	取样系统	水汽集中取样系统调试完毕，部分化学仪表（如pH表、电导表）具备投运条件
57	含油废水系统	系统调试完毕，具备投用条件
58	淤泥处理系统	系统调试完毕，具备投用条件
59	发电机—变压器组继电保护装置	静态调试完，励磁系统静态调试完
60	保安电源	柴油发电机、UPS、直流系统调试完毕，自投切换试验合格
61	升压站	设备安装、调试、验收完
62	发电机—变压器组	高压系统保护调试完成，投用

序号	项目名称	要　　求
63	发电机励磁系统	调试复验完，验收合格，投用
64	机、电、炉大连锁	动作正确、可靠

2. 整套启动空负荷阶段

2011 年 7 月 6 日，完成机、炉、电大连锁试验。2011 年 7 月 7 日，所有机组启动前相关试验完成，16:50 锅炉点火成功，湛江生物质电厂 1 号机组首次整套启动正式开始。

2011 年 7 月 8 日 15:58，主蒸汽压力 2.5MPa，主蒸汽温度 323℃，汽轮机开始冲转，16:09，机组定速 500r/min，汽轮机进行摩擦检查。21:05，机组定速 3000r/min，开始电气试验。7 月 9 日逐步投入炉前给料系统。18:45，厂用电中断，汽轮机跳闸。20:00，厂用电恢复，重新点火，汽轮机冲转，并于 7 月 10 日 3:53，首次并网成功。

7 月 22 日 4:20，锅炉再次点火。23:13，第二次并网成功暖机。随后解列进行汽轮机试验，试验完成后汽轮机打闸停机，锅炉进行蒸汽严密性试验及安全门校验。

锅炉侧空负荷试验包括过热器系统蒸汽严密性试验，锅炉安全门校验。蒸汽严密性试验合格后，锅炉依次进行汽包、主蒸汽安全门整定，整定完毕后，经各参建单位确认校验合格。至此，锅炉空负荷启动试运工作结束。

3. 整套启动带负荷阶段

2011 年 7 月 8 日 15:58，主蒸汽压力 2.5MPa，主蒸汽温度 323℃，汽轮机开始冲转，16:09，机组定速 500r/min，汽轮机进行摩擦检查。21:05，机组定速 3000r/min，开始电气试验。7 月 9 日逐步投入炉前给料系统，7 月 10 日 3:53，机组首次并网成功。

7 月 9 日 16:10，锅炉进行试投生物质燃料。锅炉试投生物质燃料的相关参数为：上层床温，396.2（前）/472.5（后）℃；中层床温，509.8（前）/515.5（后）℃；下层床温，588.5（前）/591.5（后）℃；氧量，14.7/13.7%。

安全门校验结束后，于 7 月 23 日 20:32，再次并网。其中，18:30，油枪全退，1 号机组全烧生物质燃料，投入布袋除尘器运行。

油枪全退的相关参数为：上层床温，665.2（前）/822.5（后）℃；中层床温，777.8（前）/789.5（后）℃，下层床温，781.5（前）/796.8（后）℃；氧量：10.1/9.1%；一次风流化风量，54.8/53.9km³/h（标况）；热二次风总风量，37.4/34.4km³/h（标况）。

7 月 24 日 16:05，床压比较高，A、B 侧一次风机电流反复波动，出现翻床现象，无法调平。汽轮机跳闸，发电机解列。停 A 一次风机，加大事故排渣，并投入油枪，逐步恢复运行，于 25 日 3:28 汽轮机重新冲转，4:10 发电机并网，逐步往上带负荷。

7 月 25 日 13:00，因料仓下料时大量生物质燃料自流进二级螺旋给料机，致炉内下料过多，出现爆燃，主蒸汽温度达到 570℃，汽轮机打闸停机。锅炉恢复后，再次冲转、并网。此后，发生多次生物质燃料自流引发爆燃的情况，主要原因是燃料流动性较好，流入二级螺旋输送机，带进炉膛，引起爆燃。通过加大燃料控制，调整二级螺旋输送机转速等措施，自流爆燃现象得到一定程度的缓解。

7月26日12:47，厂用380V IA段电源跳闸，所有电动门及调节门无法调节，造成锅炉汽包水位低，锅炉MFT，并停引风机、一次风机、二次风机运行。厂用电恢复后，重新启动风机点火，恢复并网。

启动过程中，于7月29日17:51，机组最高负荷达到45.6MW。但由于引风机入口挡板开度已经全开，炉膛负压在200~500Pa之间波动，始终是正压运行，锅炉省煤器前氧量已低至1%以下，为保证设备安全，未再向上增加风量，因此暂时不能再增加负荷。

锅炉相关参数（机组负荷45.3MW）为：一次风量，50.6/52.5km³/h（标况）；二次风量，39.6/39.0km³/h（标况）；氧量，0.2%；上层床温，770.5（前）/745.8（后）℃；中层床温，736.8（前）/723.9（后）℃；下层床温，717.8（前）/719.6（后）℃；床压，7.80/7.72 kPa；主蒸汽压力：6.74MPa；主蒸汽温度，536.8℃。

8月12日22:08，锅炉再次点火，进行第三次整套启动。8月13日18：00，机组首次满负荷运行，最高负荷至53.1MW。

机组负荷首次满负荷时，锅炉相关参数为：一次风量，51.4/43.8km³/h（标况）；二次风量，49.2/47.8km³/h（标况）；氧量，1.3/1.2%；上层床温，809.4（前）/793.7（后）℃；中层床温，786.4（前）/779.2（后）℃；下层床温，771.8（前）/773.2（后）℃；床压，8.71/8.64kPa；主蒸汽压力，7.16MPa；主蒸汽温度，543.6℃。

配合热工投入各个系统自动控制，完成机组一次调频试验以及汽轮机调速系统参数实测。在带负荷过程中，逐步完成了吹灰系统的热态调试、锅炉初步的燃烧调整试验。

经过燃烧初步调整试验后，床温基本均匀，锅炉汽温汽压均能达到额定参数运行，减温水量能够满足运行需要。各辅助系统带负荷试运过程中能满足锅炉带负荷运行需要。

锅炉整套启动过程主要参数趋势及床温变化趋势如图11-15和图11-16所示。

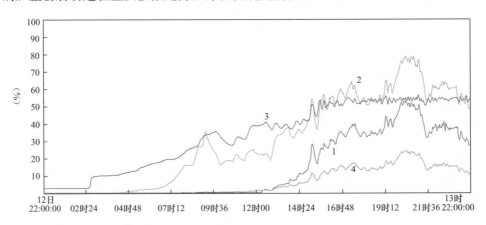

图11-15 锅炉整套启动过程主要参数趋势

1—功率（0~100MW）；2—锅炉侧主蒸汽压力（0~10MPa）；3—锅炉侧主蒸汽温度

（0~1000℃）；4—锅炉侧主蒸汽温度（0~1000t/h）

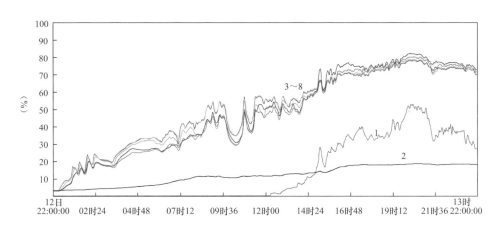

图 11-16　锅炉整套启动过程床温变化趋势

1—功率（0～100MW）；2—热风温度（0～1000℃）；3—前墙下床温度（0～1000℃）；

4—后墙下床温度（0～1000℃）；5—前墙中床温度（0～1000℃）；6—后墙中床温度（0～1000℃）；

7—前墙上床温度（0～1000℃）；8—后墙上床温度（0～1000℃）

4. 72h+24h 试运行

2011 年 8 月 16 日 18:18，机组开始 72h+24h 试运行计时。2011 年 8 月 20 日 18:18，72h+24h 计时完毕，移交试生产。72h+24h 连续试运行过程中锅炉典型运行参数及各参数变化趋势见表 11-14 和图 11-17～图 11-19。

表 11-14　　　　　　　机组 72h+24h 期间锅炉 50MW 运行时的典型参数

项目	单位	数值	项目	单位	数值
机组负荷	MW	50	主蒸汽流量	t/h	186
给水流量	t/h	210	二级减温水量	t/h	9.8
总燃料量	t/h	约 55	给水温度	℃	218.2
总风量（标况）	万 m³/h	19.5	汽包水位	mm	0
一次流化风量（标况）	万 m³/h	9.0	氧量	%	1.2
床压	kPa	8.0	炉膛压力	Pa	−136
床温	℃	768/731（上层） 738/742（中层） 739/738（下层）	排烟温度	℃	152/155
主蒸汽压力	MPa	7.77	预热器入口烟温	℃	260/264
主蒸汽温度	℃	530.8	热二次风温度	℃	203.5
一级减温水量	t/h	6.5	热一次风温度	℃	186.3

图 11-20 和图 11-21 所示为满负荷运行典型画面。

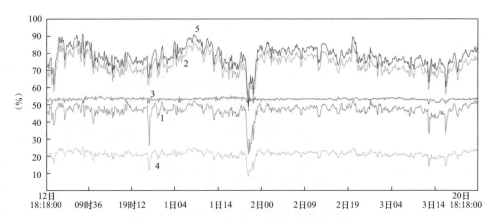

图 11-17　72h+24h 试运主要参数变化趋势

1—功率（0～100MW）；2—锅炉侧主蒸汽压力（0～10MPa）；3—锅炉侧主蒸汽温度（0～1000℃）；

4—锅炉侧主蒸汽温度（0～1000t/h）；5—汽包压力（0～10MPa）

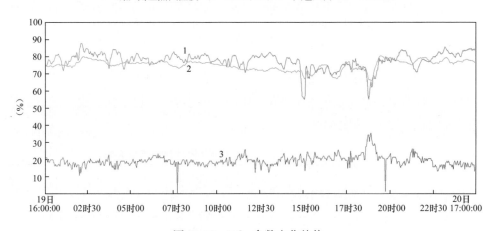

图 11-18　NO_x 参数变化趋势

1—功率（0～100MW）；2—前墙上床温（0～1000℃）；3—锅炉 NO_x（0～500mg/m³，标况）

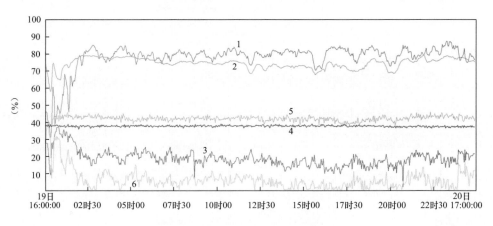

图 11-19　风量及 NO_x 参数变化趋势

1—功率（0～100MW）；2—前墙上床温（0～1000℃）；3—锅炉 NO_x（0～500mg/m³，标况）；

4—A 侧烟气氧量（0～20%）；5——次风总风（0～200km³/h，标况）；6—二次风总风（0～200km³/h，标况）

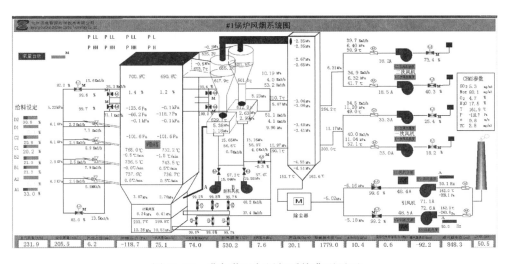

图 11-20　满负荷运行风烟系统典型画面

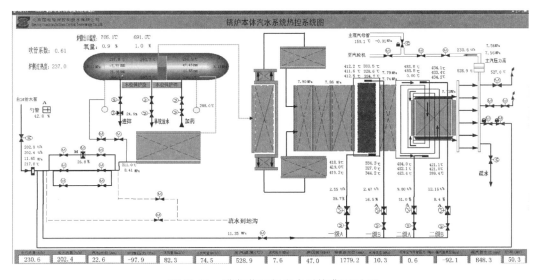

图 11-21　满负荷运行汽水系统典型画面

第六节　大型生物质直燃循环流化床锅炉主要问题及分析

1. 燃料的问题

湛江生物质电厂主要燃料为树头、树皮、三级板、甘蔗叶、树尾等，其中树皮占绝大部分，与设计燃料品质有比较大的出入。①燃用燃料与设计燃料的主要差别在收到基低位发热量和水分。燃用燃料的收到基低位发热量较设计燃料明显偏低，这对于机组的带负荷能力有较大的影响；燃用燃料的水分含量较设计燃料明显偏高，水分的提高，化学不完全燃烧损失和机械不完全燃烧损失增加，造成锅炉效率降低。②燃料质量的控制问题。调试期间，燃料内存在较多的石块、泥沙，长时间运行使炉内流化恶化，严重影响锅炉运行，锅炉机组运行一段时间即需要停炉清理床料。③燃料的存储问题。调试期间，发现部分燃料经长时间存储，出现发酵，热量大量损失，对入炉燃烧有较大的影响。

针对燃料存在的问题，应加强燃料采购的管理，严格控制燃料品质，防止燃料里出现大量石块及泥沙；加强燃料存储管理，防止燃料长时间堆积发酵，影响燃料品质；加强燃料混配管理，通过试验方法了解各种燃用燃料的特性，并根据燃料特性进行燃料混烧，提高燃用效率；加强入炉燃料粒径控制，防止不合格粒径燃料进入炉前给料系统，影响炉前给料系统正常运行；加强料场燃料挑拣工作，尤其应对树根进行挑拣，防止大量泥沙随树根进入锅炉。

2. 炉前给料系统的问题

在锅炉蒸汽吹管过程中进行了生物质燃料试投，在此过程中，发现炉前给料存在以下问题：炉前料仓仓底一级螺旋力矩不够，无法正常启动给料；另外一级螺旋的驱动装置固定在料仓壁上，强度不够；料仓拨料器容易出现缠绕及压死现象，无法达到燃料均布的效果。

其主要原因是燃用燃料与设计燃料相差太大。设计燃料至少50％甘蔗叶，给料系统按照 0.08t/m³ 的密度设计；实际能够收集到的燃料 80％ 为树皮，且水分非常高，密度往往在 0.2～0.4t/m³。因此，驱动装置选型不匹配。

针对现场实际燃料情况，对炉前给料系统进行相关改造：加大炉前料仓仓底一级螺旋给料机电动机出力，由 15kW 改为 22kW，并将原设计的一台电动机驱动两台螺旋给料机改为一台电动机驱动一台给料机；将原来固定在料仓壁上驱动装置改为单独固定，通过减速装置的改造加大原驱动装置减速比，并增强传动齿轮的强度；对原炉前料仓仓底一级螺旋改为大轴螺旋；在保证料仓容积满足运行需要的基础上，将料仓仓底标高升高 1m，减少料仓容积；取消原设计与仓底一级螺旋平行的拨料器，改为水平布置的与一级螺旋垂直的承载螺旋。

经过调试期间长时间的考验，改造后的炉前料仓系统已经能完全满足现场各种燃料的下料要求，能正常、稳定的运行，因此炉前料仓的改造是成功的。

3. 除渣系统的问题

调试期间，除渣系统存在较多问题：因大量大粒径的炉渣进入冷渣器，造成冷渣器内部出现堵塞，无法正常排渣；刮板输渣机因渣量过大经常出现卡涩现场，无法长时间正常运行；冷渣器冷却水流量偏小，如渣量较大时，易出现冷却水出水温度过高联跳冷渣器，无法满足排渣要求。在调试期间，大部分时间均使用事故排渣，但由于事故排渣管接在炉前，无法排出较大粒径的炉渣。

分析其主要原因：燃用燃料与设计燃料相差太大，造成灰渣量偏高，严重偏离设计值。针对相关问题，现场已进行部分改造：在冷渣器入口增加渣滤网，防止大粒径的炉渣进入冷渣器造成冷渣器内部堵塞；加大冷渣器冷却水管道管径，弃用冷却水升压水泵，将冷却水回水接至除氧器；在冷渣器入口增加一根事故排渣管，加强炉内大颗粒炉渣的排放。根据上述改造，除渣系统基本能正常除渣，在渣量较大时则通过冷渣器进口事故渣管除渣。为保证系统正常、稳定、满负荷运行，建议对除渣系统进行进一步改造：针对当前系统运行情况，对冷渣器选型进行调研，选用大通径的冷渣器，提高冷渣器排渣量，并彻

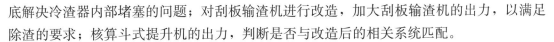

底解决冷渣器内部堵塞的问题；对刮板输渣机进行改造，加大刮板输渣机的出力，以满足除渣的要求；核算斗式提升机的出力，判断是否与改造后的相关系统匹配。

4. 引风机出力偏小的问题

在整套启动过程中，引风机入口挡板开度已经全开，变频器已全开，炉膛负压在 200～500Pa 波动，始终是正压运行，锅炉省煤器前氧量已低至 1% 以下，为保证设备安全，无法再增加风量。

在锅炉总风量约 200000m³/h（锅炉设计一次风为 109682m³/h、二次风为 93060m³/h，标况），引风机入口挡板全开时，就地使用靠背管通过网格法测量单台引风机烟气量约为 240000m³/h。设计引风机参数为 280000m³/h。

针对引风机出力偏小的问题，联系厂家对引风机进行评估，经检查发现引风机出口扩散角角度不符合设计，引风机出口直管段长度不足。根据风机厂要求对引风机进行相关改造后，引风机出力有一定程度的提高，在燃料品质较好的情况下，基本能保证机组满负荷运行。由于现场实际燃用燃料品质偏离设计燃料较多，建议根据实际情况进一步对引风机进行增容改造。

5. 排烟温度高的问题

整套启动期间，排烟温度一直居高不下，最高时达到 163℃，较设计排烟温度高 20℃以上。排烟温度高的原因为：一、二次风冷风温度较设计偏高，冷风温度设计为 35℃，而实际冷风温度已经接近 50℃，这是造成排烟温度高的一个重要原因；燃用燃料的水分较设计值高，燃料水分高，势必造成总空气量和总烟气量的增加，炉膛中的气流速度增加，使燃料在炉膛内的停留时间下降，烟气量的增加，特别是其中水分比例增加，会使烟气的热容量增加，排烟温度和排烟量、排烟热损失增大；另外，尾部烟道积灰也是影响排烟温度的一个因素，由于燃烧生物质燃料，灰渣中飞灰分额占绝大多数，受热面积灰相对较多，建议加强尾部烟道的吹灰频次。

6. 炉前给料系统堵料等相关问题

2 号炉炉前给料系统在分系统调试前已按照 1 号炉的技改经验进行了相应改造。但是，炉前给料系统仍存在一些问题，比较严重的是二级螺旋给料机出口至炉膛落料口出现堵塞，影响机组运行，如长时间不能清通，则有可能造成落料管内部着火。经过对燃料配比的调整以及输播料风调整，均效果不明显。停炉检查发现 C 二级螺旋给料机进炉膛料口浇注料大量脱落，B 二级螺旋给料机进炉膛料口浇注料也有较大面积脱落，A、D 二级螺旋给料机进炉膛料口浇注料相对较完整，但也存在磨损，联系浇注料厂家，对脱落的浇注料进行修补，经过修补后的落料口仍会出现经常性堵塞现象。研究决定对螺旋给料机落料管口进行增加耐热不锈钢板改造，实践证明，经过在落料口铺设耐热不锈钢板的效果十分明显，运行中，基本不会出现堵料的情况。

目前，炉前给料系统仍存在一些问题，如二级螺旋给料机处冒正压，出现窜风现象。针对该运行情况，在调试过程中进行了多方调整，如调整炉膛负压、调整运行床压、调整燃烧氧量、调整炉前给料系统输料风、调整炉前给料系统播料风等运行参数，二级螺旋给料机冒正压现象有了很大的缓解。建议在以后的运行过程中，对炉前给料系统的输料风及播料风做进一步的调整，尽量关小播料风；提高燃烧氧量，防止不完全燃烧产生的可燃气体出现爆燃引起密相区压力出现大的波动；加强燃料的配比，增加燃料的流动性；调整一、二级螺旋给料机转速控制，尽量提高二级螺旋给料机的充满度，防止燃料成堆的进入炉膛；一定程度上降低运行床压，降低炉膛密相区运行压力。

7. 锅炉爆管等相关问题

对这些受热面爆漏进行分析，主要原因大概分为以下几类：质量问题，包括制造焊接缺陷、安装缺陷、材质问题等；设计问题，包括防磨装置不足；腐蚀问题等。下面着重分析最近一次 2 号炉爆管原因。

2012 年 3 月 4 日，2 号炉后墙 A 部水冷壁（水平烟道前斜坡处）及附近高温过热器爆管。2012 年 3 月 6 日，检查爆管现场（见图 11-22），根据现场各相关爆口检查初步分析判断，此次爆管的原始爆口为 A 侧高温过热器第 6 屏靠后墙外圈管下弯头处（见图 11-23），然后吹向对面后墙水冷壁（水平烟道前斜坡处），再由水冷壁爆口反吹向高温过热器管道。从爆口观察，未明显胀粗，排除高温过热爆管；由于管道装有防磨瓦，排除磨损及腐蚀爆管；初步判断该管道爆管位置存在材质缺陷。

图 11-22　爆管现场相片　　　　图 11-23　A 侧高温过热器第 6 屏外圈下弯头爆口

8. 风帽脱落的问题

2011 年 7 月 29 日 17:51，机组最高负荷达到 45.6MW。但由于引风机入口挡板开度已经全开，炉膛负压在 200～500Pa 之间波动，始终是正压运行，锅炉省煤器前氧量已低至 1％以下，为保证设备安全，未再向上增加风量，因此暂时不能再增加负荷。停炉检查发现风室内有较多床料，存在较大的漏渣情况；风道燃烧器内部基本正常；炉膛床面不平整，有较多凹坑，床料深度约 650mm；放空床料后，发现风帽大面积脱落造成漏渣，部分脱落的风帽直管已堵塞，部分风帽小孔堵塞，严重影响炉内流化；床料中有较多石块，床料粒径不符合运行要求。原因是风帽罩与风帽直管通过螺纹连接，比较容易松动，尤其是经过冷热变化时出现松动造成脱落。针对实际情况，对布风板进行清理，将堵塞的风帽直管及小孔逐一清理干净，风帽罩与风帽直管拧紧后，采用点焊的方式将风帽罩固定到风帽直管，防止风帽脱落。

第十二章

生物质燃烧发电生命周期评价

随着工业化的发展，进入自然生态环境的废物和污染物越来越多，超出了自然界自身的消化吸收能力，对环境和人类健康造成极大影响。同时，工业化也将使自然资源的消耗超出其恢复能力，进而破坏全球生态环境的平衡。

因此，人们越来越希望有一种方法对其所从事各类活动的资源消耗和环境影响有一个彻底、全面、综合的了解，以便寻求机会采取对策减轻人类对环境的影响，生命周期评价（life cycle assessment，LCA）就在这样的背景之下诞生了。

第一节　生命周期评价的起源和发展

1. 起源

生命周期评价最早出现在 20 世纪 60 年代末至 70 年代初的美国。美国中西部研究所于 1969 年对可口可乐公司的饮料包装瓶进行了评价研究，该研究从原材料采掘到废弃物的最终处置，进行了全过程的跟踪与定量研究，揭开了生命周期评价的序幕，这种分析方法称为资源与环境状况分析（resource and environmental profile analysis，REPA）。

2. 发展

由于 20 世纪 70 年代中期的能源危机，有关能源分析的研究备受关注。一方面，人们开始认识到化石燃料将会用尽，所以要进行环境保护；另一方面，能源生产也是污染物的主要排放源。因此，这一时期的 REPA 研究也主要采用能源分析方法。20 世纪 70 年代末至 80 年代中期，由于全球性的固废问题，这一研究方法又逐渐成为一种资源分析工具，而这一时期的 REPA 着重于计算固体废弃物产生量和原材料消耗量。

由于一系列 REPA 工作未能取得很好的研究结果，案例发展缓慢；有关 REPA 的方法论研究仍在缓慢进行。

到了 20 世纪 80 年代末以后，区域性与全球性环境问题的日益严重，人们全球环境保护意识加强，可持续发展思想广泛普及，可持续行动计划不断兴起，特别是 1988 年的

"垃圾船"问题，使得大量的 REPA 研究又重新开始。

1990 年 8 月，由国际环境毒理学与化学学会（SETAC）首次主持召开了有关生命周期评价的国际研讨会，在该会议上首次提出了"生命周期评价"的概念，并成立了生命周期评价顾问组。在以后的几年里，SETAC 在不同国家和地区召开了多次研讨会，对生命周期评价方法论的发展和完善以及应用的规范化作出了重大贡献。

与此同时，欧洲一些国家制定了一些促进生命周期评价的政策和法规。1993 年，SETAC 根据在葡萄牙的一次学术会议的研讨结论，出版了《生命周期评价纲要：实用指南》，这是一本纲领性报告，该报告为生命周期评价方法提供了一个基本技术框架，是生命周期评价方法论研究起步的一个里程碑。同时，国际化标准组织（ISO）制定和发布了关于生命周期评价的 ISO 14040 系列标准。

20 世纪 90 年代中期以来，生命周期评价作为扩展和强化环境管理、评价产品性能、开发绿色产品的有效工具，得到了学术界、企业界和政府的一致认同，在许多工业行业中取得了很大成果，其应用领域也从包装材料和日用品扩展到电冰箱、洗衣机等家用电器以及建材、铝材、塑料等原材料。

目前，我国根据国际标准组织颁布的 ISO 14040 系列标准对 LCA 方法的原则、框架和实施方法作出了相关规定，并制定了一些中国全生命周期的标准，见表 12-1。

表 12-1 中国全生命周期的标准

标准号	中 文 名 称	采用的国际标准
GB/T 24040—2008	环境管理　生命周期评价　原则与框架	ISO 14040：006
GB/T 24044—2008	环境管理　生命周期评价　要求与指南	ISO 14044：2006

第二节　生命周期评价方法论

一、相关术语和定义

为了帮助读者理解后面的内容，这里先简单介绍生命周期评价方法论的相关术语和定义。

（1）生命周期（life cycle）。产品系统中前后衔接的一系列阶段，从自然界或自然资源中获取原材料，直至最终处置。

（2）生命周期评价（life cycle assessment）。对一个产品系统的生命周期中输入、输出及其潜在环境影响的汇编和评价。

（3）生命周期清单分析（life cycle inventory analysis）。生命周期评价中对所研究产品整个生命周期中输入和输出进行汇编和量化的阶段。

（4）生命周期影响评价（life cycle impact assessment）。生命周期评价中理解和评价产品系统整个生命周期中的潜在环境影响的大小和重要性的阶段。

（5）生命周期解释（life cycle interpretation）。生命周期评价中根据规定的目的和范围要求对清单分析和（或）影响评价的结果进行评估以形成结论和建议的阶段。

（6）产品（product）。任何商品或服务。

（7）共生产品（co-product）。同一单元过程或产品系统中产出的两种或两种以上的产品。

（8）基本流（elementary flow）。取自环境，进入所研究系统之前没有经过人为转化的物质或能量，或者是离开所研究系统，进入环境之后不再进行人为转化的物质或能量。

（9）能量流（energy flow）。单元过程或产品系统中以能量单位计量的输入或输出。

（10）产品流（product flow）。产品从其他产品系统进入到本产品系统或离开本产品系统而进入其他产品系统。

（11）基准流（reference flow）。在给定产品系统中，为实现一个功能单位的功能所需的过程输出量。

（12）原材料（raw material）。用于生产某种产品的初级和次级材料（注：次级材料包括再生利用材料）。

（13）原料能（feedstock energy）。输入到产品系统中的原材料所含的不作为能源使用的燃烧热，它通过热值的高低来表示。

（14）分配（allocation）。将过程或产品系统中的输入和输出流划分到所研究的产品系统以及一个或更多的其他产品系统中。

（15）功能单位（functional unit）。用来作为基准单位的量化的产品系统性能。

（16）过程能量（process energy）。在单元过程中，用于运行该过程或其中的设备所需的能量输入，不包括能量自身生产和运输所需的能量输入。

（17）敏感性分析（sensitivity analysis）。用来估计所选用方法和数据对研究结果影响的系统化程序。

（18）系统边界（system boundary）。通过一组准则确定哪些单元过程属于产品系统的一部分。

（19）特征化因子（characterization factor）。由特征化模型导出，用来将生命周期清单分析结果转换成类型参数共同单位的因子。

更多的术语和定义可参照 GB/T 24040—2008。

二、LCA 方法学框架

LCA 研究具体包括互相联系、不断重复进行的四个步骤，即目的与范围的确定、清单分析、影响评价和结果解释，可应用于面向市场需求的产品生命周期报告与改进、为所有与生产消费活动相关的决策提供环境信息支持、为政策制定和执行提供科学的方法等，如图 12-1 所示。

（一）目的与范围确定

LCA 的评估对象是产品系统或服务系统造成的环境影响（其实服务也是一种抽象的产品），而不是评估空间意义上的环境的质量，这与环境科学中的环境质量评估有着根本区别。另外，LCA 方法着眼于产品生产过程

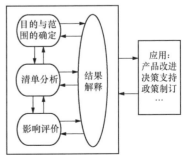

图 12-1 LCA 的四个阶段与应用

中的环境影响，这与产品质量管理和控制等方法也是完全不同的。

其次，LCA 的评估范围要求覆盖产品的整个寿命周期，而不只是产品寿命周期中的某个或某些阶段。Life Cycle 的概念是 LCA 方法最基本的特性之一，是全面和深入地认识产品环境影响的基础，是得出正确结论和做出正确决策的前提。也正是由于 Life Cycle 概念在整个方法中的重要性，这个方法才以 Life Cycle 来命名。从评估对象的角度来说，LCA 是一种评价产品在整个寿命周期中造成的环境影响的方法。

从原则上讲，不同的主体出于不同的目的，都可以实施 LCA 评估或引用 LCA 评估结论。在 SETAC 和 ISO 的文件中列举了一些 LCA 方法的作用，例如：①帮助提供产品系统与环境之间相互作用的尽可能完整的概貌；②促进全面和正确地理解产品系统造成的环境影响；③为关注产品或受产品影响的相关方之间进行交流和对话奠定基础；④向决策者提供关于环境的有益的决策信息，包括估计可能造成的环境影响、寻找改善环境表现的时机与途径、为产品和技术选择提供判据等。

LCA 方法鼓励各种组织，尤其是企业，将环境问题结合到他们的总体决策过程中。通过 LCA 方法，并与其他的环境管理工具相互补充，帮助更好地理解、控制和减少对环境的影响。从企业的角度考虑，可以在以下的时机实施 LCA：①在产品决策中提供辅助信息；②在产品或技术的设计或再设计时提供与环境相关的帮助；③在产品的环境声明中或实施环境标识计划时；④在制定企业的环境战略计划和政策时；⑤在企业与公共关系沟通的过程中。

(1) 在定义 LCA 目的时，应明确说明以下问题：

1) 应用意图。

2) 开展该项研究的理由。

3) 沟通对象（即研究结果的接收者）。

(2) 在定义 LCA 范围时，应考虑以下内容并对其做出清晰描述：

1) 所研究的产品系统。

2) 产品系统的功能，或在比较研究的情况下系统的功能。

3) 功能单位。功能单位应与研究的目的和范围保持一致。功能单位的主要目的之一是为输入和输出数据的归一化（从数学的角度）提供基准。因此应对功能单位做出明确的定义并使其可测算。

4) 系统边界。系统边界决定哪些单元过程应包括在 LCA 中。系统边界的选择应与研究的目的相一致，对建立系统边界的准则要做出说明并解释，对研究中所包括的单元过程以及对这些单元过程研究的详细程度要做出规定。只有那些对研究的总体结论不会造成显著影响的生命周期的阶段、过程、输入或输出才允许被排除，但应明确说明并解释排除的原因及可能造成的后果。

5) 分配程序。

6) LCIA 的方法学与影响类型。

7) 解释。

8) 数据要求。

9）假设。

10）价值选择和可选因素。

11）局限性。

12）数据质量要求。

13）鉴定性评审的类型（如果有）。

14）究所要求的报告的类型和格式。

由于一些不可预见的限制或增添新的信息，研究的目的和范围在某些情况下可进行调整。调整的内容及理由宜进行书面说明。

（二）清单分析（LCI）

研究目的和范围的确定提供了进行 LCA 中生命周期清单阶段的初始计划。生命周期的清单分析通常设计到数据收集、数据计算和分配。

图 12-2 列出了生命周期清单分析宜包括的步骤。

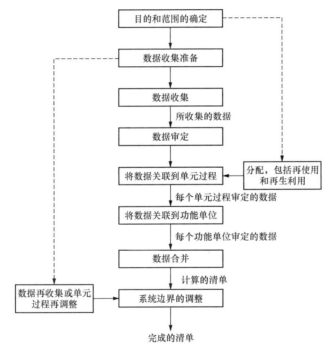

图 12-2　清单分析的简化流程

1．数据收集

应在系统边界内的每一个单元过程中收集清单中的定性和定量数据。这些数据用来量化单元过程的输入输出，它们是通过测量、计算或估算得到的。

当数据是通过公开的来源收集到时，应注明出处。对于那些可能对研究结论有重要影响的数据，则应注明相关的收集过程、收集时间以及关于数据质量指标的详细信息。如果这些数据不符合数据质量的要求，对此也应作出说明。

为减少误解的风险（例如在审定或再使用所收集的数据时所产生的反复计算），应对每个单元过程进行书面描述。

由于数据的收集可能源于多个报告地点和发表的文献，因此宜采取相应的措施以保证对所模拟的产品系统的理解是一致和统一的。这些措施包括：

（1）绘制流程简图，以描绘所有被模拟的单元过程和它们之间的关系。

（2）详细描述每个单元过程中影响输入和输出的因子。

（3）列出每个单元过程中与运行条件相关的流和数据。

（4）列出所研究的单元。

（5）描述所有数据收集和计算所需的技术。

（6）提出要求，将所报送数据的特殊情况、异常点和其他问题予以明确记录。

数据可归入的类型包括：

（1）能量输入、原材料输入、辅助性输入和其他实物输入。

（2）产品、共生产品和废物。

（3）向大气、水体和土壤中的排放物。

2. 数据计算

应书面说明所有的计算程序，对所做的假设也应做出明确的说明和解释。相同的计算程序宜在整个研究中保持一致。

当确定和生产相关联的基本流时，宜尽可能地应用实际的生产组合以反映出所消耗的不同的资源类型。例如：对电力的生产和传输，应考虑电力结构，燃料的燃烧、转换、传输的效率以及配送的损失等。

与可燃物质相关的输入输出（例如油、气或煤）可通过乘以它们的燃烧热值而将其转化为能量的输入输出。在这种情况下，应对采用高热值还是采用低热值来进行计算做出说明。

（1）数据审定。在数据收集的过程中应对数据的有效性进行检查，以确保数据的质量要求符合其应用意图，并可以提供相应的证据予以证实。

有效性的确认可以包括建立如物质平衡、能量平衡和（或）进行排放因子的比较分析。由于每个单元过程都遵循物质和能量守恒定律，因此物质和能量的平衡能为单元过程的有效性提供有用的检查。通过该程序发现的明显异常的数据需用其他数据替换。

（2）数据与单元过程和功能单位的关联。对于每一个单元过程都应确定一个合适的流，单元过程中定量的输入和输出数据以和这条流的关系为依据来进行计算。

以流程图和各单元过程间的流为基础，所有单元过程的流都与基准流建立了联系。计算宜以功能单位为基础得出系统中所有的输入和输出数据。

在合并产品系统的输入输出数据时应慎重考虑。合并的程度应与研究的目的保持一致。仅当数据类型涉及等价物质并具有类似的环境影响时才允许进行数据合并。如果还有更详细的合并原则，则宜在研究的目的和范围确定阶段加以解释，或留到此后的影响评价阶段解释。

（3）系统边界的调整。反复性是 LCA 的固有特征，应根据由敏感性分析所判定的数据重要性来决定数据的取舍，初始系统边界应根据在范围界定中所规定的取舍准则来进行调整。

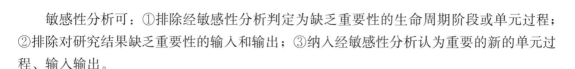

敏感性分析可：①排除经敏感性分析判定为缺乏重要性的生命周期阶段或单元过程；②排除对研究结果缺乏重要性的输入和输出；③纳入经敏感性分析认为重要的新的单元过程、输入输出。

3. 分配

根据明确规定的程序将输入输出分配到不同的产品中，并与分配程序一并做出书面说明。

一个单元过程分配的输入输出的总和应与其分配前的输入输出相等。当同时有几种备选的分配程序时，应通过进行敏感性分析来阐明背离所选方法的后果。

（1）对于和其他产品系统共享的过程，按以下分配程序逐步处理：

第1步：只要可能，宜通过以下方法避免分配：将拟分配的单元过程进一步划分为两个或更多的子过程，并对这些子过程收集输入输出数据；把产品系统加以扩展，将与共生产品相关的功能包括进来。

第2步：如果分配不可避免时，则宜将系统的输入输出以能反映出它们潜在物理关系的方式划分到其中的不同产品或功能中；例如，输入输出如何随着系统所提供的产品或功能中的量变而变化。

第3步：当物理关系无法建立或无法单独用来作为分配基础时，则宜以能反映它们之间其他关系的方式将输入输出在产品或功能间进行分配。例如可以根据产品的经济价值按比例将输入输出数据分配到共生产品。

有些输出可能同时包括共生产品和废物两种成分，此时需确定两者的比例，因为输入输出只对其中共生产品部分进行分配。

对系统中相似的输入输出，应采用同样的分配程序。例如离开系统的可用产品（如中间产品或丢弃的产品）的分配程序应和进入系统的同类产品的分配程序相同。

清单是以输入输出之间的物质平衡为基础的。因此，分配程序宜尽可能的接近这些基本的输入输出关系和特征。

（2）对于再使用和再生利用系统，除了以上适用的分配原则外，还需要对分配程序进行进一步的细节补充，因为：

1）在再使用和再生利用（以及可归入再使用和再生利用的堆肥、能量回收和其他过程）中，有关原材料获取和加工或产品最终处置的单元过程的输入输出可能为多个产品系统所共有；

2）再使用和再生利用可能在后续使用中改变材料的固有特性；

3）宜特别注意对回收利用过程系统边界的确定。

某些分配程序适用于再使用和再生利用，这些程序的应用在图12-3中做了概念性的示意，下面将简述其中的区别，以说明如何满足上述限制条件。

a）闭环分配程序适用于闭环产品系统，也适用于再生利用材料的固有特性不发生变化的开环产品系统。在这种情况下，由于是用次级材料取代初级材料，故不必进行分配。然而，在应用的开环产品系统中对初级材料的第一次使用可采用在b）中列出的开环分配程序。

215

b) 开环分配程序适用于材料被再生利用输入到其他产品系统且其固有特性发生变化的开环产品系统。

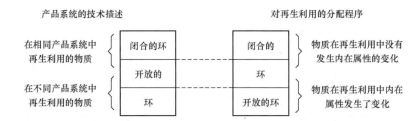

图 12-3　产品系统的技术描述和再生利用分配程序之间的区别

（三）生命周期影响评价（LCIA）

LCIA 是根据清单分析（LCI）过程中列出的要素对环境影响进行定性和定量分析。LCIA 包括以下几个步骤：

（1）对清单分析过程中列出的要素进行分类。

（2）运用环境知识对所列要素进行定性和定量分析。

（3）识别出系统各环节中的重大环境因素。

（4）对识别出的环境因素进行分析和判断。

环境影响的类型主要分成四大类：直接对生物、人类有害和有毒性；对生活环境的破坏；可再生资源循环体系的破坏；不可再生资源的大量消耗。LCIA 把清单分析的结果归到不同的环境影响类型，再根据不同环境影响类型的特征化系数加以量化，来进行分析和判断。

生命周期影响评价（LCIA）是 LCA 中难度最大、争议最多的部分，相关国际标准尚处于制定阶段。目前国际上采用的评价方法，基本上可以分为环境问题法和目标距离法两大类。前者着眼于环境影响因子和影响机理，对各种环境干扰因素采用当量因子转换而进行数据标准化和对比分析，如瑞典 EPS 方法、瑞士和荷兰的生态稀缺性方法（生态因子）以及丹麦的 EDIP 方法等；后者则着眼于影响后果，用某种环境效应的当前水平与目标水平（标准或容量）之间的距离来表征某种环境效应的严重性，其代表方法是瑞士临界体积方法。

SETAC 的 CML 介绍了一种生命周期影响评价方法，它总共分为以下三步。

1. 分类和特征化

在分类步骤中，所有的影响都根据其对环境造成的效应归类。例如，把能造成温室效应的环境影响归为一类，造成臭氧层破坏效应的也如此处理。有些环境影响包括在好几个类别之中。比如，氮氧化物的排放不但有毒、能产生酸化效应，而且会造成富营养化效应。每个类别中的环境影响都被累加起来，从而产生一个影响分数（effect score）。如果不使用加权，仅仅把涉及的物质的质量加起来是不够的，因为有些物质可能会比其他物质造成更强烈的影响。这个问题是通过为不同的物质提供加权因子来解决的。这个步骤称为特征化。

产品环境影响潜值指整个产品系统中所有环境排放影响的总和（包括资源消耗）。环

境影响潜值计算公式为

$$EP（m）= \sum EP（m）_n = \sum \left[Q（m）_n EF（m）_n \right] \tag{12-1}$$

式中　$EP（m）$——产品生命周期中第 m 种环境影响潜值；

　　　$EP（m）_n$——第 n 种排放物的第 m 种环境影响潜值；

　　　$Q（m）_n$——第 n 种物质的排放量；

　　　$EF（m）_n$——第 n 种排放物的第 m 种环境影响的当量因子。

当量因子的确定因不同的环境影响类型而不同，通常以某种物质为参考，计算其他物质的相对大小。具体的当量因子的大小可参见《产品生命周期评价方法及应用》（杨建新）。

2. 标准化

为了更好地理解环境影响的相对大小，需要有一个标准化步骤。在这一步里，环境影响被分成"标准"影响，比如一个正常人在一天或其他一个时间段内造成的环境影响。通过这样处理，就有可能知道材料生产过程对已经存在的环境影响所做的相对贡献。

标准化的计算公式为

$$NEP（m）= EP（m）/ ER（m） \tag{12-2}$$

式中　$NEP（m）$——第 m 种环境影响潜值标准化后的值；

　　　$EP（m）$——第 m 种环境影响潜值；

　　　$ER（m）$——标准化基准。

数据的标准化必须选择同一时期的数据，全球性的环境影响必须采用全球尺度的基准，而地区性和局地性的环境影响则必须采用地区或国家的相应基准和国家或某一地区的相应基准。标准化后的环境影响潜值单位为标准人当量。

全球主要资源消耗的基准见表 12-2。

表 12-2　　　　　　　　　全球主要资源消耗的基准

资源名称	净消耗量 [kg/（人·年）]	区域
油	592	全球
煤	574	全球
褐煤	253	全球
天然气	382	全球
铁	103	全球
铝	3.4	全球
锌	1.4	全球
铜	1.7	全球
镍	0.18	全球
锰	1.8	全球

3. 标准化影响分值的评估（Evaluation）

标准化过程促进了我们对结果的洞察力。然而，因为不能把所有的影响视为同等重要，所以还不能做出最终的判断。在评估阶段，各个影响的分值与代表各自影响重要性的权重因子相乘。

权重因子的确定采用目标距离法，即某种环境影响的严重性用该环境影响全社会当前水平与全社会给定的目标水平之间的比值来表示权重。

各环境影响类型的标准化基准和权重因子见表 12-3。

表 12-3 　　　　　　　　　环境影响类型的标准化基准和权重因子

标准化	标准化基准［kg/（人·年）］	权重因子
全球变暖	8700.000	0.830
酸化	36.000	0.730
富营养化	6.780	0.730
光化学臭氧合成	0.65	
烟尘	18.000	0.610

（四）生命周期结果解释

LCA 生命周期解释阶段主要由以下几个要素组成：

（1）以 LCA 中 LCI 和 LCIA 阶段的结果为基础，对重大问题的识别。

（2）评估，包括完整性、敏感性和一致性检查。

（3）结论、局限和建议。

图 12-4 描述了生命周期解释与 LCA 其他阶段之间的关系。

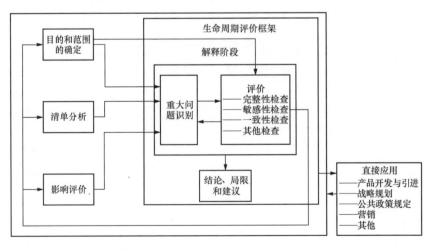

图 12-4　LCA 解释阶段的要素与其他阶段之间的关系

目的与范围的确定阶段和解释阶段决定着 LCA 的研究意图，而其他阶段（LCI 和 LCIA）则提供了有关产品系统的信息。

应根据研究的目的和范围对 LCI 和 LCIA 阶段的结果做出解释。解释应包括对重要的

输入、输出和方法学的选择的评价和敏感性检查，以便理解结果的不确定性。

结果解释应根据研究的目的考虑如下内容：

（1）系统功能、功能单位和系统边界定义的适当性。

（2）数据质量评价和敏感性分析所识别出的局限性。

对 LCI 结果做出的解释宜谨慎，因为该结果是指输入和输出数据，而不是指环境影响。另外，LCI 结果的不确定性是由输入的不确定性和数据的变化所产生的复合效应导致的。结果的不确定性可以通过分布区间或概率分布表达。只要可行，就宜采用这种分析方法来更好地解释和支持 LCI 的结论。

1. 重大问题识别

对重大问题的识别，旨在根据确定的目的和范围以及与评价要素的相互作用，对 LCI 或 LCIA 阶段得出的结果进行组织，以便有助于确定重大问题。这种交互的目的将包括前面阶段所涉及的使用方法和所做的假设等，如分配规则、取舍准则、影响类型、类型参数和模型的选择。

重大问题包括：①清单数据，如能源、排放物、废物；②影响类型，如资源使用、气候变化；③生命周期各阶段对 LCI 或 LCIA 结果的主要贡献，例如运输、能源生产等单一单元过程或过程组。

LCA 前几个阶段要求包括以下四种类型的信息：

（1）LCI 和 LCIA 的发现。应将这些发现与数据质量方面的信息加以汇总并组织。

（2）方法学的选择。诸如 LCI 所规定的分配规则和系统边界以及 LCIA 所使用的类型参数和模型。

（3）目的和范围的确定中所确定的 LCA 研究使用的价值选择。

（4）目的和范围所确定的与应用有关的不同相关方的作用和职责，如同时实施鉴定性评审过程，还包括评审结果。

当前面阶段（LCI，LCIA）的结果已经满足了研究的目的和范围的要求，则这些结果的重要性应被确定。

2. 评估

评估旨在建立并增强包括前一要素中所识别的重大问题的 LCA 或 LCI 研究结果的可信性和可靠性。应根据研究的目的和范围进行评估。在评估的过程中应考虑使用以下三种技术。

（1）完整性检查。完整性检查的目的是确保解释所需的所有相关信息和数据已经获得，并且是完整的。如果某些信息缺失或不完整，则应考虑这些信息对满足 LCA 研究目的和范围的必要性，并且应记录这一发现及其理由。

如果某些对于确定重大问题十分必要的信息缺失或不完整，则宜重新检查前面的阶段（LCI、LCIA），或对目的和范围加以调整。如果缺失的信息是不必要的，则宜记录相应的理由。

（2）敏感性检查。敏感性检查的目的是通过确定最终结果和结论是如何受到数据、分配方法或类型参数结果的计算等的不确定性的影响，来评价其可靠性。

如果在 LCI 和 LCIA 阶段已经做了敏感性分析和不确定性分析，则该评价应包括这些分析的结果。

敏感性检查应考虑如下因素：

1）研究的目的和范围中预先确定的问题。

2）研究中所有其他阶段所形成的结果。

3）专家判断和经验。

敏感性检查所要求的详细程度主要取决于清单分析的发现，如果进行了影响评价，还取决于影响评价的发现。

（3）一致性检查。一致性检查的目的是确认假设、方法和数据是否与目的和范围的要求相一致。

如果与 LCA 或 LCI 研究有关，则以下问题应予以说明：

1）同一产品系统生命周期中以及不同产品系统间数据质量的差别是否与研究的目的和范围一致。

2）是否一致地应用了地域的和（或）时间的差别（如果存在）。

3）所有的产品系统是否都应用了一致的分配规则和系统边界。

4）所应用的各影响评级要素是否一致。

3. 结论、局限和建议

结论应从研究中得出，宜与生命周期解释阶段的其他要素一起通过反复的过程获得。该过程的逻辑顺序如下：

（1）识别重大问题。

（2）评估方法学和结果的完整性、敏感性和一致性。

（3）形成初步结论并检查该结论是否符合研究目的和范围的要求，特别是数据质量要求、预先确定的假设和数值、方法学和研究的局限，以及应用所需的要求。

（4）如果结论是一致的，则作为报告的完整结论，否则返回到前面相应的步骤。应根据研究的最终结论提出建议，建议应合理地反映结论。只要向决策者提出地具体建议适合于研究的目的和范围，就应对此做出解释。建议宜与应用意图相关。

第三节　生物质直燃发电生命周期评价

一、研究目的

基于生物质直燃发电的发展现状，为了全面评价生物质直燃发电厂的环境效益，采用生命周期评价方法，从发电所需原材料的采集、运输、加工，到电厂建设、运行发电，最后到电厂报废处理，全面地计算各个阶段的能源消耗和所产生的污染物排放。通过比较生物质发电与燃煤发电的能源消耗和污染物排放，可对其环境改善作用作出定量的评价，从而为生物质发电项目的决策、规划、优先项选择、过程设计、内容设计等提供一个参考依据。关于研究目的的定义具体包括以下内容。

1. 研究原因

近年来，我国生物质发电工程项目发展迅速，但是在实际应用中仍存在不少问题。例如生物质种类多样、分布分散，在原料获取和转化过程中，需要耗费大量的人力、物力进行收集、储存、运输，在生产出洁净能源的同时，也要消耗大量的能源，排放出污染物。因此应该结合生物质发电项目的特点，全面评价生物质发电的环境影响系统，对生物质发电的生命周期过程加以认识、判断、评价和控制，从而促进生物质能的使用，改善人类面临的环境问题和能源危机问题。

2. 预期应用

LCA 的研究评价结果，主要应用于对比分析生物质发电与常规能源发电项目，量化得出其环境效益的优势，从而促进生物质发电项目的推广和发展；还可以应用于对比分析同类可再生能源项目的优劣，从而改善生物质发电建设项目自身的工艺流程，使其能更利于环境的可持续发展及优化其经济效益。

3. 服务对象

将 LCA 应用于生物质直燃发电，通过对比分析其环境影响，为环境管理部门和相关政府职能部门制定环境法律法规、环境排放削减计划提供依据和技术支持，还可为选择适合当地条件的电厂建设方案提供参考。

二、研究范围

研究对象是某一装机容量 2×50MW 生物质直燃发电厂，按照目前的设计条件，设定年发电时间为 6000h，发电厂热效率为 34.1%。燃料为桉树的枝叶、树皮、树头、树干、加工后的边角料及甘蔗叶、甘蔗渣、水稻、玉米杆等，设计燃料按以下原则组合

设计燃料＝50%甘蔗叶（12%水分）＋20%树皮（25%水分）＋30%其他（25%水分）

其燃料特性见表 12-4。

表 12-4　　　　　　　　　　　　　燃　料　特　性

名称	符号	单位	设计燃料	校核燃料 1	校核燃料 2
收到基碳	C_{ar}	%	38.05	38.46	33.76
收到基氢	H_{ar}	%	4.66	4.69	4.12
收到基氧	O_{ar}	%	34.69	36.08	31.78
收到基氮	N_{ar}	%	1.37	1.80	1.63
收到基硫	S_{ar}	%	0.09	0.10	0.09
收到基灰分	A_{ar}	%	2.64	2.96	2.61
收到基水分	M_{ar}	%	18.50	15.90	26.00
收到基挥发分	V_{ar}	%	64.95	66.87	58.86
固定碳	FC_{ar}	%	13.90	14.27	12.53
收到基低位热值	$Q_{net,ar}$	kJ/kg	12587	12396	10544

设计燃料消耗量为 0.97kg/kWh，燃料搜集半径约为 50km，电厂寿命为 20 年。为方

便与燃煤电厂进行比较,以生物质直燃发电厂每生产 10^4 kWh 电能所造成的环境影响进行计算和分析,即功能单位为 10^4 kWh 电。

该电厂的主要工艺流程是生物质收集、粉碎后送入循环流化床燃烧,产生高温高压蒸汽进入蒸汽轮机做功发电,做功后的蒸汽经冷却塔冷却循环利用。

因为生物质直燃发电厂涉及的生产环节很多,故在建立生命周期评价模型时做了以下假设和简化:

(1)重点分析生物质种植、收集运输、预处理、电厂建设和生物质燃烧发电 5 个单元阶段,忽略各过程所用设备的制造所带来的环境影响;其中种植过程重点考虑化肥消耗,不考虑收割过程的消耗和排放;建厂部分主要考虑钢材和水泥等原料的消耗,能量消耗不计。

(2)因为生物质发电项目是一种新型系统,还未达到报废年限,故暂未考虑生产设备回收报废单元阶段,仅研究本系统正常生产阶段。

(3)按照我国现在的电力组成,除发电厂自消耗电采用该系统自发电之外,其他阶段所用电力均采用煤电。

简化后的系统边界如图 12-5 所示。

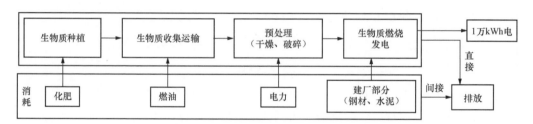

图 12-5 生物质直燃发电厂的生命周期评价系统边界

三、生物质直燃发电生命周期过程

1. 种植过程

由文献 [1]、[2] 可知,每生产 1t 原料蔗,需要从土壤中吸收氮素（N）1.5~2kg,磷素（P_2O_5）1~1.5kg,钾素（K_2O）2~2.5kg,甘蔗产量为 5.527t/亩,每公顷甘蔗净吸收 96t CO_2;每株桉树每年平均吸收氮 36g、磷 2.8g、钾 20g,桉树产量为 90 株/亩,4~5 年即可砍伐,亩产木材可达 6~8 m^3,每年每公顷桉树可吸收 9t CO_2。

氮、磷、钾肥生产过程能耗和气体污染物排放数据见表 12-5。

表 12-5 化肥生产数据

化肥	排放系数（g/kg）						能源消耗（MJ/kg）
	HC	CO	SO_x	PM10	NO_x	CO_2	
N	0.58	4.29	5.20	36.01	32.32	10366	95.80
P_2O_5	0.08	4.75	0.83	0.39	2.81	1585	21.85
K_2O	0.04	0.35	0.160	1.99	1.17	662	9.65

尽管甘蔗叶、甘蔗渣等均为种植过程中的副产物，桉树皮为木材加工后的残余物，但它们可以用于造纸、堆肥、还田或作为饲料，具有一定的经济价值。基于此，按照经济价值的分配方式，假定获取生物质燃料阶段的能耗和环境排放占整个种植过程的10%。

2. 运输过程

运输采用大型柴油货车，装载质量约25t，目前国内百吨千米柴油消耗平均为6.3L/$(10^2 t \cdot km)$，结合《中国交通年鉴》，可计算得出燃料运输所产生的汽车尾气排放量。

3. 预处理过程

生物质发电项目的特点是机组容量大，燃料品种多，燃料特性差别大，既有软质秸秆，又有硬质秸秆，因此，对燃料系统要求比较高。针对不同的燃料，发电厂采用不同的上料方式，上料系统共采用2套系统，其中一套用来输送没有经过破碎的燃料，另外一套用来输送成品料，其工艺流程分别为：

（1）整包料—桥式抓斗起重机—破碎机—带式输送机—炉前料仓—炉前给料机—炉膛。

（2）成品料—料斗—给料机—带式输送机—炉前料仓—炉前给料机—炉膛。

以工艺流程（1）为代表，由各设备型号和现场所提供的数据，可计算得到该燃料系统的能量消耗和环境排放情况。

4. 燃烧发电过程

对生物质直燃发电厂循环流化床燃烧系统进行分析计算。该系统锅炉效率91.17%，发电效率34.1%，厂自用电率11%。假设：① 90%的碳都以CO_2的形式排进大气，其余10%碳以固态灰渣的形式带出系统；② 燃料中的硫完全燃烧，以SO_2的形式排进大气。结合现场监测所得数据，可获得燃烧发电过程的环境排放。由于该过程消耗的能量由自有电量提供，故不需要考虑其能耗。

5. 电厂建设

建厂部分涉及环节众多，数据来源不确定性大，为了简化计算，这里仅考虑主要原材料（钢材和水泥）的消耗所造成的环境影响，不考虑其他原料和能耗的影响。根据厂方资料，电厂投运年限为20年，发电工程每千瓦钢材消耗量为0.084t/kW，发电工程每千瓦水泥消耗量为0.348t/kW，装机容量为2×50MW，可计算得出电厂建设的能耗和环境排放。

6. 清单分析

生物质直燃发电厂的燃烧发电过程所消耗的能量由电厂自有电量提供，故不考虑其能耗，仅考虑种植、运输、预处理和电厂建设的能源消耗。综合以上分析，各过程的能源消耗和环境排放清单见表12-6。

表 12-6　生物质直燃发电厂的能源消耗（$MJ/10^4 kWh$）和环境排放（$kg/10^4 kWh$）

项目	种植	运输	预处理	燃烧发电	电厂建设	总计
电			122.204		229.658	351.863
柴油		1096.075			23.590	1119.665
标煤	260.620				388.628	649.249
HC	0.001					0.001

项目	种植	运输	预处理	燃烧发电	电厂建设	总计
CO	0.015	0.002	0.063		0.770	0.850
SO_x	0.013	0.002	10.381	3.015	0.368	13.779
PM10	0.088	0.000	0.309			0.397
NO_x	0.080	0.014	0.411	7.400	0.167	8.071
CO_2	−806.207	0.522	1577.815	12179.805	84.625	13036.560
VOC		0.001	0.003			0.004
CH_4			5.097		0.126	5.223
烟尘				274.064	2.073	2.073

注 负号表示 CO_2 在种植过程中被吸收。

由表 12-6 可以看出，生物质直燃发电厂每发电 1 万 kWh，种植、运输、预处理和电厂建设等过程分别消耗能量 260.620、1096.075、122.204 和 641.877MJ，占总能耗的比例分别为 12.289%、51.683%、5.762% 和 30.266%。最大的耗能环节是运输过程，这是由于生物质燃料分布过于分散，燃料搜集半径大，使柴油消耗量大；其次是建厂部分，因为该过程消耗了大量的钢材和水泥。

定义净能量比为电厂输出的电量与全生命周期中投入的化石能源（不包括生物质）能量之比，则该发电项目的净能量比为 212kJ/kWh，高于 Mann 等人的研究（125 kJ/kWh），这主要是因为 Mann 等人的研究未将生物质的种植过程列入生命周期系统边界范围以内，不考虑该过程能源消耗的分配问题，及生物质的搜集半径、运输方式不同。

发电 10^4 kWh，排放最多的是 CO_2（13036.56kg），其次是 SO_x（13.78kg）、NO_x（8.07kg）、CH_4（5.22kg）、烟尘（2.07kg）、CO（0.85kg）和 PM10（0.4kg），CO_2 排放主要来自燃烧发电过程（87.99%），其次是预处理过程（11.40%）。

四、生物质燃烧发电生命周期影响评价

按照国际标准化组织的 ISO 14040 的框架，影响评价包括：分类、特征化和加权评估 3 个步骤。影响类别见表 12-7。前面的清单分析结果，只表达了各种输入和输出的相对值大小，因为各种排放因子对生态系统和环境变化的贡献不同，所以需要进行生命周期影响评价，将清单分析的结果转化为既容易理解，又能反映环境影响潜值的指标。

表 12-7 生物质直燃发电厂生命周期影响类型

资源耗竭	能源耗竭	全球性
环境影响潜值	全球变暖（GW）	全球性
	酸化（AC）	地区性
	富营养化（NE）	地区性
	烟尘及粉尘（DU）	局地性

1. 环境影响潜值的计算

环境影响潜值指整个系统中所有同类环境排放影响的总和。同类污染物通过当量系数转换为参照物的环境影响潜值（见表12-8），气候变化以 CO_2 为参照物转化为全球变暖潜力，环境酸化以 SO_2 为参照物，富营养化以 NO_3^- 为参照物分别计算。

表 12-8   主要环境影响类型和当量因子

影响类型	物质	当量因子	参照物
全球变暖	CO	2.000	CO_2-eq
	CO_2	1.000	
	NO_x	320.000	
	CH_4	21.000	
酸化	SO_x	1.000	SO_2-eq
	NO_x	0.700	
富营养化	NO_x	1.350	NO_3^--eq

各种环境影响的影响潜值见表12-9。

表 12-9   生命周期各阶段的环境影响潜值

项目	种植	运输	预处理	燃烧发电	电厂建设	总潜值
全球变暖潜值（kg CO_2-eq）	−780.69	4.989	1816.362	14547.721	142.373	15730.76
酸化影响潜值（kg SO_2-eq）	0.069	0.012	10.669	8.195	0.485	19.429
富营养化潜值（kg NO_3^--eq）	0.108	0.019	0.554	9.990	0.226	10.896

2. 环境影响潜值的标准化

标准化是将各种类型的环境影响潜值无量纲化，从而比较其相对大小。

3. 加权评估及环境影响负荷

标准化的影响潜值可以反映潜在环境影响量的大小，但还不能比较不同环境影响类型的相对严重性，通过针对不同影响类型对环境的损伤程度赋予不同权重，可以更加合理地评价生物质直燃发电厂的环境影响。权重的确定采用目标距离法，即某种环境影响的严重性用该环境影响全社会当前水平与全社会给定的目标水平之间的比值来表示权重。这里采用2010年中国政府削减目标确定中国环境影响的权重，其反映了针对2000年的标准化基准要削减多少才能达到2010年的削减目标。权重越大，说明削减越快。若权重因子小于1，说明到2010年削减目标是降低排放的增长速度，并不降低排放的总量；若权重因子大于1，则说明2010年的总量排放将低于2000年。

生物质直燃发电厂的环境影响潜值标准化和加权评估后的结果见表12-10。

表 12-10   标准化及加权后影响潜值

标准化	影响潜值（kg/年）	标准化基准 kg/（人·年）	标准化后的影响潜值（PET_{2000}）	权重因子	加权后影响潜值（PET_{2000}）
全球变暖（GW）	15730.755	8700.000	1.808	0.830	1.501

续表

标准化	影响潜值（kg/年）	标准化基准 kg/（人·年）	标准化后的影响潜值（PET_{2000}）	权重因子	加权后影响潜值（PET_{2000}）
酸化（AC）	19.429	36.000	0.540	0.730	0.394
富营养化（NE）	10.896	6.780	1.607	0.730	1.173
烟尘（SA）	276.535	18.000	15.363	0.610	9.371

由表 12-10 可以计算得出总环境影响负荷为 12.439 标准人当量，各种环境影响类型的相对贡献如图 12-6 所示。结果表明，生物质直燃发电厂对环境影响最大的是烟尘及灰尘，远远大于全球变暖、富营养化和酸化的影响。即：在生物质发电项目中，局地影响依然占据首位，远远大于全球性影响和地区性影响。

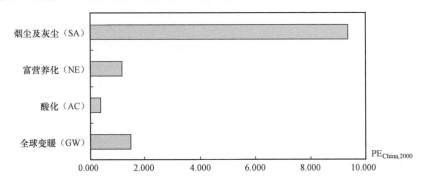

图 12-6　生物质直燃发电厂生命周期影响的加权分析

五、敏感性分析

考察不同燃料组成和搜集半径（±10%）对生物质直燃发电厂化石能源消耗和 GWP 的敏感性，其中校核燃料 1 和 2 的成分分析见表 12-4，以设计燃料计算得出的全生命周期能耗和 GWP 为基准，计算不同参数变化下全生命周期能耗和 GWP 的变化率，分析结果如图 12-7 所示。

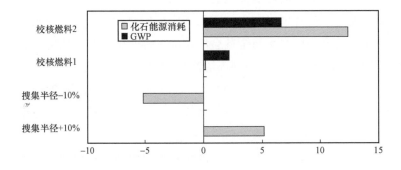

图 12-7　生物质直燃发电厂化石能源消耗
和 GWP 的敏感性分析

由图 12-7 可知，不同燃料组成对化石能源消耗和 GWP 影响较大。当燃料组成为校核燃料 2 时，化石能源消耗和 GWP 分别增加 12.38% 和 6.37%，这主要是因为校核燃料 2

的低位热值（10.544MJ/kg）比设计燃料（12.587MJ/kg）低，同样发电 10^4kWh，需要消耗的燃料增多，导致生物质种植过程中化肥消耗量增多和运输过程的能耗增加。

搜集半径对化石能源消耗影响很大，而对 GWP 影响很小。当搜集半径变化±10%时，全生命周期化石能源消耗变化率分别为 5.17% 和－5.17%，而 GWP 变化率仅为 0.003% 和－0.003%。生物质直燃发电是"小电厂、大燃料"，如何确立合适的、保证电厂长期运转得燃料收集储运方式是生物质发电面临的最大问题。

六、结论

通过对生物质发电项目进行生命周期评价研究，得出如下结论：

（1）在生物质直燃发电厂中，每发电 10^4kWh 消耗的化石能源为 2120.78MJ，其中运输过程的能耗为 1096.08MJ，占总能耗的 51.68%。必须选择合适的燃料搜集储运方式以保证电厂燃料稳定供应、长期安全运行，并减低化石能源的消耗。

（2）每发电 10^4kWh 向大气排放 13036.56kg CO_2、8.07kg NO_x、5.22kg CH_4，在对全球变暖潜值（GWP）的计算分析中可以发现，对此贡献最大的是 CO_2，标准化后的 CO_2 占 GWP 的 82.9%。这里仅按照 10% 的经济价值分配原则考虑种植过程对 CO_2 减排的影响，若按 100% 计算，则每发电 10^4kWh 仅向大气排放 5780.7kg CO_2，而我国当前火力发电每发电 10^4kWh 向大气排放 10t CO_2，因此，生物质直燃发电厂每发电 10^4kWh 相当于减少 CO_2 排放 4219.3kg，是目前电力发展中可行的减少温室气体排放的有效手段。

（3）生物质直燃发电厂每发电 10^4kWh 的全球变暖影响潜值为 1.50，酸化影响潜值为 0.39，富营养化影响潜值为 1.17，烟尘的影响潜值为 9.37。烟尘的影响潜值最大，即：在生物质发电项目中，局地影响占据首位，地区性影响最小，说明该发电厂环境性完善，是一种环境友好的发电项目。

参 考 文 献

[1] 杨波，王保华，赵伟利，张培远，张百良. 生物质发电国内外政策比较分析 [J]. 贵州农业科技，2009，37（4）：172-174.

[2] 吕游，蒋大龙，赵文杰，等. 生物质直燃发电技术与燃烧分析研究 [J]. 电站系统工程，2011，27（4）：4-7.

[3] 马文超，陈冠益，颜蓓蓓，等. 生物质燃烧技术综述 [J]. 生物质化学工程，2007，41（1）：43-48.

[4] 方桂珍. 20 种树种木材化学组成分析. 中国造纸，2002，6：79-80.

[5] 李合生. 现代植物生理学. 北京：高等教育出版社，2002.

[6] 孙宏伟，吕薇，李瑞扬. 生物质燃烧过程中的碱金属问题研究. 节能技术，2009，27（1）：24-26.

[7] 朱永强. 新能源与分布式发电技术 [M]. 北京：北京大学出版社，2010.

[8] 方毅，尹保红. 中国生态文明的 SST 理论研究 [M]. 北京：中国致公出版社，2011.

[9] 杨勇平，董长青，张俊姣. 生物质发电技术 [M]. 北京：中国水利水电出版社，2007.

[10] 陆琳，陆方，罗永浩，等. 探针法测量水稻秸秆热导率 [J]. 上海交通大学学报，2009，（009）：1461-1464.

[11] C. MARTIN，E. CARRILLO，M. TORRES，等. Determination of the chemical composition of tropical cellulosic materials by the detergent sequential system combined with acid hydrolysis [J]. Cellulose chemistry and technology，2006，40（6）：399-403.

[12] 常建民. 林木生物质资源与能源化利用技术. 北京：科学出版社，2010.

[13] 刁国旺，刘巍. 大学化学实验：基础知识与仪器 [M]. 南京：南京大学出版社，2006.

[14] 李克安. 分析化学教程 [M]. 北京：北京大学出版社，2006.

[15] B. R. Hames，S. R. Thomas，A. D. Sluiter，etc. Rapid biomass analysis [J]. Applied biochemistry and biotechnology，2003，105（1）：5-16.

[16] S. S. Kelley，R. M. Rowell，M. Davis，etc. Rapid analysis of the chemical composition of agricultural fibers using near infrared spectroscopy and pyrolysis molecular beam mass spectrometry [J]. Biomass and bioenergy，2004，27（1）：77-88.

[17] 刘丽英，陈洪章. 玉米秸秆组分近红外漫反射光谱（NIRS）测定方法的建立 [J]. 光谱学与光谱分析，2007，27（2）：275-278.

[18] 臧惠林. 植物灰分组成的主组元分析 [J]. 植物学通报，1984，4：007.

[19] 雅克·范鲁，耶普·克佩耶. 生物质燃烧与混合燃烧技术手册. 田宜水，姚向君，译. 北京：化学工业出版社，2008.

[20] 陈洪章，等. 秸秆资源生态高值化理论与应用 [M]. 北京：化学工业出版社，2006.

[21] 廖传华，史春勇，鲍金刚. 燃烧过程与设备 [M]. 北京：中国石化出版社，2008.

[22] B. Wahlund，J. Yan，Westermark. M. Increasing biomass utilisation inregional energy systems：a comparative study of CO_2 reduction and cost for different bio-energy processing options [J]. Biomass and Bioenergy，2004，26（6）：531-544.

[23] 毕于运，王亚静，高春雨. 中国主要秸秆资源数量及其区域分布 [J]. 农机化研究，2010，（003）：1-7.

［24］姚瑞玲，陈健波．我国桉树引种及其种质资源保存现状与对策［J］．广西林业科学，2009，38（2）：92-94.

［25］欧钊荣，谭宗琨，何燕，等．影响我国甘蔗主产区甘蔗产量的关键气象因子及其丰欠指标［J］．安徽农业科学，2008，36（24）：10407-10410.

［26］AP. Dimitrakopoulos. Thermogravimetric analysis of Mediterranean plant species［J］. Journal of analytical and applied pyrolysis, 2001, 60（2）: 123-130.

［27］Y. Su, Y. Luo, W. Wu, et al. Characteristics of pine wood oxidative pyrolysis: Degradation behavior, carbon oxide production and heat properties［J］. Journal of Analytical and Applied Pyrolysis, 2012, 98: 137-143.

［28］J. Guo, AC. Lua. Kinetic study on pyrolytic of oil-palm solid waste using two-step consecutive reaction model［J］. Biomass and Bioenergy, 2001, 20: 223-233.

［29］廖艳芬，马晓茜，孙永明．木材热解及金属盐催化热解动力学特性研究［J］．林场化学与工业，2008，28（5）：45-50.

［30］李海英，张书廷，赵新华．城市污水污泥热解温度对产物分布的影响［J］．太阳能学报，2006，27（8）：835-840.

［31］KD. Maher, DC. Bressler. Pyrolysis of triglyceride materials for the production of renewable fuels and chemicals［J］. Bioresource Technology, 2007, 98（12）: 2351-2368.

［32］王磊，沈胜强，杨树华，等．玉米秸秆热裂解实验研究［J］．太阳能学报，2007，（28）7：810-813.

［33］吴逸民，赵增立，李海滨，等．生物质主要组分低温热解研究［J］．燃料化学学报，2009，27（1）：427-432.

［34］马孝琴，李保谦，崔岩，等．稻秆燃烧过程动力学特性试验［J］．太阳能学报，2003，24（2）：213-217.

［35］林木森，蒋剑春．杨木屑热解过程及动力学研究［J］．太阳能学报，2008，29（9）．

［36］廖艳芬，骆仲泱，王树荣，等．纤维素快速热裂解机理试验研究：I°实验研究［J］．燃料化学学报，2003，31（2）：133-138.

［37］l. Hadjipaschalis, G. Kourtis., Poullikkas. A. Assessment of oxyfuel power generation Technologies［J］. Renewable and Sustainable Energy Reviews, 2009, 13（9）: 2637-2644.

［38］SY. Luo, B. Xiao, ZQ. Hu, et al. Experimental study on oxygen-enriched combustion of biomass micro fuel［J］. Energy, 2009, 34（11）: 1880-1884.

［39］马孝琴，骆仲泱，方梦祥，等．添加剂对秸秆燃烧过程中碱金属行为的影响［J］．浙江大学学报（工学版），2006，40（4）：599-604.

［40］刘豪，邱建荣，吴昊，等．生物质和煤混合燃烧污染物排放特性研究［J］．环境科学学报，2002，22（4）：484-488.

［41］古崇．甘蔗的需肥特点及高产施肥的关键技术［J］．农技在线，2009.

［42］Denmead OT et al. Evaporation and Carbon Dioxide Exchange by Sugarcane Crops［J］. Proc Aust Soc Sugar Cane Technol, 2009, 31: 116-124.

［43］邢爱华，马捷，张英皓，等．生物柴油环境影响的全生命周期评价［J］．清华大学学报（自然科学版）．2010，50（6）：917-922.

［44］胡志远，谭丕强，楼狄明，等．不同原料制备生物柴油生命周期能耗和排放评价［J］．农业工程学报．2006，22（11）：141-146.

［45］刘俊伟，田秉晖，张佩栋，等．秸秆直燃发电系统的生命周期评价［J］．可再生能源．2009，27（5）：102-106．

［46］杨建新，刘炳江．中国钢材生命周期清单分析［J］．环境科学学报．2002，22（4）：519-522．

［47］朱天乐，何炜，曾小岚，等．中国水泥生产环境负荷研究［J］．环境科学．2006，27（10）：2135-2138．

［48］Mann MK，Spath PL．A Summary of Life Cycle Assessment Studies Conducted on Biomass，Coal and Natural Gas Systems［R］．National Renewable Energy Laboratory，2000．

［49］杨建新，徐成，王如松．产品生命周期评价方法及应用［M］．北京：气象出版社，2002．

［50］YANG Jian-xin，Nielsen Per H.，2001．Chinese life cycle impact assessment factors．Journal of Environmental Sciences，13（2），205-209．

［51］林琳，赵黛青，李莉．基于生命周期评价的生物质发电系统环境影响分析［J］．太阳能学报，2008，29（5）：618-623．

［52］侯凌云，侯晓春．喷嘴技术手册．北京：中国石化出版社，2002．

［53］孙伟．循环流化床锅炉过程控制．北京：中国矿业大学出版社，2002．

［54］曾凡，胡永平．矿物加工颗粒学．北京：中国矿业大学出版社，1995．

［55］Tabakoff W，Kotwal，Hamed A．Erosion study of different materials affected by coal ash particles［J］．Wear，1979，52（1）：161-173．